参 见 第 1 章

参 见 第 2 章

参 见 第 3 章

参 见 第 4 章

参 见 第 5 章

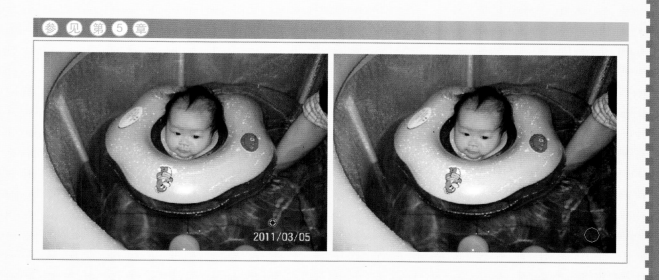

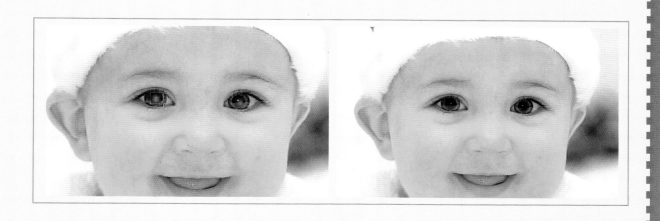

参 见 第 6 章

参 见 第 7 章

参 见 第 8 章

参 见 第 ⑪ 章

参 见 第 ⑫ 章

参 见 第 13 章

参 见 第 14 章

参 见 第 15 章

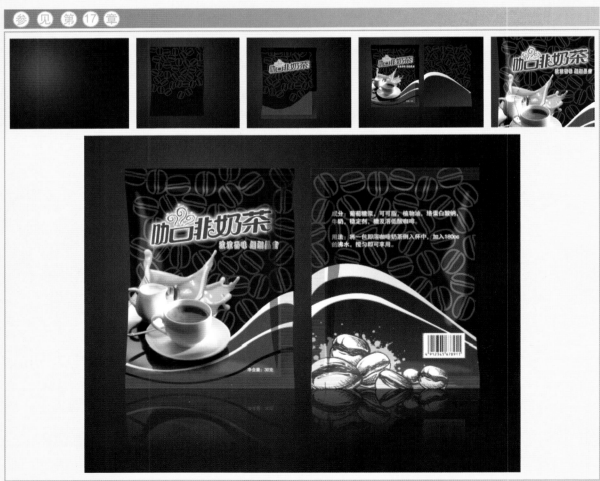

精通
Photoshop CS6 中文版

邱雅莉◎编著

清华大学出版社

北京

内 容 简 介

本书以循序渐进的讲解方式，带领读者快速掌握Photoshop CS6的精髓。全书共17章，按内容结构来划分，可以分为三部分。第一部分为第1~2章，主要让读者认识Photoshop CS6，以及讲解一些图像的基本操作方法；第二部分为第3~13章，这一部分用了较大篇幅全面、详细、深入地介绍了Photoshop的知识和应用技巧；第三部分为第14~17章，主要讲解了大量案例，以便于读者通过实践操作获得真正有用的技能。

本书内容全面、结构清晰、图文并茂、语言精练、通俗易懂，适用于初、中级读者，以及Photoshop培训班学员，平面设计爱好者等。

本书配套光盘中包括了超大容量的多媒体教学视频，以及书中实例的源文件及相关素材，读者可以借助光盘内容更好、更快地学习Photoshop。

图书在版编目(CIP)数据

精通Photoshop CS6中文版 / 邱雅莉　编著. —北京：清华大学出版社，2013.3

ISBN 978-7-302-31385-4

Ⅰ．精… Ⅱ．①邱… Ⅲ．图象处理软件－教材　Ⅳ．TP391.41

中国版本图书馆CIP数据核字(2013)第013965号

责任编辑：胡辰浩　袁建华
装帧设计：孔祥丰
责任校对：成凤进
责任印制：何　芊

出版发行：清华大学出版社
　　　　网　　　址：http://www.tup.com.cn, http://www.wqbook.com
　　　　地　　　址：北京清华大学学研大厦A座　　　　邮　　编：100084
　　　　社 总 机：010-62770175　　　　邮　　购：010-62786544
　　　　投稿与读者服务：010-62776969，c-service@tup.tsinghua.edu.cn
　　　　质 量 反 馈：010-62772015，zhiliang@tup.tsinghua.edu.cn
印 装 者：北京亿浓世纪彩色印刷有限公司
经　　销：全国新华书店
开　　本：203mm×260mm　印　张：23.25　彩　插：4　字　　数：671千字
　　　　　附光盘1张
版　　次：2013年3月第1版　　　　印　　次：2013年3月第1次印刷
印　　数：1～5000
定　　价：76.00元

产品编号：041631-01

前　言

　　Photoshop CS6是Adobe公司推出的最新版本图形图像处理软件，其功能强大、操作方便，是当今功能最强大、使用范围最广泛的平面图像处理软件之一。Photoshop CS6以其良好的工作界面、强大的图像处理功能，以及完善的可扩充性，使其成为摄影师、专业美工人员、平面广告设计者、网页制作者、室内装饰设计者，以及广大电脑爱好者的必备工具。

　　本书定位于Photoshop的初、中级读者，从一个图像处理初学者的角度出发，合理安排知识点，运用简练流畅的语言，结合丰富实用的实例，由浅入深地对Photoshop CS6图像处理功能进行全面、系统的讲解，让读者在最短的时间内掌握最有用的知识，迅速成为图像处理高手。

　　本书共17章，每一章的主要内容如下。

　　第1章主要介绍图像的基本概念和色彩模式，认识工作界面的组成、掌握系统的优化设置、以及Photoshop中一些图像编辑辅助工具等。

　　第2章主要介绍Photoshop CS6中图像文件的基本操作，如调整图像的大小、移动图像、复制图像，以及裁剪和删除图像等，以及控制图像的显示方式，图像变换、还原等操作。

　　第3章主要学习Photoshop中的选区创建和编辑操作，用户可以在图像中创建选区，还可以通过选区命令获取部分图像选区。

　　第4章主要学习填充颜色和图像色彩与色调的调整方法，使用Photoshop中“调整”子菜单中的各种颜色调整命令，可以对图像进行偏色矫正、反相处理、明暗度调整等操作。

　　第5章主要学习图像绘制与修饰的操作，包括绘制图像工具和修饰图像工具的使用方法。

　　第6章主要学习使用路径和形状工具绘制矢量图形，用户可以通过对路径的编辑绘制出各种造型的图形，再将路径转换为选区，从而方便地对图像进行各种处理。

　　第7章主要学习文字工具的应用，包括创建文字工具和“字符”、“段落”面板的运用等。

　　第8章主要学习图层的基本应用，包括图层的概念、“图层”面板、图层的创建、复制、删除、选择等基本操作，以及图层的对齐与分布、图层组的管理，以及图层混合模式的应用等。

　　第9章主要学习图层样式的应用，通过图层样式用户可以创建出图像的投影、外发光、浮雕等特殊效果，再结合曲线的调整，可以使图像产生多种变化。

　　第10章主要学习Photoshop中通道与蒙版的使用方法，包括几种蒙版的操作、通道的创建，以及通道的编辑等。

　　第11章主要讲解滤镜的初级应用，包括常用滤镜的设置与使用、滤镜库的使用方法、智能滤镜的使用，让读者对滤镜有初步的认识。

　　第12章主要学习Photoshop滤镜菜单中各种命令的使用方法，在Photoshop中滤镜可以制作出许多不同的效果，而且还可以制作出各种效果的图片设计。

　　第13章主要学习动作及其应用范围的相关知识，以及批处理图像的操作方法。包括“动作”面板的使用、动作的编辑，以及批处理图像的操作。

　　第14章制作了多个图像艺术设计，主要通过多个图像合成，制作出美轮美奂的艺术图像效果。

第15章主要学习数码照片的处理方法。主要包括照片的色彩校正、人物照片的处理，以及照片艺术效果的制作。

第16章介绍了广告设计相关知识，并安排了两个商业广告，通过实际操作的方式，对实例的制作步骤进行详细的讲解。

第17章介绍了包装设计相关知识，并安排了包装的平面和立体制作实例，在进行完整实例制作练习的同时，体验使用Photoshop CS6进行设计的编辑操作流程。

本书内容丰富、结构清晰、图文并茂、通俗易懂，专为初、中级读者编写，适合以下读者学习使用。

(1) 从事平面设计、图像处理、照片处理的工作人员。

(2) 对广告设计、图片处理感兴趣的业余爱好者。

(3) 社会培训班中学习Photoshop的学员。

(4) 大中专院校相关专业的学生。

本书是集体智慧的结晶，参与本书编辑工作的人员还有肖茜、张翠婷、闫小珊、张讳仪、杨清华、尹默、罗传碧、付伟、谭能、刘冰、曾金、张海波、高红川、卓超、黄燕、李薇、李刚、于若龙、游刚、曾志平、黄洁、刘江、黄旭、李佳、高惠强、王斌、王颖媛、张涛、戴林伶等。同时感谢为本书内容的编辑工作提供指导的专业设计师。感谢读者对我们的支持，欢迎广大读者和我们沟通联系，共同提高；我们将一如既往地不断努力，为读者奉献更优秀、更实用的电脑图书。

编 者

2012年11月

目 录

第5章　绘制与修饰图像

第6章　绘制路径和形状

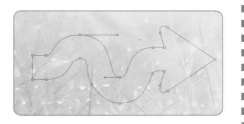

第7章　应用文字

第8章　图层基础应用

第9章　图层深化应用

第10章　应用蒙版和通道

第13章　使用动作和批处理图像

第14章　图像艺术设计

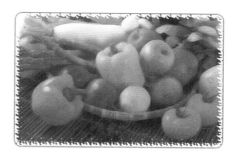

第15章　数码照片处理

第1章   Photoshop CS6快速入门

本章导读

学习使用Photoshop之前，首先要对图像的基本概念和色彩模式进行基本的了解。然后认识Photoshop工作界面的组成、文件的基本操作、以及Photoshop的辅助设置等，掌握这些基本知识，将有利于对软件的整体了解和学习，为后面的学习打下良好的基础。

本章主要内容如下：

- ● Photoshop的基础知识
- ● Photoshop CS6的工作界面
- ● Photoshop CS6的文件操作
- ● Photoshop的辅助设置

1.1 Photoshop基础知识

Photoshop是Adobe公司推出的一款专业的图像处理软件，在众多图像处理软件中，Photoshop凭着简单易学、人性化的工作界面，并集图像设计、扫描、编辑、合成以及高品质输出功能于一体，深受用户的好评，是目前最优秀的平面图形图像处理软件之一。

1.1.1 图像相关概念

Photoshop是当今处理图像最为强大的软件，深受用户的好评，是目前最优秀的平面图形图像处理软件之一。在学习软件操作技能之前，首先应该对图像的基本概念有一定的认识和了解。

1. 位图

位图也称为点阵图像，是由许多点组成的。其中每一个点即为一个像素，每一个像素都有自己的颜色、强度和位置。将位图尽量放大后，可以发现图像是由大量的正方形小块构成，不同的小块上显示不同的颜色和亮度。位图图像文件所占的空间较大，对系统硬件要求较高，且与分辨率有关。

2. 矢量图

矢量图是以数学的矢量方式来记录图像内容的，其中的图形组成元素被称为对象。这些对象都是独立的，具有不同的颜色和形状等属性，可自由、无限制地重新组合。无论将矢量图放大到多少倍，图像都具有同样平滑的边缘和清晰的视觉效果，矢量图的放大对比效果如图1-1所示。

(a) 原图100%效果   (b) 放大后依然清晰

图1-1 矢量图的显示效果

3. 像素

像素是Photoshop中所编辑图像的基本单位。可以把像素看成是一个极小的方形的颜色块，每个小方块为一个像素，也可称为栅格。

一个图像通常由许多像素组成，这些像素被排列成横行和竖行，每个像素都是一个方形。用缩放工具将图像放到足够大时，就可以看到类似马赛克的效果，每个小方块就是一个像素。每个像素都有不同的颜色值。文件包含的像素越多，其所包含的信息也就越多，所以文件越大，图像品质也就越好。

4. 分辨率

图像分辨率是指单位面积内图像所包含像素的数目，通常用像素/英寸和像素/厘米表示。分辨率的高低直接影响图像的效果，使用太低的分辨率会导致图像粗糙，在排版打印时图片会变得非常模糊，如图1-2所示；而使用较高的分辨率则会增加文件的大小，并降低图像的打印速度。

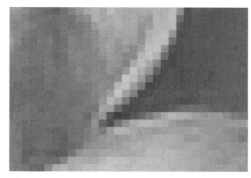

(a) 分辨率为300　　　　　　　　　　　　　　(b) 分辨率为50

图1-2　不同分辨率的图像效果

5. 图像格式

Photoshop CS6共支持20多种格式的图像，使用不同的文件格式保存图像，对图像将来的应用起着非常重要的作用。我们可以根据工作环境的不同选用相应的图像文件格式，以便获得最理想的效果。下面就来介绍一些常用图形文件格式的特点及用途。

- ◉ PSD(*.PSD)：PSD图像文件格式是Photoshop软件生成的格式，是唯一能支持全部图像色彩模式的格式。可以保存图像的层、通道等许多信息，它是在未完成图像处理任务前，一种常用且可以较好地保存图像信息的格式。
- ◉ TIFF(*.TIFF)：TIFF格式是一种无损压缩格式，是为色彩通道图像创建的最有用的格式。因此，TIFF格式是应用非常广泛的一种图像格式，可以在许多图像软件之间转换。TIFF格式支持带Alpha通道的CMYK、RGB和灰度文件，支持不带Alpha通道的Lab、索引颜色和位图文件。另外，它还支持LZW压缩。
- ◉ BMP(*.BMP)：BMP格式是微软公司软件的专用格式，也就是常见的位图格式。它支持RGB、索引颜色、灰度和位图颜色模式，但不支持Alpha通道。位图格式产生的文件较大，是最通用的图像文件格式之一。
- ◉ JPEG(*.JPEG)：JPEG是一种有损压缩格式，主要用于图像预览及超文本文档，如HTML文档。JPEG格式支持CMYK、RGB和灰度的颜色模式，但不支持Alpha通道。在生成JPEG格式的文件时，可以通过设置压缩的类型，产生不同大小和质量的文件。压缩越大，图像文件就越小，图像质量就越差。
- ◉ GIF(*.GIF)：GIF格式的文件是8位图像文件，最多为256色，不支持Alpha通道。GIF格式产生的文件较小，常用于网络传输，在网页上见到的图片大多是GIF和JPEG格式的。GIF格式与JPEG格式相比，其优势在于GIF格式的文件可以保存动画效果。
- ◉ PNG(*.PNG)：PNG格式可以使用无损压缩方式压缩文件，它支持24位图像，产生的透明背景没有锯齿边缘，所以可以产生质量较好的图像效果。
- ◉ EPS(*.EPS)：EPS可以包含矢量和位图图形，被几乎所有的图像、示意图和页面排版程序所支持，是用于图形交换的最常用的格式。其最大的优点在于可以在排版软件中以低分辨率预览，而在打印时以高分辨率输出。它不支持Alpha通道，可以支持裁切路径。EPS格式支持Photoshop所有的颜色模式，可以用来存储矢量图和位图。在存储位图时，还可以将图像的白色像素设置为透明的效果，它在位图模式下也支持透明。
- ◉ PDF(*.PDF)：PDF格式是Adobe公司开发的用于Windows、MAC OS、UNIX和DOS系统的一种电子出版软件的文档格式，适用于不同平台。PDF文件可以包含矢量和位图图形，还可以包含导航和电子文档查找功能。在Photoshop中将图像文件保存为PDF格式时，系统将弹出"PDF选项"对话框，在其中用户可选择压缩格式。若选择JPEG格式，可在"品质"选项中设置压缩比例值或拖动滑块来调整压缩比例。

6. 图像色彩模式

常用的色彩模式有RGB(表示红、绿、蓝)模式、CMYK(表示青、洋红、黄、黑)模式、Lab模式、灰度模式、索引模式、位图模式、双色调模式和多通道模式等。

色彩模式除确定图像中能显示的颜色数之外，还影响图像通道数和文件大小，每个图像具有一个或多个通道，每个通道都存放着图像中颜色元素的信息。图像中默认的颜色通道数取决于其色彩模式。常见的色彩模式如下。

- ◉ RGB模式：该模式是由红、绿和蓝3种颜色按不同比例混合而成，也称真彩色模式，是最为常见的一种色彩模式。在"颜色"和"通道"面板中显示的颜色和通道信息如图1-3所示。

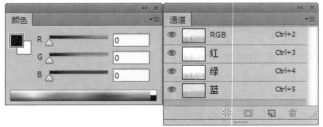

图1-3　RGB模式

- ◉ CMYK模式：CMYK模式是印刷时使用的一种颜色模式，由Cyan(青)、Magenta(洋红)、Yellow(黄)和Black(黑)4种色彩组成。为了避免和RGB三基色中的Blue(蓝色)发生混淆，其中的黑色用K来表示。在"颜色"和"通道"面板中显示的颜色和通道信息如图1-4所示。

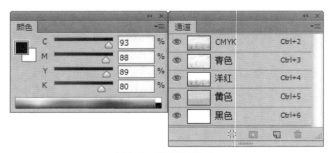

图1-4　CMYK模式

- ◉ Lab模式：Lab模式是国际照明委员会发布的一种色彩模式，由RGB三基色转换而来。其中L表示图像的亮度，取值范围为0~100；a表示由绿色到红色的光谱变化，取值范围为-120~120；b表示由蓝色到黄色的光谱变化，取值范围和a分量相同。在"颜色"和"通道"面板中显示的颜色和通道信息如图1-5所示。

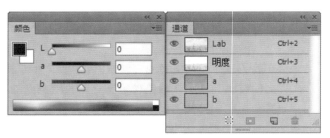

图1-5　Lab模式

1.1.2　Photoshop CS6的工作界面

启动Photoshop CS6后，便可进入Photoshop CS6的工作界面，在它的工作界面中包含标题栏、菜单栏、工具箱、工具属性栏、面板、图像窗口和状态栏组等内容，如图1-6所示。

图1-6　工作界面

1．菜单栏

菜单栏包含了Photoshop CS6中的所有命令，位于界面的顶端，由文件、编辑、图像、图层、文字、选择、滤镜、3D、视图、窗口和帮助菜单项组成，每个菜单项下内置了多个菜单命令，通过这些命令可以对图像进行各种编辑处理。有的菜单命令右下侧标有 ▶ 符号，表示该菜单命令下还有子菜单。

2．工具箱

默认状态下，Photoshop CS6工具箱位于窗口左侧，工具箱是工作界面中最重要的面板，它几乎可以完成图像处理过程中的所有操作。用户可以将鼠标指针移动到工具箱顶部，拖动到图像工作界面的任意位置。

工具箱中部分工具按钮右下角带有黑色小三角形标记 ◢ ，表示这是一个工具组，其中隐藏多个子工具，如图1-7所示。将鼠标指针指向工具箱中的工具按钮，将会出现一个工具名称的注释，注释括号中的字母即是对应此工具的快捷键，如图1-8所示。

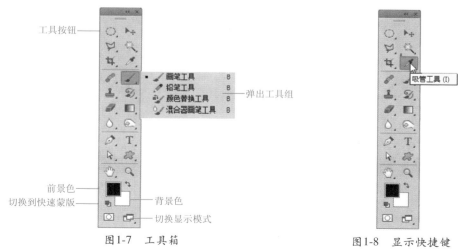

图1-7　工具箱　　　　　　　　　　　　　　图1-8　显示快捷键

3．工具属性栏

Photoshop的大部分工具的属性设置显示在属性栏中，它位于菜单栏的下方。在工具箱中选择不同工具后，工具属性栏也会随着当前工具的改变而变化，用户可以很方便地利用它来设定该工具的各种属性。在工具箱中分别选择魔棒工具和横排文字工具后，工具属性栏分别显示如图1-9和1-10所示的参数控制选项。

图1-9　魔棒工具对应的工具属性栏

图1-10　文本工具对应的工具属性栏

4．面板

面板是Photoshop CS6中非常重要的一个组成部分，通过它可以进行选择颜色、编辑图层、新建通道、编辑路径和撤销编辑等操作。

Photoshop CS6的面板有了很大的变化，选择"窗口→工作区"命令，可以选择需要打开的面板。打开的面板都依附在工作界面右边，效果如图1-11所示。单击面板右上方的三角形按钮，可以将面板缩为精美的图标，使用时可以直接选择所需面板按钮，即可弹出面板，效果如图1-12所示。

图1-11　展开的面板

图1-12　收缩的面板

面板组是可以拆分的，只需在某一面板上按住鼠标左键不放，然后将其拖动至工作界面的空白处释放即可。如图1-13所示为将"图层"面板组中的3个子面板拆分后的效果。

(a)"图层"面板

(b)"通道"面板

(c)"路径"面板

图1-13　拆分面板组

技巧提示

面板组也可以再组合，并且在组合过程中可以将面板项按任意次序放置，也可将不同面板组中的面板项进行组合，以生成新的面板组。

5．图像窗口

图像窗口是对图像进行浏览和编辑操作的主要场所，具有显示图像文件、编辑或处理图像的功能。在图像窗口的上方是标题栏，标题栏中可以显示当前文件的名称、格式、显示比例、色彩模式、所属通道和图层状态，如果该文件未被存储过，则标题栏以"未命名"并加上连续的数字作为文件的名称。

6．状态栏

窗口底部的状态栏会显示图像相关信息。最左端显示当前图像窗口的显示比例，在其中输入数值后按下Enter键可以改变图像的显示比例，中间显示当前图像文件的大小。

1.2　文件的基本操作

文件是软件在计算机中的存储形式，目前绝大部分的软件资源都是以文件的形式存储、管理和利用的。我们在学习图像处理前应先掌握图像文件的基础操作。

1.2.1　新建文件

在制作一幅图像文件之前，首先需要建立一个空白图像文件。选择"文件→新建"命令或按下Ctrl+N组合键，打开"新建"对话框，用户可以根据需要对新建图像文件的大小、分辨率、颜色模式和背景内容进行设置，如图1-14所示。

图1-14　"新建"对话框

对话框中各选项的含义分别如下。

- ◉ "名称"：用于设置新建文件的名称，为新建图像文件进行命名，默认为"未标题-X"。
- ◉ "宽度"和"高度"：用于设置新建文件的宽度和高度，用户可以输入1~300000之间的任意一个数值。
- ◉ "分辨率"：用于设置图像的分辨率，其单位有像素/英寸和像素/厘米。
- ◉ "颜色模式"：用于设置新建图像的颜色模式，其中有"位图"、"灰度"、"RGB颜色"、"CMYK颜色"和"Lab颜色"5种模式可供选择。
- ◉ "背景内容"：用于设置新建图像的背景颜色，系统默认为白色，也可设置为背景色和透明色。
- ◉ "高级"按钮：在"高级"选项区域中，用户可以对图像文件进行"颜色配置文件"和"像素长宽比"两个选项更专业的设置。

1.2.2 打开文件

选择"文件→打开"命令或按下Ctrl+O组合键，在弹出的"打开"对话框中选择需要打开的文件名及文件格式，如图1-15所示，然后单击"打开"按钮，就可以打开存在的图像文件。

图1-15 "打开"对话框

技巧提示

选择"文件→打开为"命令，可以在指定被选取文件的图像格式后，将文件打开；选择"文件→最近打开文件"命令，可以打开最近编辑过的图像文件。

1.2.3 保存文件

当完成一幅图像的编辑后，就应该及时将图像保存起来，以防止因为停电或死机等意外而前功尽弃。

练习1-1：保存制作好的图像

01 选择"文件→存储"命令，打开"存储为"对话框，单击"保存在"右侧的三角形按钮，在打开的下拉列表框中选择一个存储路径，如图1-16所示。

02 在"文件名"中输入文件名称，然后单击"格式"右侧的三角形按钮，在其下拉列表框中选择文件格式，如图1-17所示。

03 单击 保存(S) 按钮，就可以保存绘制完成的文件，以后按照保存的文件名称及路径就可以打开此文件。

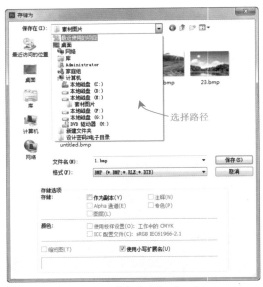

图1-16 "存储为"对话框

图1-17 设置文件名称及格式

┃技巧提示┃
对于已经保存过的图像，重新编辑后选择"文件→存储"命令或按下Ctrl＋S组合键，将不再打开"存储为"对话框，而直接覆盖原文件进行保存。

1.2.4 关闭文件

要关闭某个图像文件，只需要关闭该文件对应的文件窗口即可，关闭图像文件的方法有如下几种。
- 单击图像窗口标题栏最右端的"关闭"按钮 ✕ 。
- 选择"文件→关闭"命令。
- 按下Ctrl+W组合键。
- 按下Ctrl +F4组合键。
- 按下Alt+F4组合键。

┃技巧提示┃
按下Ctrl+W或Ctrl+F4组合键将关闭当前的图像文件，但不会关闭Photoshop应用程序；而按下Alt+F4组合键不仅可以关闭当前的图像文件，还将关闭Photoshop应用程序。

1.3 Photoshop的辅助设置

Photoshop CS6提供了很多辅助用户处理图像的工具，在图像处理过程中，利用辅助工具可以精确绘制图像。

1.3.1 标尺的设置与应用

使用标尺可以方便用户随时查看图像的尺寸大小，选择"视图→标尺"命令，或者按下Ctrl+R组合键，可在图像窗口中显示或隐藏标尺。

练习1-2：设置标尺

01 打开一幅图像文件，选择"视图→标尺"命令，可在图像窗口顶部和左侧显示标尺，如图1-18所示。

02 在标尺上右击，在弹出的快捷菜单中可以选择各种单位选项更改标尺的单位，如图1-19所示。

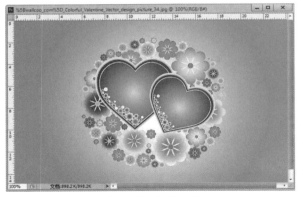 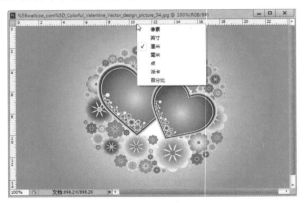

图1-18　显示标尺

图1-19　设置标尺

03 选择"编辑→首选项→单位与标尺"命令，打开"首选项"对话框，在其中可以设置更为精确的标尺信息，如图1-20所示。

图1-20　"首选项"对话框

1.3.2　参考线的设置与应用

使用参考线能对设计者在构图时提供精确的定位，而参考线是浮动在图像上的直线，只是用于提供参考位置，不会被打印出来。

练习1-3：设置参考线

01 选择"视图→新建参考线"命令，打开"新建参考线"对话框，在其中可以设置参考线的"取向"以及准确的位置，如图1-21所示。

图1-21　"新建参考线"对话框

02 设置好参数后，单击"确定"按钮即可在画面中得到参考线，如图1-22所示。

03 在标尺中按住鼠标左键向画面内拖动，也可以得到参考线，如图1-23所示。

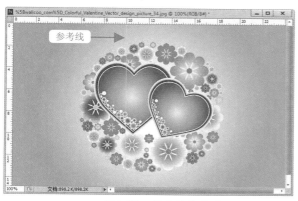

图1-22　新建的参考线

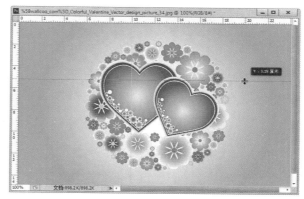

图1-23　手动添加参考线

04 双击参考线或者选择"编辑→首选项→参考线、网格和切片"命令，打开"首选项"对话框，可以设置参考线的颜色和样式，如图1-24所示。

图1-24　设置参考线属性

1.3.3　网格的设置与应用

在图像中添加网格可以帮助用户精确定位图像在窗口中的位置，从而方便用户对图像进行修改和编辑。

练习1-4：设置网格

01 选择"视图→显示→网格"命令，可以在图像窗口中显示或隐藏网格线，显示网格线后如图1-25所示。

02 按下Ctrl+K组合键打开"首选项"对话框，在"常规"下拉列表中选择"参考线、网格和切片"选项，就可以在"网格"栏下设置网格的颜色、样式、网格间距和子网格数量，如图1-26所示。

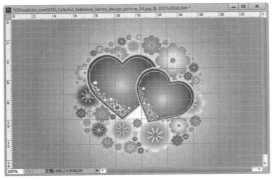

图1-25 显示网格

图1-26 设置网格属性

1.4 学习总结

　　本章主要学习了关于Photoshop CS6的一些基础知识，同时还学习了图像文件的基本操作、Photoshop中的一些辅助设置，以及图像相关概念等。

　　通过本章的学习，读者应该熟悉Photoshop CS6工作界面的组成，其中包括矢量图、位图的概念，以及影响位图画面品质的主要因素；了解标题栏、菜单栏、工具箱、工具属性栏、面板等各部分的基本操作功能；掌握Photoshop CS6图像文件的基本操作，其中包括新建图像、打开图像、保存和关闭等基础操作；以及Photoshop的辅助设置。

1.5 疑难解答

　　在本章的学习中，主要讲解了Photoshop CS6的一些基础知识和基本操作，下面通过对前面的学习列出一些常见的问题和解答供读者参考。

　　问：为什么在Photoshop中编辑处理图像时，有时候电脑运行速度会变得很慢？

　　答：因为图像中包含的像素越多，图像的色彩就越丰富，图像文件也就越大，在处理过程中花费的时间就更多。

　　问：图像的色彩模式能够转换吗，怎么转换呢？

　　答：可以转换的，如果图像的色彩模式需要变换，可以选择"图像→模式"命令，在打开的子菜单中选择对应的色彩模式即可。

　　问：在图像中使用了网格或参考线后，怎样可以快速地取消显示呢？

　　答：参考线具有的吸附作用对于移动和对齐图像是非常有用的，但也会影响一些操作发生错误，如创建选区时，可按下Ctrl+H组合键暂时隐藏参考线，当再次需要时只需按下Ctrl+H组合键即可。

　　问：为什么有些图像色彩模式不能转换为双色调模式？

　　答：如果要将色彩模式转换成位图或双色调模式，应先将其转换成灰度模式，然后才能将灰度模式转换成位图或双色调模式。

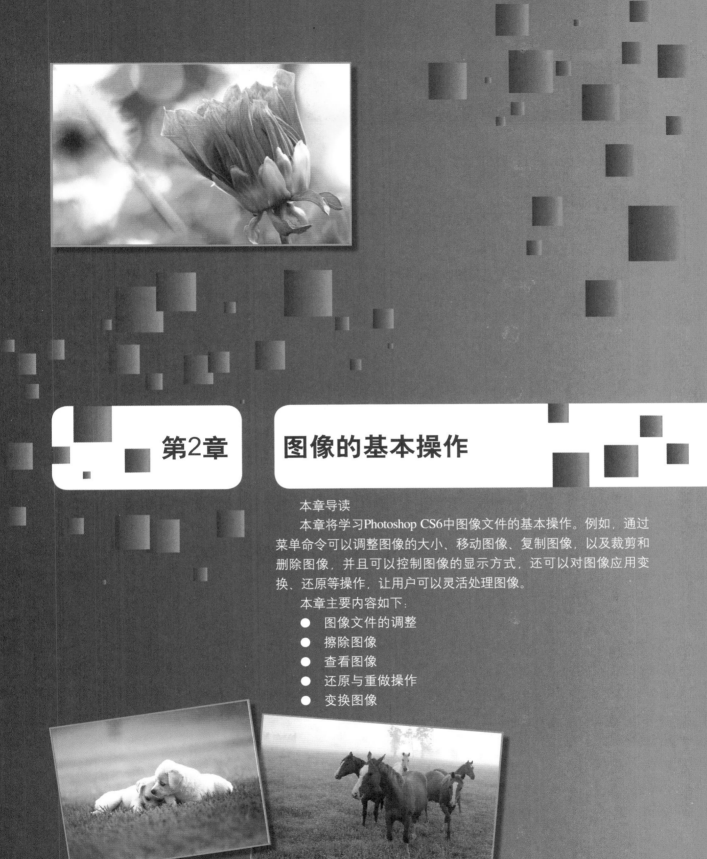

第2章　图像的基本操作

本章导读

本章将学习Photoshop CS6中图像文件的基本操作。例如，通过菜单命令可以调整图像的大小、移动图像、复制图像，以及裁剪和删除图像，并且可以控制图像的显示方式，还可以对图像应用变换、还原等操作，让用户可以灵活处理图像。

本章主要内容如下：

● 图像文件的调整

● 擦除图像

● 查看图像

● 还原与重做操作

● 变换图像

2.1　图像文件的调整

为了更好地使用Photoshop进行图像绘制和处理，用户还应该掌握一些图像的常用调整方法，其中包括图像和画布大小的调整，以及图像的移动、复制、裁剪与删除等。

2.1.1　调整图像大小

当用户在对图像文件进行编辑时，有时需要调整文件的大小，这时可以通过改变图像的像素、高度、宽度和分辨率来实现。

练习2-1：通过对话框调整图像大小

01　选择“文件→打开”命令，打开一幅已经处理好的图像文件，将鼠标指针移动到当前图像窗口底端的文档状态栏中，按住鼠标左键不放，即可显示出当前图像文件的宽度、高度、分辨率等信息，如图2-1所示。

02　选择“图像→图像大小”命令，或按下 Ctrl+Alt+I 组合键，打开“图像大小”对话框，如图 2-2 所示。

图2-1　显示图像文件信息

图2-2　“图像大小”对话框

- ◉ “像素大小”：设置图像的宽度和高度，可以改变图像在屏幕上的显示尺寸大小。
- ◉ “文档大小”：以被输出的图像尺寸为基准，设置图像的宽度、高度和分辨率，可以改变图像的实际大小。
- ◉ “缩放样式”：选中该选项，可以让图像中的各种样式按比例进行缩放。选中“约束比例”选项，该选项才能被激活。
- ◉ “约束比例”：选中该选项后，图像的宽度和高度将会被固定。
- ◉ “重定图像像素”：选中该选项后，将激活“像素大小”选项区域中的选项，用户即可改变像素的大小。若取消该选项，图像的像素大小将不能被改变。

03　取消“约束比例”选项的选中状态，然后改变“文档大小”的宽度和高度，如图2-3所示，将文档不按比例进行调整，完成后单击“确定”按钮，得到的图像效果如图2-4所示。

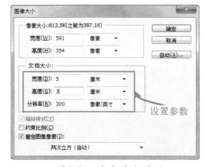

图2-3　改变文档大小

图2-4　调整后的图像

2.1.2 调整画布大小

图像画布大小是指当前图像周围工作空间的大小。使用鼠标右击图像窗口顶部的标题栏，在弹出的快捷菜单中选择"画布大小"命令，打开"画布大小"对话框，如图2-5所示。

- ◉ 在该对话框中可以查看当前画布的大小。
- ◉ 在"定位"栏中单击箭头指示按钮，以确定画布扩展方向。
- ◉ 在"新建大小"栏中输入新的宽度和高度。
- ◉ 在"画布扩展颜色"下拉列表中可以选择画布的扩展颜色，或者单击右方的颜色按钮，打开"选择画布扩展颜色"对话框，设置画布的扩展颜色。

设置好画布大小和颜色后进行确定，即可修改画布的大小，如图2-6所示。

图2-5 "画布大小"对话框

图2-6 修改画布大小

2.1.3 移动与复制图像

1．移动图像

移动图像分为整体移动和局部移动，整体移动就是将当前工作图层上的图像从一个地方移动到另一个地方，而局部移动就是对图像中的部分图像进行移动。

练习2-2：移动选择的图像

01 打开一幅图像文件，确定图像层未被锁定，如图2-7所示。

02 选择工具箱中的移动工具，将图像拖动到需要的位置即可，如图2-8所示。

图2-7 打开图像文件

图2-8 移动图像

03 使用套索工具在骏马图像周围绘制选区，按下Ctrl＋Enter组合键转换为选区后，按下Ctrl＋J组合键复制选区中的图像，再使用移动工具按住该图像进行拖动，如图2-9所示。

图2-9　移动图像

2．复制图像

复制图像可以方便用户快捷地制作出相同的图像，用户可以将图像中的图层、图层蒙版和通道等都复制过来。

练习2-3：复制选择的图像

01 选择"图像→复制"命令，打开"复制图像"对话框，如图2-10所示。

02 设置好图像的文件名称后单击"确定"按钮，即可得到复制的副本图像文件，如图2-11所示。

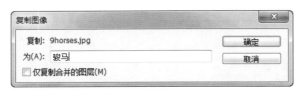

图2-10　"复制图像"对话框

图2-11　复制的文件

2.1.4　裁剪并删除图像

使用裁剪工具 可以将多余部分图像裁剪掉，从而得到需要的那部分图像。使用裁剪工具 在图像中拖动将绘制出一个矩形区域，矩形区域内部代表裁剪后图像保留部分，矩形区域外的部分将被删除掉。

下面将介绍裁剪工具的具体使用方法，其操作步骤如下。

练习2-4：裁剪图像

01 打开一张图像文件，选择裁剪工具 ，在图像中拖动绘制出一个裁剪矩形区域，如图2-12所示。

02 将鼠标移动到裁剪矩形框的右方中点上，当其变为旋转箭头时拖动鼠标旋转裁剪矩形框，得到画面旋转效果，如图2-13所示。

旋转选框

图2-12 打开图像

图2-13 绘制裁切区域

03 按下Enter键，或单击工具属性栏中的"提交"按钮✔进行确定，修正后的图片效果如图2-14所示。

图2-14 修正后的图片

2.2 擦除图像

使用橡皮擦工具组中的工具可以方便地擦除图像中的局部图像。橡皮擦工具组中包括橡皮擦工具 、背景橡皮擦工具 和魔术橡皮擦工具 。

2.2.1 使用橡皮擦工具

橡皮擦工具 主要用来擦除当前图像中的颜色。选择橡皮擦工具 后，可以在图像中拖动鼠标，根据画笔形状对图像进行擦除。橡皮擦工具属性栏如图2-15所示。

图2-15 橡皮擦工具属性栏

- 模式：单击其右侧的三角按钮，在下拉列表中可以选择3种擦除模式，画笔、铅笔和块。
- 不透明度：设置参数可以直接改变擦除时图像的透明程度。
- 流量：数值越小，擦除图像的时候画笔压力越小，擦除的图像将透明显示。
- 抹到历史记录：选中此选框，可以将图像擦除至"历史记录"面板中的恢复点外的图像效果。

练习2-5：擦除图像

01 打开一幅图像文件，选择橡皮擦工具，再设置工具箱中的背景色为白色，如图2-16所示。

02 在属性栏中单击"画笔"旁边的三角形按钮，在打开的面板中选择"柔角"样式，再设置画笔大小，如图2-17所示。

图2-16 打开图像

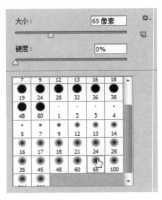

图2-17 选择画笔

03 在图像窗口中拖动鼠标擦除背景图像，擦除的图像呈现背景色，如图2-18所示。

04 切换到历史记录面板中，单击原图文件，即可回到图像原始状态，如图2-19所示。

图2-18 擦除图像

图2-19 返回原始状态

05 在"图层"面板中双击背景图层，在弹出的提示对话框(如图2-20所示)中单击"确定"按钮，将其转换为普通图层。

06 选择橡皮擦工具，在属性栏中选择柔角画笔样式，然后在图像中拖动，擦除背景图像，得到透明的背景效果，如图2-21所示。

图2-20 转换背景图层为普通图层

图2-21 擦除背景图像

2.2.2 使用背景橡皮擦工具

背景橡皮擦工具 可在拖动时将图层上的像素抹成透明，从而可以在抹除背景的同时在前景中保留对象的边缘。通过指定不同的取样和容差选项，可以控制透明度的范围和边界的锐化程度。其工具属性栏中显示各种属性，如图2-22所示。

图2-22　背景橡皮擦工具属性栏

- ⊙ 连续 ：按下此按钮，在擦除图像过程中将连续地采集取样点。
- ⊙ 一次 ：按下此按钮，将第一次单击鼠标位置的颜色作为取样点。
- ⊙ 背景色板 ：按下此按钮，将当前背景色作为取样色。
- ⊙ 限制：单击右侧的三角按钮，打开下拉列表，其中"不连续"指擦除图像上样本色彩的区域；"连续"指只擦除连续的包含样本色彩的区域；"查找边缘"指自动查找与取样色彩区域连接的边界，也能在擦除过程中更好地保持边缘的锐化效果。
- ⊙ 容差：用于调整需要擦除的与取样点色彩相近的颜色范围。
- ⊙ 保护前景色：选择此选项，可以保护图像中与前景色一致的区域不被擦除。

使用背景橡皮擦工具 在擦除背景图层的图像时，擦除后的图像将显示为透明效果，背景图层也将自动转换为普通图层，如图2-23和图2-24所示是擦除背景图层图像时的前后对比效果。

图2-23　原图像

图2-24　擦除图像后的效果

2.2.3 使用魔术橡皮擦工具

魔术橡皮擦工具 是魔术棒工具与背景色橡皮擦工具的结合，只需在需要擦除的颜色范围内单击，便可以自动擦除该颜色处相近的图像区域，擦除后的图像背景显示为透明状态。魔术橡皮擦工具的选项栏如图2-25所示。

图2-25　魔术橡皮擦工具选项栏

- ⊙ "容差"：在其中输入数值，可以设置被擦除图像颜色与取样颜色之间差异的大小，数值越小，擦除的图像颜色与取样颜色越相近。
- ⊙ "消除锯齿"：选中此项，会使擦除区域的边缘更加光滑。
- ⊙ "连续"：选中此项，可以擦除位于点选区域附近，并且在容差范围内的颜色区域，如图2-26所示。不选中此项，则只要在容差范围内的颜色区域都将被擦除，如图2-27所示。

图2-26 选中"连续"复选框时的擦除效果 图2-27 未选中"连续"复选框时的擦除效果

2.3 查看图像

在图像处理过程中，通常需要对编辑的图像进行放大或缩小显示，以利于图像的编辑。用户可以通过状态栏、导航器和缩放工具来实现图像的缩放。

2.3.1 通过状态栏缩放图像

当新建或打开一个图像时，该图像所在图像窗口左下方的数值框中便会显示当前图像的显示百分比，如图2-28所示。当改变该数值时就可以实现图像的缩放，如将该图像显示百分比设置为100%时的显示效果如图2-29所示。

图2-28 状态栏中的显示比例 图2-29 修改比例放大图像显示

2.3.2 通过导航器缩放图像

新建或打开一个图像时，工作界面右上角的"导航器"面板便会显示当前图像的预览效果，如图2-30所示。在水平方向上拖动"导航器"面板中下方的滑块，即可实现图像的缩小与放大显示，如图2-31所示。

图2-30 "导航器"面板

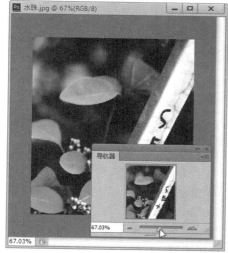

图2-31 通过导航器缩小图像显示

2.3.3 通过缩放工具缩放图像

在通常情况下，Photoshop的用户更习惯通过工具箱中的缩放工具缩放图像，具体的操作方法如下。

练习2-6：使用缩放工具

01 选择工具箱中的缩放工具 ，并将鼠标指针移动到图像窗口中，此时鼠标指针会呈放大镜显示状态，放大镜内部有一个"十"字形，如图2-32所示。

图2-32 使用缩放工具

图2-33 放大显示图像

02 单击鼠标，图像会根据当前图像的显示大小进行放大，如图2-33所示，如果当前显示为200%，则每单击一次放大一倍，且单击处的图像放大后会显示在图像窗口的中心。

03 按住鼠标左键拖动绘制出一个区域，如图2-34所示，释放鼠标后可显示区域内的图像窗口，如图2-35所示。

04 使用缩放工具后，按住Alt键，此时放大镜内部会出现一个"－"字形。然后单击鼠标，可以将图像缩小显示。

图2-34 框选要放大的局部图像

图2-35 放大后的局部图像

21

2.4　还原与重做操作

在编辑图像时难免会执行一些错误的操作，使用还原图像操作即可轻松回到原始状态，并且还可以通过该功能制作一些特殊效果。

2.4.1　通过菜单命令操作

当用户在绘制图像时，常常需要进行反复的修改才能得到很好的效果，在操作过程中肯定会遇到撤销之前的步骤重新操作，这时可以通过下面的方法来撤销误操作。

- ⊙ 选择"编辑→还原"命令可以撤销最近一次进行的操作。
- ⊙ 选择"编辑→重做"命令可以恢复被撤销的操作。
- ⊙ 选择"编辑→返回"命令可以向前撤销一步操作。
- ⊙ 选择"编辑→向前"命令可以向后重做一步操作。

2.4.2　通过"历史记录"面板操作

当用户使用了其他工具在图像上进行误操作后，可以使用"历史记录"面板来还原图像。"历史记录"面板用来记录对图像所进行的操作步骤，并可以帮助用户恢复到"历史记录"面板中显示的任何操作状态。

练习2-7：使用"历史记录"面板

01　打开任意一幅图像文件，选择"窗口→历史记录"命令，打开"历史记录"面板，如图2-36所示。

02　选择直横排文字工具 T.在图像中输入文字，可以看到在"历史记录"面板中已经有了输入文字的记录，如图2-37所示。

图2-36　打开图像

图2-37　输入文字

03　将鼠标指针移动到"历史记录"面板中，单击操作的第一步，即打开文件的步骤，如图2-38所示，可以将图像回到没有输入文字的效果，如图2-39所示。

图2-38　单击操作步骤

图2-39　还原图像

2.4.3　通过组合键操作

当用户在绘制图像时，除了可以使用菜单命令和"历史记录"面板进行还原与重做操作外，也可以使用组合键进行操作。

- ⊙　按下Ctrl+Z组合键可以撤销最近一次进行的操作。再次按下Ctrl+Z组合键又可以重做被撤销的操作。
- ⊙　按下Alt+Ctrl+Z组合键可以向前撤销一步操作。
- ⊙　按下Shift+Ctrl+Z组合键可以向后重做一步操作。

2.5　变换图像

除了对整个图像进行调整外，还可以对文件中单一的图像进行操作。其中包括缩放对象、旋转与斜切图像、扭曲与透视图像、翻转图像等。

2.5.1　缩放对象

在Photoshop中，可以通过调整定界框来改变图像大小。缩放对象的具体操作方法如下。

练习2-8：缩放图像

01　打开一幅分层图像文件，选择"编辑→变换→缩放"命令，图像周围即可出现一个控制方框，如图2-40所示。

02　按住Shift键拖动任意一个角即可对图像进行等比例缩放，如按住右上角向外拖动，等比例放大图像，如图2-41所示。

图2-40　使用"缩放"命令

图2-41　放大图像

03 缩放到合适的大小后，将鼠标指针放到控制方框内，按住鼠标左键进行拖动，可以移动图像，调整图像的位置，然后双击鼠标，即可完成图像的缩放，如图2-42所示。

图2-42 调整好图像位置

2.5.2 旋转与斜切图像

旋转与斜切图像的操作与缩放对象一样，选择"编辑→变换"命令，选择"旋转"或"斜切"命令，拖动方框中的任意一角即可进行旋转与斜切，如图2-43和图2-44所示。

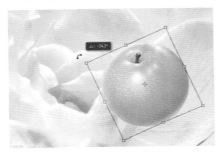

图2-43 旋转图像

图2-44 斜切图像

2.5.3 扭曲与透视图像

使用"扭曲"或"透视"命令，可以为图像添加某些效果。选择"编辑→变换"命令，选择"扭曲"或"透视"命令，拖动方框中的任意一角即可对图像做扭曲与透视，如图2-45和图2-46所示。

图2-45 扭曲图像

图2-46 透视图像

2.5.4 变形图像

在Photoshop CS6中还有一个"变形"命令，使用该命令可以在图像中出现一个网格，通过对网格进行编辑即可达到变形的效果。

练习2-9：对图像进行变形操作

01 打开一幅分层图像文件，在"图层"面板中单击需要进行变形操作的图层。选择"编辑→变换→变形"命令，在图像中即可出现一个网格图形，如图2-47所示。

02 按住网格上下左右的小圆点进行拖动，调整控制手柄即可对图像进行变形编辑，如图2-48所示。

图2-47　出现网格　　　　　　　　　　　　　　　图2-48　使图像变形

03 在属性栏中还有一些固定的形状，在属性栏中单击"变形"旁边的三角形按钮，在其下拉列表框中可选择一种变形样式，如选择"贝壳"，如图2-49所示，得到的图像变形效果如图2-50所示。

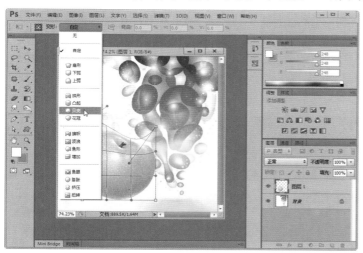

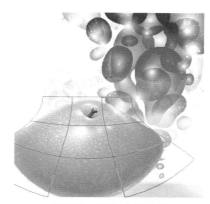

图2-49　选择变形样式　　　　　　　　　　　　　图2-50　图像变形效果

2.5.5 翻转图像

在图像编辑过程中，如需要使用对称的图像，则可以将图像进行翻转。翻转图像的具体操作方式如下。

练习2-10：对图像进行翻转

01 打开一幅分层图像文件，如图2-51所示。选择"编辑→变换→水平翻转"命令，可以将图像做水平翻转，如图2-52所示。

02 选择"编辑→变换→垂直翻转"命令，可以将图像进行垂直翻转，如图2-53所示。

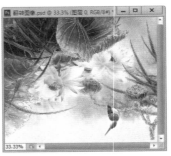

图2-51　原图　　　　　　　图2-52　水平翻转图像　　　　　图2-53　垂直翻转图像

专家提示

这里的翻转图像是针对分层图像中的单一对象而言，与"水平(垂直)翻转画布"命令有很大的区别。

2.6　学习总结

　　本章主要学习了如何对图像进行基本的编辑操作，其中包括调整图像大小、移动和复制图像、裁剪与删除图像，以及图像的显示方式、图像的变换，同时还介绍了Photoshop CS6中图像文件的还原，以及擦除图像等知识内容的讲解。

　　通过本章的学习，读者应该掌握在Photoshop CS6中对图像进行基本的编辑操作，熟悉用撤销命令和历史记录来还原图像的方法。

2.7　疑难解答

　　在本章的学习中，主要讲解了Photoshop CS6图像的基本操作，下面通过对前面的学习，列出一些常见的问题和解答供读者参考。

　　问：在缩放图像时，有没有什么快捷键可以使用呢？

　　答：在任意工具状态下，按下Alt+Space组合键并单击鼠标左键，可实现图像的缩小显示，而按下Ctrl+Space组合键并单击鼠标左键，则可实现图像的放大显示。

　　问：图像缩放后，对图像尺寸有影响吗？

　　答：图像缩放只是在视觉上得到图像放大或缩小，这种操作不会造成图像尺寸的变化。

　　问：在使用缩放工具放大或缩小图像时，可以一直无限量放大图像吗？

　　答：不能，当图像放大到一定程度时，缩放工具将显示为 🔍 状态，这时将意味着图像已经不能再放大。

第3章　创建与编辑选区

本章导读

本章将学习Photoshop中的选区创建和编辑操作，用户可以在图像中创建选区，还可以通过选区命令获取部分图像选区，这样可以保护选区以外的图像不受编辑影响，在编辑过程中任何操作都只对选区内的图像起作用。

本章主要内容如下：

- 创建规则选区
- 创建不规则选区
- 使用"修改"命令操作选区
- 羽化选区
- 描边和变换选区
- 保存和载入选区

3.1 认识选区

在Photoshop CS6中，大多数操作都不是针对整个图像的，因此就需要建立选区来指明操作对象，这个过程就是建立选区的过程。

在Photoshop中建立选区的方法有：选框工具、套索工具、魔棒工具、色彩范围、蒙版、通道和路径等，这些方法都是根据几何形状或像素颜色来进行选择的。虽然有些方法操作起来比较复杂，但却非常灵活，足以应付我们在学习和工作中可能遇到的各种情况。

3.2 创建选区

创建选区的方法很多，可以通过规则选框工具来创建，也可以通过菜单命令来创建，在本节中将详细介绍创建选区的方法。

3.2.1 使用选框工具组创建选区

选框工具用于选择规则的图像，其中包括：矩形选框工具、椭圆选框工具、单行选框工具和单列选框工具。这4种工具在工具箱位于同一个工具组中，根据指定的几何形状来建立选区。

1. 矩形选框工具

矩形选框工具可以绘制出矩形选区，并且还可以配合属性栏中的各项设置绘制出一些特定大小的矩形选区。

练习3-1：创建矩形选区

01 选择矩形选框工具，在图像中按住鼠标左键进行拖动，即可创建出一个矩形选区，如图3-1所示。

02 按下Ctrl+D组合键可以取消选区，然后再按住Shift键在图像中拖动鼠标，可以绘制出一个正方形选区，如图3-2所示。

图3-1　绘制矩形选区

图3-2　绘制正方形选区

03 绘制选区后，其属性栏如图3-3所示，在其中可以对选区进行添加选区、减少选区和交叉选区等各项操作。

图3-3 矩形工具属性栏

⊙ 　　　　：这一组按钮主要用于控制选区的创建方式，■表示创建新选区，■表示添加到选区，
　　■表示从选区减去，■表示与选区交叉。

⊙ "羽化"：在该文本框中输入数值可以在创建选区后得到使选区边缘柔化的效果，羽化值越
　　大，则选区的边缘越柔和。

⊙ "消除锯齿"：用于消除选区锯齿边缘，只有在选择椭圆选框工具时才可用。

⊙ "样式"：在该下拉列表框中可以选择设置选区的形状。分别有"正常"、"固定比例"和
　　"固定大小"3个选项。其中"正常"为默认设置，可创建不同大小的选区；选择"固定比
　　例"则创建后的选区长宽比与设置保持一致；"固定大小"选项用于锁定选区大小，选择该
　　选项后可以在"宽度"和"高度"文本框中输入具体的数值。

⊙ "调整边缘"：单击该按钮，即可打开"调整边缘"对话框，在其中可以定义边缘的半径、对
　　比度和羽化程度等，可以对选区进行收缩和扩充，以及选择多种显示模式。

04 单击属性栏中的"添加到选区"按钮，然后在再绘制一个矩形选区，如图3-4所示，可以得到
添加矩形选区的效果，如图3-5所示。

图3-4 绘制选区

图3-5 添加的选区

05 单击"从选区减去"按钮，并且在"样式"下拉列表框中选择"固定比例"选项，设置"宽
度"为2和"高度"为3，然后在图像中绘制选区，如图3-6所示，可以得到减去矩形选区的效果，如图
3-7所示。

图3-6 设置属性栏

图3-7 减去的选区

06 按下Ctrl＋D组合键取消选区，在属性栏中选择"固定大小"选项，并且单击"添加到选区"
按钮，在图像窗口中多次单击鼠标，即可得到多个相同大小的选区，如图3-8所示。

图3-8　绘制相同选区

在绘制选区前，用户可以根据需要对属性栏进行相关的设置，以绘制出符合自己需要的选区。

07　按下Ctrl＋D组合键取消选区，恢复属性栏中的默认设置。然后在图像窗口中绘制两个矩形选区，单击"调整边缘"按钮，打开"调整边缘"对话框，如图3-9所示，设置选区的各项设置后，单击"确定"按钮，即可得到羽化后的选区，填充白色后可以看出选区效果，如图3-10所示。

图3-9　调整选区边缘

图3-10　调整选区后的效果

2．椭圆选框工具

椭圆选框工具 主要用于绘制椭圆形选区，其属性栏中的选项及功能与矩形选框工具相同。选择工具箱中的椭圆选框工具 ，然后在图像上按下鼠标并拖动，即可创建椭圆形选区，如图3-11所示。在绘制椭圆形选区的过程中，按住Shift键可以创建正圆选区，如图3-12所示。

图3-11　绘制椭圆选区

图3-12　绘制正圆选区

技巧提示

在绘制椭圆形选区的过程中，用户可以按住Alt键以起点为中心绘制椭圆形选区。也可以按住Alt＋Shift组合键以起点为中心绘制正圆形选区。

3. 单行、单列选框工具

使用单行选框工具 或单列选框工具 可以在图像窗口中绘制一个像素宽度的水平或垂直选区，并且绘制的选区长度会随着图像窗口的尺寸变化。

在工具箱中选择单行选框工具 或单列选框工具 ，然后在图像中单击即可创建出1个像素大小的选区，如图3-13和图3-14所示。

图3-13 绘制单行选区　　　　　图3-14 绘制单列选区

3.2.2 使用套索工具组创建选区

通过选框工具组只能创建规则的几何图形选区，而在实际工作中，常常需要创建各种形状的选区，这时就可以通过套索工具组来完成，套索工具组中的属性栏选项及功能与选框工具组相同。

1. 套索工具

套索工具 主要用于创建手绘类不规则选区，所以一般都不用来精确定制选区。将鼠标指针移到要选取的图像的起始点，然后按住鼠标左键不放沿图像的轮廓移动鼠标指针，如图3-15所示，完成后释放鼠标，绘制的套索线将自动闭合成为选区，如图3-16所示。

图3-15 按住鼠标拖动　　　　　图3-16 得到选区

2. 多边形套索工具

多边形套索工具 适用于边界为直线型图像的选取，它可以轻松地绘制出多边形形态的图像选区。在图像中单击作为创建选区的起始点，然后拖动，再次单击，以创建选区中的其他点，如图3-17

所示，最后将鼠标指针移动到起始点处，当鼠标指针变成 ▨ 形态时单击，即生成最终的选区，如图3-18所示。

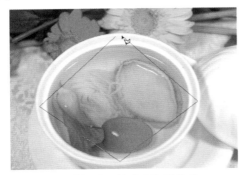
图3-17　创建多边形选区

图3-18　得到选区

3．磁性套索工具

磁性套索工具可以轻松绘制出外边框很复杂的图像选区，它可以在图形颜色与背景颜色反差较大的区域创建选区。选择工具箱中的磁性套索工具 ▨ 按钮，沿图像的轮廓拖动，鼠标指针经过的地方会自动产生节点，并且自动捕捉图像中对比度较大的图像边界，如图3-19所示，当到达起始点时单击鼠标即可得到一个封闭的选区，如图3-20所示。

图3-19　沿图像边缘创建选区

图3-20　得到选区

技巧提示

在使用磁性套索工具时，可能会由于抖动或其他原因而是边缘生成一些多余的节点，这时可以按下Delete键来删除最近创建的磁性节点，然后再继续绘制选区。

3.2.3　使用魔棒工具创建选区

使用魔棒工具可以选择颜色一致的图像，从而获取选区，因此常用该工具选择颜色对比较强的图像。

练习3-2：获取图像选区

01 选择工具箱中的魔棒工具 ▨ ，其属性栏如图3-21所示。

图3-21　魔棒工具属性栏

◉　"容差"：用于设置选取的色彩范围值，单位为像素，取值范围为0~255。输入的数值越大，选取的颜色范围也越大；数值越小，选择的颜色值就越接近，得到选区的范围就越小。
- ⊙ "消除锯齿"：用于消除选区锯齿边缘。
- ⊙ "连续"：选中该选项表示只选择颜色相邻的区域，取消选中时会选取颜色相同的所有区域。
- ⊙ "对所有图层取样"：当选中该选项后可以在所有可见图层上选取相近的颜色区域。

02 在属性栏中设置"容差"值为20，并且选择"连续"复选框，然后在图像中单击背景区域，可以获取部分图像选区，如图3-22所示。

03 改变属性栏中的"容差"值为10，然后取消选中"连续"选项，再单击图像背景，将得到如图3-23所示的图像选区。

图3-22 获取选区　　　　　　　　　　　　　图3-23 获取连续选区

3.2.4 使用快速选择工具创建选区

快速选择工具█位于魔棒工具组中，使用该工具可以根据拖动范围内的相似颜色来创建选区。

练习3-3：选择背景图像

01 打开任意一幅图像文件，选择快速工具█，其属性栏如图3-24所示，属性栏中的各项设置与其他选区工具基本一致，不同的是多了一个"画笔"选项，单击该选项，可以在弹出的面板中设置画笔大小。

02 设置画笔大小，如50像素，然后在图像中进行拖动，鼠标指针所到之处，即将成为选区，如图3-25所示。

图3-24 快速工具属性栏　　　　　　　　　图3-25 获取选区

3.2.5 使用"色彩范围"命令创建选区

使用"色彩范围"命令可以在图像中创建与预设颜色相似的图像选区，并且可以根据需要调整预设颜色，它比魔棒工具选取的区域更广。

练习3-4：选择相似颜色图像选区

[01] 选择"文件→打开"命令，打开一个图像文件，如图3-26所示。

[02] 选择"色彩范围"命令，打开"色彩范围"对话框，单击图像中需要选取的颜色，然后再进行"颜色容差"的设置，如图3-27所示。

图3-26　素材图像　　　　　　　图3-27　"色彩范围"对话框

对话框中各选项含义如下。

◉ "选择"：用来设置预设颜色的范围，在其下拉列表框中分别有取样颜色、红色、黄色、绿色、青色、蓝色、洋红、高光、中间调和阴影等选项。

◉ "颜色容差"：该选项与魔棒工具属性栏中的"容差"选项功能一样，用于调整颜色容差值的大小。

◉ "选区预览"：用于设置在图像窗口中选取区域的预览方式。用户可以根据需要选择"无"、"灰度"、"黑色杂边"、"白色杂边"和"快速蒙版"5种预览方式。

[03] 单击"确定"按钮，回到图像窗口中，可以得到图像选区，如图3-28所示。

图3-28　图像选区

3.3　修改选区

当用户在图像中创建好选区后，有时还需要对选区进行一些修改，如对选区进行移动、扩展、收缩、增加或平滑等。

3.3.1　移动图像选区

在Photoshop中可以使用选框工具直接移动选区，还可以使用移动工具在移动选区的同时将选区中的图像进行移动。

练习3-5：移动选区

01 打开一幅素材图像，使用磁性套索工具勾选苹果图像，为其创建选区，如图3-29所示。

02 将鼠标放到选区中，当鼠标变成 形状时，按住鼠标进行拖动，可以移动选区，如图3-30所示。

图3-29 绘制选区　　　　　　　　　　图3-30 移动选区

03 按下Ctrl＋Z组合键后退一步操作，选择移动工具，然后按住Alt键移动选区，可以移动并且复制选区中的图像，如图3-31所示。

04 如果直接用移动工具移动选区，移动后的原位置将以背景色填充，如图3-32所示。

图3-31 移动并复制选区图像　　　　图3-32 移动选区图像

3.3.2 增加选区边界

在Photoshop CS6中还有一个"边界"命令，使用该命令可以在选区边界处向内或向外增加一条边界。

练习3-6：设置选区边界

01 打开一个图像文件，使用适合的选框工具在图像中创建一个选区，如图3-33所示。

02 选择"选择→修改→边界"命令，打开"边界选区"对话框，设置"宽度"为20像素，如图3-34所示。

图3-33 创建选区

图3-34 设置边界选区

03 单击"确定"按钮，即可得到增加的选区边界，如图3-35所示，设置前景色为黄色，按下Alt+Delete组合键填充选区，得到的图像效果如图3-36所示。

图3-35 增加选区边界

图3-36 填充选区

3.3.3 扩展和收缩图像选区

扩展选区就是在原始选区的基础上将选区进行扩展；而收缩选区是扩展选区的逆向操作，可以将选区向内进行缩小。

在图像中绘制选区后，选择"选择→修改→扩展"命令，可以打开"扩展"对话框，设置"扩展量"参数，如图3-37所示，单击"确定"按钮即可得到扩展的选区。

选择"选择→修改→收缩"命令，即可打开"收缩"对话框，然后设置收缩参数，如图3-38所示，单击"确定"按钮，即可得到收缩选区的效果。

图3-37 扩展选区

图3-38 收缩选区

实例1：制作图像边框

实例文件：	实例文件\第3章\制作图像边框.psd
素材文件：	素材文件\第3章\花朵.jpg
视频教程：	视频文件\第3章\制作图像边框.avi

本实例将使用选区工具为图像添加边框，首先使用矩形选框工具绘制矩形选区，然后应用"扩展选区"命令，并填充颜色，再绘制选区，通过"收缩选区"命令得到图像边框效果。实例效果如图3-39所示。

其具体操作如下。

01 打开本书配套光盘中的"花朵.jpg"素材图像文件，选择矩形选框工具在图像中绘制一个矩形选区，如图3-40所示。

02 单击属性栏中的"从选区减去"按钮，然后在选区中再绘制一个矩形选区，得到减选选区效果，如图3-41所示。

图3-39 图像效果

图3-40 绘制选区

图3-41 减选选区

03 单击"图层"面板底部的"创建新图层"按钮 ，新建得到图层1，然后填充选区为白色，如图3-42所示。

04 选择"选择→修改→扩展"命令，打开"扩展选区"对话框，设置扩展量为12像素，单击"确定"按钮，得到选区效果如图3-43所示。

图3-42 填充选区

图3-43 设置参数

05 选择"编辑→描边"命令，打开"描边"对话框，设置描边颜色为白色，宽度为4像素，如图3-44所示。

06 单击"确定"按钮，得到如图3-45所示的描边效果。

图3-44 设置描边选项

图3-45 图像描边效果

07 选择矩形选框工具在图像边缘绘制一个矩形选区，如图3-46所示，选择"编辑→描边"命令，打开"描边"对话框，设置描边颜色为白色，宽度为6像素，单击"确定"按钮，得到的描边效果如图3-47所示。

图3-46 绘制选区

图3-47 描边效果

08 选择"选择→修改→收缩"命令，打开"收缩选区"对话框，设置收缩量为20像素，如图3-48所示。

09 单击"确定"按钮，得到收缩后的选区效果，如图3-49所示。

图3-48 设置收缩参数

图3-49 选区效果

10 选择"编辑→描边"命令，打开"描边"对话框，设置描边颜色为白色，宽度为15像素，如图3-50所示，单击"确定"按钮，得到最终的描边效果，如图3-51所示。

图3-50 设置描边选项

图3-51 选区效果

3.3.4 平滑图像选区

使用"平滑"选区命令可以将绘制的选区变得平滑，并消除选区边缘的锯齿。

练习3-7：使选区平滑

01 打开任意一个图像文件，使用多边形套索工具 在图像中绘制一个不规则选区，如图3-52所示。

02 为了方便观察到选区的平滑状态，将选区填充为白色，然后选择"选择→修改→平滑"命令，打开"平滑选区"对话框，然后设置"取样半径"参数为25，如图3-53所示。

图3-52 绘制选区

图3-53 设置平滑选区

03 单击"确定"按钮，可以得到平滑的选区，如图3-54所示，在选区中填充颜色，可以观察到选区的平滑状态，如图3-55所示。

图3-54 平滑选区

图3-55 填充选区效果

技巧提示

在"平滑选区"对话框中设置选区平滑度时，"取样半径"值越大，选区的轮廓越平滑，同时也会失去选区中的细节，因此，应该合理设置"取样半径"值。

3.4 选区的编辑

用户在图像窗口中创建的选区有时并不能达到实际要求，使用Photoshop CS6中的选区编辑功能，可以对选区进行一些特殊效果的处理。

3.4.1 羽化选区

"羽化"命令可以柔和模糊选区的边缘，主要是通过扩散选区的轮廓来达到模糊边缘的目的，羽化选区能平滑选区边缘，并产生淡出的效果。

练习3-8：制作羽化图像效果

☒01 打开任意一幅图像文件，选择椭圆选框工具在画面中绘制一个椭圆选区，如图3-56所示。

☒02 选择"选择→修改→羽化"命令，打开"羽化半径"对话框，然后设置"羽化半径"参数为30像素，如图3-57所示。

图3-56　绘制选区　　　　　　　　　　　图3-57　设置羽化

☒03 单击"确定"按钮，即可得到选区的羽化效果，然后"选择→反向"命令如图3-58所示，反选选区。

☒04 在选区中填充白色，可以观察到羽化选区的图像效果，如图3-59所示。

图3-58　反向选区　　　　　　　　　　　图3-59　羽化效果

3.4.2　描边图像选区

"描边"命令可以使用一种颜色填充选区边界，还可以设置填充的宽度。绘制好选区后，选择"编辑→描边"命令，打开"描边"对话框，在对话框中可以设置描边的"宽度"值和描边的位置、颜色等，如图3-60所示，单击"确定"按钮，即可得到描边效果。

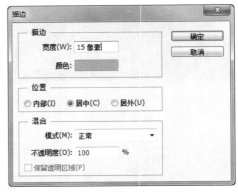

- ⊙ 宽度：用于设置描边后生成填充线条的宽度。
- ⊙ 颜色：单击选项右方的色块，打开"选取描边颜色"对话框，可以设置描边区域的颜色。
- ⊙ 位置：用于设置描边的位置，包括"内部"、"居中"和"居外"3个单选按钮。
- ⊙ 混合：设置描边后颜色的不透明度和着色模式，与图层混合模式相同。

图3-60　"描边"对话框

◎ 保留透明区域：选中后进行描边时将不影响原图层中的透明区域。

3.4.3　变换图像选区

使用"变换选区"命令可以对选区进行自由变形，而不会影响到选区中的图像，其中包括移动选区、缩放选区、旋转与斜切选区等。

练习3-9：对选区做变换

01　在图像中绘制一个圆形选区，然后选择"选择→变换选区"命令，选区四周即可出现8个控制点，如图3-61所示。

02　拖动控制点即可调整选区大小，按住Shift＋Alt组合键可以相对选区中心缩放选区，如图3-62所示。

图3-61　显示控制框

图3-62　变换选区

03　将鼠标指针放到控制框四方中心的任意控制点上，然后按住并拖动鼠标，可以改变选区宽窄或长短，如图3-63所示。

04　将鼠标指针放到控制框四个角点上，然后拖动鼠标，可以旋转选区的角度，如图3-64所示。

图3-63　变形选区

图3-64　旋转选区

05　将鼠标指针放到控制框内，然后拖动鼠标，即可移动选区的位置，如图3-65所示。按下Enter键或双击鼠标，即可完成选区的变换操作，如图3-66所示。

图3-65　移动选区

图3-66　结束选区变换

技巧提示

"变换选区"命令与"自由变换"命令有一些相似之处，都可以进行缩放、斜切、旋转、扭曲、透视等操作；不同的是，"变换选区"只针对选区进行操作，不能对图像进行变换，而"自由变换"命令可以同时对选区和图像进行操作，但选区中的图像将出现剪切的效果。

3.4.4 存储和载入图像选区

在编辑图像的过程中，用户可以保存一些造型较复杂的图像选区，当以后需要使用时，可以将保存的选区直接载入使用。

练习3-10：选区的保存和载入

01 打开一个图像文件，在图像中绘制一个选区，如图3-67所示。

02 选择"选择→存储选区"命令，打开"存储选区"对话框，设置存储通道的位置及名称，如图3-68所示。

图3-67　绘制选区

图3-68　存储选区

- 文档：在右方的下拉列表框中可以选择在当前文档中或是在新建文件中创建存储选区的通道，如图3-69所示。
- 通道：用于选取作为选区要存储的图层或通道。
- 名称：用于设置储存通道的名称。
- 操作：用于选择通道的处理方式，包括"新建通道"、"添加到通道"、"从通道中减去"和"与通道交叉"几个选项。

03 设置好存储选区的各选项后单击"确定"按钮，用户可以在"通道"面板中查看到存储的选区，如图3-70所示。

图3-69　选择储存通道的位置

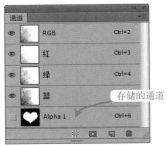

图3-70　存储在通道中的选区

04 在存储选区后，如果要载入选区，可以选择"选择→载入选区"命令，打开"载入选区"对话框，在"通道"下拉列表框中选择需要载入的选区名称，如图3-71所示，单击"确定"按钮即可将指定的选区载入到图像中。

图3-71　"载入选区"对话框

实例2: 清新郁金香

实例文件:	实例文件\第3章\清新郁金香.psd
素材文件:	素材文件\第3章\郁金香.jpg
视频教程:	视频文件\第3章\清新郁金香.avi

本实例将在郁金香图像中添加浪漫的气泡图像效果，首先使用椭圆选框工具绘制一个正圆形选区，然后为选区填充颜色，并为该图像设置内发光样式，接着对绘制的选区应用变换选区和羽化选区等操作，得到柔和的高光图像，使泡泡产生立体感。实例效果如图3-72所示。

图3-72 实例效果

其具体操作如下。

01 选择"文件→打开"命令，打开光盘中的"郁金香.jpg"文件，如图3-73所示。

02 单击"图层"面板底部的"创建新图层"按钮，得到图层1，如图3-74所示。

03 使用椭圆选框工具，在图像中绘制一个圆形，然后将其填充为白色，如图3-75所示。

图3-73 素材图像

图3-74 新建图层

图3-75 创建图形

04 选择"图层→图层样式→内发光"命令，打开"图层样式"对话框，设置内发光颜色为白色，其余设置如图3-76所示。

05 在"图层"面板中设置图层1的"填充"值为0%，如图3-77所示，这时得到的图像效果如图3-78所示。

图3-76 设置内发光参数

图3-77 设置图层填充值

图3-78 内发光效果

06 新建图层2。使用椭圆选框工具绘制一个椭圆形选区，然后选择"选择→变换选区"命令，将选区进行旋转，如图3-79所示。

07 按下Enter键确定选区的变换，将鼠标指针放到选区中，右击，在弹出的菜单中选择"羽化"命令，如图3-80所示。

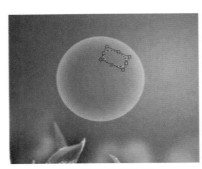
图3-79　变换选区

图3-80　选择"羽化"命令

08 在打开的"羽化选区"对话框中设置羽化半径为5，如图3-81所示，然后将选区填充白色，效果如图3-82所示。

图3-81　设置羽化半径

图3-82　填充选区

09 在"图层"面板中复制一次图层2，适当缩小复制得到的图像，然后设置图层2的不透明度为60%，如图3-83所示，得到的图像效果如图3-84所示。

图3-83　设置透明度

图3-84　图像效果

10 使用相同的方法，在透明圆形的下方再绘制一个高光图像，并且适当调整其透明度和大小，如图3-85所示。

11 参照如图3-86所示的效果，选择椭圆选框工具绘制一个圆形选区，然后按住Alt键对选区进行减选。

图3-85　绘制图像

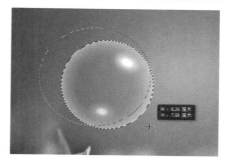

图3-86　创建选区

12　新建一个图层，为选区填充白色，并设置该图层的不透明度为40%，如图3-87所示，得到的图像效果如图3-88所示。

图3-87　设置不透明度

图3-88　图像效果

13　按住Ctrl键同时选择除背景图层外的所有图层，然后选择"图层→向下合并"命令，将创建的泡泡图像合并为一个图层，命名为"泡泡"，如图3-89所示。

14　选择移动工具 ![移动工具]，按住Alt键移动泡泡图像，可以得到复制的图像，如图3-90所示。

图3-89　合并图层

图3-90　复制图像

15　选择"编辑→变换→缩放"命令，适当缩小复制的图像。然后参照如图3-91所示的效果，通过多次复制并缩放泡泡图像。

16　选择横排文字工具 ![文字工具]在图像中输入两行文字，并将文字填充为白色，如图3-92所示，完成本实例的操作。

图3-91　复制多个图像　　　　　　　　　图3-92　输入文字

3.5　学习总结

　　选区是通过选区工具在图像上建立的选择范围。在Photoshop中，选区用于确定当前某种功能或者特效应用的区域。

　　本章主要学习了在Photoshop CS6中进行选区的创建、编辑与应用，其中包括创建选区、移动选区、扩展和收缩选区，选区的羽化、删除、存储和载入等。

　　学习本章后，读者应该熟练掌握选择工具和移动工具的功能与使用方法及选区的创建、编辑与应用。

3.6　疑难解答

　　在本章的学习中，主要讲解了Photoshop CS6创建和编辑选区的相关内容，下面通过对前面的学习列出一些常见的问题和解答供读者参考。

　　问：为什么有时候在使用选框工具绘制选区时，绘制的是固定大小选区呢？

　　答：如果在工具属性栏中将"样式"设置为"固定大小"，系统会在以后延用这次设置，如果想重新回到自由绘制模式下，必须先将"样式"重新设置为"正常"。

　　问：在变换选区时，有什么需要注意的吗？

　　答：在选区处于变换状态下，按住Alt键拖动变换框可实现等比例放大选区，按住Ctrl键拖动变换框可实现选区的扭曲变换。

　　问：选择矩形选框工具组有什么快捷键吗？

　　答：在弹出矩形选框工具组时可以看到，只有矩形选框工具▣和椭圆选框工具◯后面有M字样，而单行选框工具▭和单列选框工具▯后面没有M字样，表示不能通过快捷键切换，因此，按下Shift+M组合键可以在矩形选框工具和椭圆选框工具之间切换。

第4章 调整与编辑图像色彩

本章导读

本章将学习填充颜色和图像色彩与色调的调整方法，利用Photoshop中"调整"子菜单中的各种颜色调整命令，可以对图像进行偏色矫正、反相处理、明暗度调整等操作。用户可以通过对图像色彩与色调的调整，制作出使图像色彩更靓丽迷人的效果，也可以改变图像的表达意境，使图像更具感染力。

本章学习的主要内容如下：

- 填充图像颜色
- 图像整体色彩的快速调整
- 图像色调的精细调整
- 图像色彩的校正
- 图像特殊色彩的调整

4.1 认识填充颜色工具

当用户在处理图像时，如果要对图像或图像区域进行填充色彩或描边，就需要对当前的颜色进行设置。下面就来认识填充颜色的工具。

4.1.1 认识前景色与背景色

在Photoshop CS6中，前景色用于显示当前绘图工具的颜色，背景色用于显示图像的底色。前景色与背景色位于工具箱下方，如图4-1所示，单击前景色或背景色，可以打开"拾色器"对话框，在其中可以设置颜色。

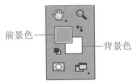

前景色   背景色

图4-1 前景色和背景色

- 单击前景色与背景色工具右上的 图标，可以进行前景色和背景色的切换。
- 单击左下的 图标，可以将前景色和背景色设置成系统默认的黑色和白色。

4.1.2 "颜色"面板组

在Photoshop CS6中，用户可以通过多种方法来调配颜色，以提高编辑和操作的速度。颜色面板组中有"颜色"面板和"色板"面板，通过这两个面板用户可以轻松地设置前景色和背景色。

选择"窗口→颜色"命令，打开"颜色"面板，面板左上方的色块分别代表前景色与背景色，如图4-2所示。选择其中一个色块，分别拖动R、G、B中的滑块即可调整颜色，调整后的颜色将应用到前景色框或背景色框中，用户可直接在颜色面板下方的颜色样本框中单击鼠标，来获取需要的颜色。

选择"窗口→色板"命令，打开"色板"面板，该面板由众多调制好的颜色块组成，如图4-3所示。单击任意一个颜色块将其设置为前景色，按住Ctrl键的同时单击其中的颜色块，则可将其设置为背景色。

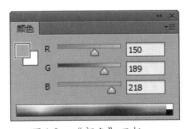 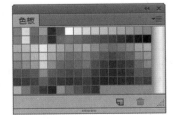

图4-2 "颜色"面板   图4-3 "色板"面板

4.1.3 吸管工具

在吸管工具组中主要包括吸管工具 和颜色取样器工具 。下面就分别来介绍这两种工具的使用方法。

1．吸管工具

吸管工具主要是通过吸取图像或面板中的颜色，以作为前景色或背景色，在使用该工具前应有打开或新建的图像文件。

选取吸管工具 ，其属性栏设置如图4-4所示。将鼠标指针移动到图像窗口中，单击所需要的颜色，即可吸取出新的前景色，如图4-5所示；按住Alt键在图像窗口中单击，即可选取新的背景色。

图4-4 吸管工具属性栏

图4-5 吸取颜色

- 取样大小：在其下拉菜单中可设置采样区域的像素大小，采样时取其平均值。"取样点"为Photoshop CS6中的默认设置。
- 样本：可设置采样的图像为当前图层还是所有图层。

2．颜色取样器工具

颜色取样器工具 用于颜色的选取和采样，它不能直接选取颜色，只能通过在图像中单击得到"采样点"来获取颜色信息。

练习4-1：选择颜色

01 选择"窗口→信息"命令，打开"信息"面板，选择颜色取样器工具 ，并将鼠标移动到图像中，可以看到鼠标所到之处图像的颜色信息，如图4-6所示。

02 在图像中单击一次，即可获取图像颜色，这时"信息"面板中将会显示这次获取的颜色值，如图4-7所示。

03 使用颜色取样器工具可以在图像中设置4个采样点，在图像中再单击3次进行采样，得到的颜色信息如图4-8所示，图像中也会有采样点的标记，如图4-9所示。

图4-6 图像颜色信息　　图4-7 获取的颜色信息　　图4-8 4个采样点颜色信息　　图4-9 采样点标记

技巧提示 -

用户使用颜色取样器工具在图像中采样后，如果想要重新设置采样点，可以单击属性栏中的"清除"按钮，即可重新设置图像中的采样点。

4.1.4 自定义颜色

在Photoshop CS6中，颜色可以通过具体的数值来进行设置，这样定制出来的颜色更加准确，单击前景色框，打开"拾色器(前景色)"对话框，可根据实际需要，在不同的数值栏中输入数字，以达到理想的颜色效果。

练习4-2：设定颜色

01 单击前景色框，打开"拾色器(前景色)"对话框，拖动彩色条两侧的三角形滑块来设置颜色，然后在颜色区域中单击颜色来确定饱和度和明度，如图4-10所示。

02 在对话框右侧的文本框中输入数值可以精确设置颜色，分别有4种色彩模式可供选择：HSB、Lab、RGB、CMYK，如图4-11所示。

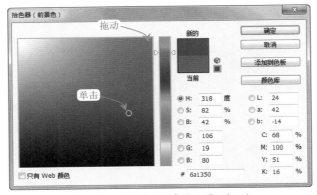

图4-10　"拾色器(前景色)"对话框

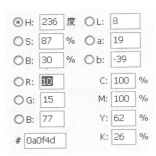

图4-11　输入数值设置颜色

- ⊙ **RGB**：这是最基本也是使用最广泛的颜色模式。它源于有色光的三原色原理，其中R(Red)代表红色，G(Green)代表绿色，B(Blue)代表蓝色。
- ⊙ **CMYK**：这是一种减色模式，C(Cyan)代表青色，M(Magenta)代表品红色，Y(Yellow)代表黄色，K(Black)代表黑色。在印刷过程中，使用这4种颜色的印刷板来产生各种不同的颜色效果。
- ⊙ **Lab**：这是Photoshop在不同色彩模式之间转换时使用的内部颜色模式。它有3个颜色通道，一个代表亮度(Luminance)，另外两个代表颜色范围，分别用a、b来表示。
- ⊙ **HSB**：HSB模式中的H、S、B分别表示色调、饱和度、亮度，这是一种从视觉的角度定义的颜色模式。Photoshop可以使用HSB模式从"颜色"面板中拾取颜色，但没有提供用于创建和编辑图像的HSB模式。

03 选择对话框左下角的"只有Web"颜色选项，对话框将如图4-12所示，这时选择的任何一种颜色都为Web安全颜色。

04 在对话框中单击"颜色库"按钮，接着弹出"颜色库"对话框，在其中已经显示了拾色器中当前选中颜色最接近的颜色，如图4-13所示。

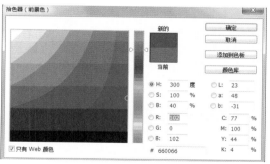

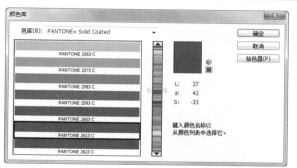

图4-12 Web颜色效果

图4-13 "颜色库"对话框

05 单击"色库"右侧的三角形按钮，在其下拉菜单中可以选中需要的颜色系统，如图4-14所示。然后在颜色列表中单击所需的编号，单击"确定"按钮即可得到所需的颜色，如图4-15所示。

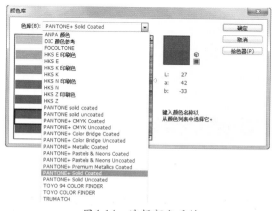

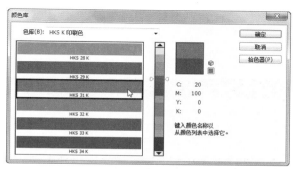

图4-14 选择颜色系统

图4-15 单击所需颜色

4.1.5 存储颜色

在Photoshop中，用户可以对自定义的颜色进行存储，以方便以后直接调用。存储颜色包括存储单色和渐变色。

练习4-3：保存颜色

01 确定前景色为需要保存的颜色，然后选择"窗口→色板"命令，将鼠标指针移至"色板"面板，如图4-16所示。

02 在面板中单击鼠标左键，即可弹出"色板名称"对话框，如图4-17所示，输入存储颜色的名称后，单击"确定"按钮，完成对颜色的存储。

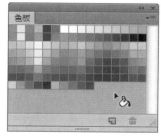

图4-16 将鼠标移动到面板中

图4-17 设置名称

03　用户还可以在渐变编辑器中存储渐变颜色。选取工具箱中的渐变工具▇，单击属性栏中的渐变编辑条▇▇▇▇，即可打开"渐变编辑器"对话框，设置好需要保存的渐变色，如图4-18所示。

04　单击"存储"按钮，打开"存储"对话框，如图4-19所示，在"文件名"文本框中输入需要保存的渐变色名称，然后单击"保存"按钮，即可存储该渐变色，重新启动Photoshop CS6后，即可在"渐变编辑器"对话框的预设样式中查看存储的颜色。

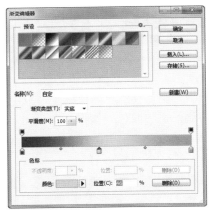

图4-18　"渐变编辑器"对话框

图4-19　存储颜色

技巧提示

单击"渐变编辑器"对话框中的"新建"按钮，可以直接将编辑好的渐变色添加到预设样式中。

4.2　填充颜色

用户在绘制图像前首先需要设置好所需的颜色，当具备这一条件后，就可以将颜色填充到图像文件中。下面为读者介绍几种不同的填充方法。

4.2.1　使用"填充"命令填充颜色

"填充"命令位于"编辑"菜单中，使用"填充"命令不仅可以填充单一的颜色，还可以进行图案填充。

练习4-4：填充颜色

01　打开一张背景图像为单色的素材图像文件，选择魔棒工具，在属性栏中设置"容差"值为5，然后对背景图像单击，获取选区，如图4-20所示。

02　选择"编辑→填充"命令，即可打开"编辑"对话框，如图4-21所示。对话框中各选项的属性如下。

图4-20　打开的图像文件

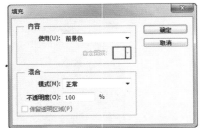

图4-21　"填充"对话框

- ⊙ "使用"：在其下拉列表中可设置填充的内容。
- ⊙ "模式"：在其下拉列表中可设置填充内容的混合模式。
- ⊙ "不透明度"：可设置填充内容的透明程度。
- ⊙ "保留透明区域"：可以填充图层中的像素。

03　在打开的"填充"对话框中单击"使用"右边的三角形按钮，即可弹出下拉列表，这里选择"图案"选项，如图4-22所示。

04　单击"自定图案"三角形按钮，在弹出的面板中选择所需的图案样式，如图4-23所示。

图4-22　选择填充内容

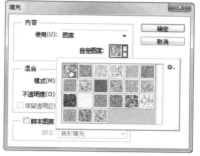

图4-23　设置图案样式

05　单击"确定"按钮，即可将图案样式填充到背景图像中，效果如图4-24所示。

06　将前景色设置为蓝色，然后打开"填充"对话框，在"使用"下拉列表中选择"前景色"选项，然后进行确定，即可将图像背景填充为紫色，如图4-25所示。

在"填充"对话框的"使用"下拉列表中还有一些选项，用户可以根据词面含义定义填充图像颜色的方式，如"前景色"和"背景色"就是根据工具箱底部设置好的前景色框与背景色框中的颜色来填充图像。

图4-24　选择填充内容

图4-25　填充颜色

技巧提示

填充图像颜色还可以使用快捷键来填充，按下Alt＋Delete组合键可以填充前景色，按下Ctrl＋Delete组合键可以填充背景色。

4.2.2　使用油漆桶工具填充颜色

油漆桶工具 与"填充"命令的作用相似，使用油漆桶工具可以对图像进行前景色或图案填充。单击油漆桶工具 后，属性栏的设置如图4-26所示。

图4-26　油漆桶工具属性栏

属性栏中各选项的含义如下。

- ◉ 前景\图案：在该下拉列表框中可以设置填充的对象是前景色或是图案。
- ◉ 模式：用于设置填充图像颜色时的混合模式。
- ◉ 不透明度：用于设置填充内容的不透明度。
- ◉ 容差：用于设置填充内容的范围。
- ◉ 消除锯齿：用于设置是否消除填充边缘的锯齿。
- ◉ 连续的：用于设置填充的范围，选中此选项时，油漆桶工具只填充相邻的区域；未选中此选项，则不相邻的区域也被填充。
- ◉ 所有图层：选中该选项，油漆桶工具将对图像中的所有图层起作用。

练习4-5：为图像填充颜色

01 打开一幅素材图像，选择工具箱中的椭圆选框工具，在画面中绘制一个椭圆形选区，如图4-27所示。

02 设置前景色为黄色，然后选择油漆桶工具，在属性栏中设置填充源为"前景色"，容差值为50%，在选区中单击，即可将其填充为前景色，如图4-28所示。

图4-27 打开素材

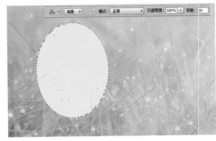

图4-28 填充颜色

03 使用矩形选框工具在图像右侧绘制一个矩形选区，然后新建图层1，如图4-29所示。

04 选择油漆桶工具，在属性栏中改变填充方式为图案，再单击右侧的三角形按钮，在弹出的面板中选择一种图案样式，如图4-30所示。

05 选择好图像后，将鼠标指针移动到矩形选区中单击，即可在指定的图像中填充选择的图案，如图4-31所示。

图4-29 绘制选区

图4-30 选择图案

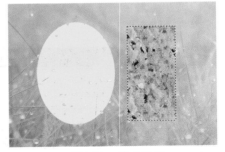

图4-31 填充图案

4.2.3 使用渐变工具填充渐变色

渐变工具用于填充图像，并且可以创建多种颜色混合的渐变效果。用户可以直接选择Photoshop CS6中预设的渐变颜色，也可以自定义渐变色。选取渐变工具后，其工具属性栏如图4-32所示。

图4-32　渐变工具选项栏

属性栏中各选项含义如下。

- ⦿ ▨▨▨▨：单击其右侧的三角形按钮将打开渐变工具面板，其中提供了15种颜色渐变模式供用户选择，单击面板右侧的 ⚙ 按钮，在弹出的下拉菜单中可以选择其他渐变果。
- ⦿ 渐变类型：其中的5个按钮分别代表5种渐变方式，分别是线性渐变、径向渐变、角度渐变、对称渐变和菱形渐变，应用效果如图4-33所示。

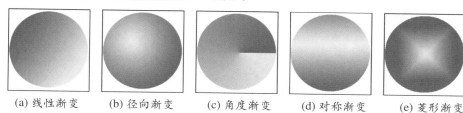

(a) 线性渐变　　(b) 径向渐变　　(c) 角度渐变　　(d) 对称渐变　　(e) 菱形渐变

图4-33　5种渐变的不同效果

- ⦿ "模式"：用于设置应用渐变时图像的混合模式。
- ⦿ "不透明度"：可设置渐变时填充颜色的不透明度。
- ⦿ "反向"：选中此选项后，产生的渐变颜色将与设置的渐变顺序相反。
- ⦿ "仿色"：选中此选项，在填充渐变颜色时，将增加渐变色的中间色调，使渐变效果更加平缓。
- ⦿ "透明区域"：用于关闭或打开渐变图案的透明度设置。

练习4-6：使用渐变工具对图像进行填充

01 选择"文件→新建"命令，新建一个图像文件，选择工具箱中的渐变工具▨，在属性栏中单击"线性渐变"按钮▨，再单击▨▨▨▨，将打开"渐变编辑器"对话框，如图4-34所示。

02 选择渐变效果编辑条左边下方的色标，双击后即可弹出"拾色器(色标颜色)"对话框，设置颜色值为R53,G72,B255，如图4-35所示。

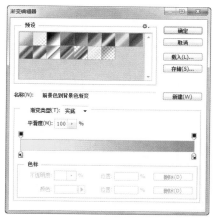 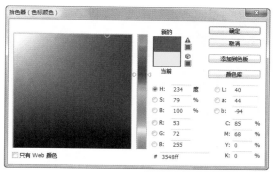

图4-34　"渐变编辑器"对话框　　　　　图4-35　设置颜色

03 单击"确定"按钮，然后使用同样的方法将右边的色标颜色设置为R234,G248,B79，单击"确定"按钮回到"渐变编辑器"对话框，得到效果如图4-36所示。

04 在渐变编辑条下方单击，可以添加一个色标，将该色标颜色设置为白色，然后在"位置"文本框中输入"45"，即可将新增的色标设置到渐变编辑条上所对应的位置，如图4-37所示。

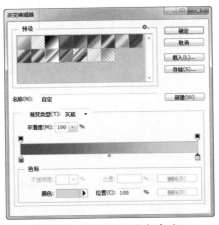 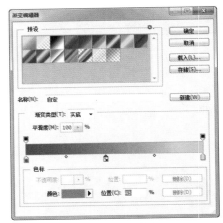

图4-36　设置右边色标颜色　　　　　　　图4-37　新增颜色

05 单击"确定"按钮后回到画面中，然后按住鼠标左键从画面左上角向右下角拖动，如图4-38所示，得到渐变颜色填充效果，如图4-39所示。

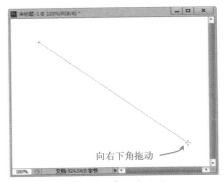 

图4-38　填充渐变色　　　　　　　　图4-39　填充效果

实例1：为卡通图像填色

实例文件：	实例文件\第4章\为卡通图像填色.psd
素材文件：	素材文件\第4章\卡通图像.jpg
视频教程：	视频文件\第4章\为卡通图像填色.avi

本实例将为一副卡通图像添加颜色，主要介绍使用油漆桶工具和"填充"命令填充图像颜色的方法和技巧，在实例制作中还将介绍设置前景色的操作，本实例效果如图4-40所示。

图4-40　实例效果

本实例的具体操作如下。

01 选择"文件→打开"命令,打开光盘中的"卡通图像.jpg"文件,如图4-41所示。

02 单击工具箱底部的前景色图标,打开"拾色器(前景色)"对话框,设置颜色为绿色(R180,G219,B184),如图4-42所示。

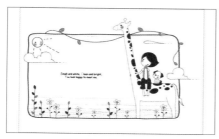

图4-41 打开图像   图4-42 设置颜色

03 选择工具箱中的油漆桶工具,在属性栏中设置"容差"值为10,然后在白色背景中单击,并对没有填充到的背景图像进行单击,得到填充背景颜色后的效果,如图4-43所示。

04 选择魔棒工具,在属性栏中设置容差值为20,然后按住Shift键在画面中单击文字周围的白色图像,通过加选操作获取选区,如图4-44所示。

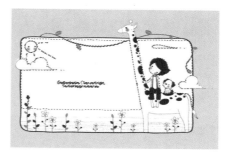

图4-43 填充颜色   图4-44 获取选区

05 选择渐变工具,单击属性栏中的 ,打开"渐变编辑器"对话框,设置渐变颜色从黄色(R253,G255,B93)到白色,如图4-45所示。

06 单击"确定"按钮,在属性栏中选择渐变方式为"线性渐变",然后在选区中从上到下拖动,得到的填充效果如图4-46所示,完成本实例的操作。

图4-45 设置渐变颜色   图4-46 填充效果

4.3 整体色彩的快速调整

在Photoshop中，有些命令可以快速调整图像的整体色彩，这些快速调整的命令有"自动色调"、"自动对比度"和"自动颜色"。

1．自动色调

当图像有总体色偏时，用户可以使用"自动色调"命令自动调整图像中的高光和暗调，使图像有较好的层次效果。

"自动色调"命令将每个颜色通道中的最亮和最暗像素定义为黑色和白色，然后按比例重新分布中间像素值。默认情况下，该命令会剪切白色和黑色像素的0.5%，来忽略一些极端的像素。

打开一幅需要调整的照片，如图4-47所示，这张风景图像明显有色偏问题。选择"图像→自动色调"命令，软件将自动调整图像的明暗度，去除图像中不正常的高亮区和黑暗区，如图4-48所示。

图4-47　原图　　　　　　　　　　图4-48　调整自动色调效果

2．自动对比度

"自动对比度"命令除了能自动调整图像色彩的对比度外，还能方便地调整图像的明暗度。该命令是通过剪切图像中的阴影和高光值，并将图像剩余部分的最亮和最暗像素映射到色阶为 255(纯白)和色阶为 0(纯黑)的程度，让图像中的高光看上去更亮，阴影看上去更暗。如对图4-47的图片使用"自动对比度"命令，即可得到如图4-49所示的效果。

3．自动颜色

"自动颜色"命令是通过搜索图像来调整图像的对比度和颜色。自动颜色命令使用两种算法。"查找深色与浅色"和"对齐中性中间调"。可设置"对齐中性中间调"，并剪切白色和黑色极端像素。与"自动色调"和"自动对比度"一样，使用"自动颜色"命令后，系统会自动调整图像颜色。如对图4-47的图片使用"自动颜色"命令，即可得到如图4-50所示的效果。

图4-49　自动对比度效果　　　　　　　图4-50　自动颜色效果

在使用"自动色调"、"自动对比度"和"自动颜色"命令后，系统会自动调整图像的色阶、对比度和颜色，不需要用户进行参数的设置。

4.4　图像色调的精细调整

在图像处理过程中很多时候需要进行色调调整，而色调是指一幅图像的整体色彩感觉以及明暗程度，当用户在一幅效果图中添加另一个图像时，则需要将两幅图像的色调调整一致。通过对图像色调调整可以提高图像的清晰度，使图像看上去更加生动。

4.4.1　亮度/对比度

使用"亮度/对比度"命令能整体调整图像的亮度/对比度，从而实现对图像色调的调整。打开一幅需要调整亮度和对比度的图像文件，选择"图像→调整→亮度/对比度"命令，打开"亮度/对比度"对话框，分别按住"亮度"和"对比度"下方的三角形滑块向左或向右拖动，即可调整图像的亮度和对比度，如图4-51所示。

图4-51　调整图像亮度和对比度

在"亮度/对比度"对话框中，参数的正值为增强图像的亮度和对比度；负值为降低亮度和对比度。

4.4.2　色阶

"色阶"命令主要用来调整图像中颜色的明暗度。它能对图像的阴影、中间调和高光的强度做调整。这个命令不仅可以对整个图像进行操作，还可以对图像的某一选取范围、某一图层图像，或者某一个颜色通道进行操作。

选择"图像→调整→色阶"命令，打开"色阶"对话框，如图4-52所示。

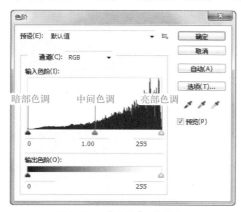

图4-52　"色阶"对话框

"色阶"对话框中的各选项含义如下。

- ⊙ "通道"下拉列表框：用于设置要调整的颜色通道。它包括了图像的色彩模式和原色通道，用于选择需要调整的颜色通道。
- ⊙ "输入色阶"文本框：从左至右分别用于设置图像的暗部色调、中间色调和亮部色调，可以在文本框中直接输入相应的数值，也可以拖动色调直方图底部滑条上的3个滑块来进行调整。
- ⊙ "输出色阶"文本框：用于调整图像的亮度和对比度，范围为0~255；右边的编辑框用来降低亮部的亮度，范围为0~255。
- ⊙ "自动"按钮：单击该按钮可自动调整图像中的整体色调。
- ⊙ "选项"按钮：单击该按钮，将打开"自动颜色校正选项"对话框，可以设置暗调、中间值的切换颜色，以及设置自动颜色校正的算法。
- ⊙ 吸管工具组：使用黑色吸管工具 ✒ 单击图像，可使图像变暗；使用中间色调吸管工具 ✒ 单击图像，将用吸管单击处的像素亮度来调整图像所有像素的亮度；使用白色吸管工具 ✒ 单击图像，图像上所有像素的亮度值都会加上该吸取色的亮度值，使图像变亮。
- ⊙ "预览"：选中该复选框，在图像窗口中可以预览图像调整后的效果。

练习4-7：通过色阶调整图像

01 选择"文件→打开"命令，打开一幅需要调整色阶明暗度的图像文件，如图4-53所示。

02 选择"图像→调整→色阶"命令，打开"色阶"对话框，向左拖动中间的三角形滑块，然后再向左拖到右侧的三角形滑块，如图4-54所示。

图4-53 素材文件

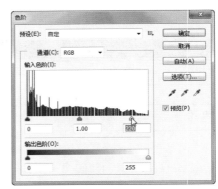

图4-54 调整输入色阶

03 再选择"输出色阶"左下方的三角形滑块，向左拖动即可调整图像暗部色调，如图4-55所示。

04 都调整好后，单击"确定"按钮，得到调整色阶后的图像效果，如图4-56所示。

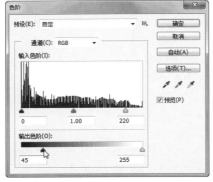

图4-55 调整输出色阶

图4-56 图像效果

4.4.3 调整曲线

"曲线"命令在图像色彩的调整中使用非常广，它可以对图像的色彩、亮度和对比度进行综合调整，并且在从暗调到高光这个色调范围内，可以对多个不同的点进行调整。

选择"图像→调整→曲线"命令，将打开"曲线"对话框，如图4-57所示。

"曲线"对话框中各选项的含义如下。

- ⊙ "通道"下拉列表框：用于显示当前图像文件的色彩模式，并可选中单色通道对单一的色彩进行调整。
- ⊙ "输入"文本框：用于显示原来图像的亮度值，与色调曲线的水平轴相同。
- ⊙ "输出"文本框：用于显示图像处理后的亮度值，与色调曲线的垂直轴相同。

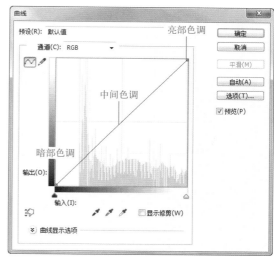

图4-57 "曲线"对话框

- ⊙ ∿按钮：是系统默认的曲线工具，用来在图表中各处制造节点而产生色调曲线。
- ⊙ ✐按钮：是铅笔工具，用来随意在图表上画出需要的色调曲线，选中它，当鼠标指针变成画笔后，可用画笔徒手绘制色调曲线。

练习4-8：通过曲线调整图像

01 打开一幅需要调整颜色的图像文件，如图4-58所示。

02 选择"图像→调整→曲线"命令，打开"曲线"对话框，在曲线上方"高光色调"处单击，创建一个节点，然后将其向上拖动，如图4-59所示。

图4-58 素材文件

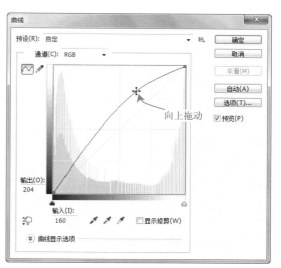

图4-59 调整曲线

03 在曲线的"中间色调"与"阴影色调"之间单击，创建一个节点，然后将其向上方进行拖动，如图4-60所示。

04 完成曲线的调整后，单击"确定"按钮，得到调整后的图像效果如图4-61所示。

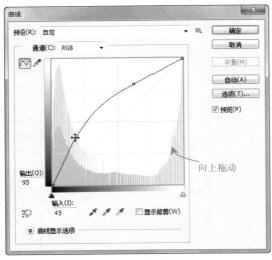

图4-60　调整曲线

图4-61　调整后的图像

4.4.4　色彩平衡

"色彩平衡"命令可以增加或减少图像中的颜色,从而调整整体图像的色彩平衡。运用该命令来调整图像中出现的偏色情况,有很好的效果。

选择"图像→调整→色彩平衡"命令,打开"色彩平衡"对话框,如图4-62所示。

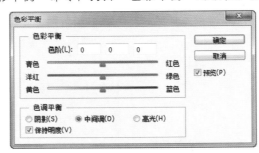

图4-62　"色彩平衡"对话框

"色彩平衡"对话框中各选项含义如下。

- ◉　"色彩平衡"栏:用于在"阴影"、"中间调"或"高光"中添加过渡色来平衡色彩效果,也可直接在色阶框中输入相应的值来调整颜色均衡。
- ◉　"色调平衡"栏:用于选择用户需要着重进行调整的色彩范围。分别有"暗调"、"中间调"和"高光"3个单选按钮,选中某一按钮,就会对相应色调的像素进行调整。
- ◉　"保持明度"复选框:选中该复选框,在调整图像色彩时可以使图像亮度保持不变。

练习4-9:调整偏色的图像

01　按下Ctrl+O组合键打开一幅有偏色情况的图像文件,如图4-63所示,可以看到图像整体偏绿。

02　选择"图像→调整→色彩平衡"命令,打开"色彩平衡"对话框,单击青色和红色之间的三角形滑块,将其向红色拖动,然后再分别按住第二排和第三排的三角形滑块,分别添加洋红和黄色,如图4-64所示。

03 当为图像添加了红色和黄色后，单击"确定"按钮回到画面中，得到调整颜色后的图像效果，如图4-65所示。

 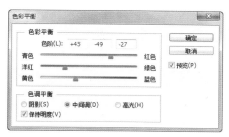 

图4-63 素材图像　　　　　　图4-64 调整图像色彩　　　　　　图4-65 调整后的图像

4.4.5 曝光度

"曝光度"命令主要用于调整HDR图像的色调，也可用于8位和16位图像。"曝光度"是通过在线性颜色空间(灰度系数 1.0)而不是当前颜色空间执行计算而得出的。

打开一幅需要调整曝光度的图像文件，如图4-66所示，选择"图像→调整→曝光度"命令，打开"曝光度"对话框，分别调整"曝光度"、"位移"和"灰度系数校正"参数为1.43、－0.0040、0.83，单击"确定"按钮，得到调整后的图像效果如图4-67所示。

图4-66 打开图像　　　　　　图4-67 调整图像曝光度

"曝光度"对话框中各选项含义如下。

◎ "预设"下拉列表框：该下拉列表框中有Photoshop默认的几种设置，用户可以进行简单的图像调整。

◎ "曝光度"：用于调整色调范围的高光端，对极限阴影的影响很轻微。

◎ "位移"：用于调整阴影和中间调变暗，对高光的影响很轻微。

◎ "灰度系数校正"：使用简单的乘方函数调整图像灰度系数。处于负值时会被视为它们的相应正值，也就是说，虽然这些值为负，但仍然会像正值一样被调整。

4.5 校正图像色彩

对于图形设计者而言，校正图像的色彩非常重要。在Photoshop中，设计者不仅可以运用"调整"菜单对图像的色调进行调整，还可以对图像的色彩进行有效的校正。

4.5.1 自然饱和度

"自然饱和度"能精细地调整图像饱和度，以便在颜色接近最大饱和度时最大限度地减少颜色的流失。使用"自然饱和度"命令在调整人物图像时还可防止肤色过度饱和。

选择"图像→调整→自然饱和度"命令，打开"自然饱和度"对话框，如图4-68所示。

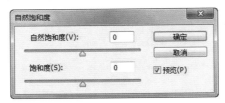

图4-68　"自然饱和度"对话框

"自然饱和度"对话框中各选项含义如下。

⊙ "自然饱和度"栏：用于增加或减少颜色饱和度，在颜色过度饱和时颜色不流失。

⊙ "饱和度"栏：可以将相同的饱和度调整量用于图像中所有的颜色。

练习4-10：增加图像饱和度

01 打开一幅需要调整饱和度的图像文件，如图4-69所示。

02 选择"图像→调整→自然饱和度"命令，打开"自然饱和度"对话框，为了增加图像的饱和度，分别将"自然饱和度"和"饱和度"下面的三角形滑块向右拖动，如图4-70所示。

03 调整图像饱和度到合适的值后，单击"确定"按钮完成操作，得到如图4-71所示的效果。

 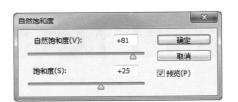 

图4-69　素材图像　　　　　图4-70　调整图像饱和度　　　　　图4-71　调整后的效果

4.5.2 色相/饱和度

使用"色相/饱和度"命令可以调整图像中单个颜色成分的色相、饱和度和亮度，从而实现图像色彩的改变。还可以通过给像素指定新的色相和饱和度，给灰度图像添加颜色。

选择"图像→调整→色相/饱和度"命令，打开"色相/饱和度"对话框，如图4-72所示。

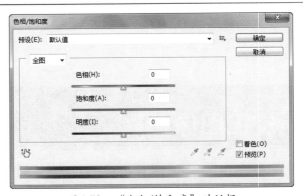

图4-72　"色相/饱和度"对话框

"色相/饱和度"对话框中各选项含义如下。

- ◉ "编辑"下拉列表框：用于选择作用范围。如选择"全图"选项，则将对图像中所有颜色的像素起作用，其余选项表示对某一颜色成分的像素起作用。
- ◉ "色相/饱和度/明度"栏：调整所选颜色的色相、饱和度或亮度。
- ◉ "着色"复选框：选中该复选框，可以将图像调整为灰色或单色的效果。

练习4-11：调整图像颜色

01 打开一幅需要调整饱和度的图像文件，如图4-73所示，可以看到图像整体颜色偏暗，并且色彩不鲜艳。

02 选择"图像→调整→色相/饱和度"命令，打开"色相/饱和度"对话框，如图4-74所示，分别调整色相为10、饱和度为35、明度为0。

03 完成后单击"确定"按钮回到图像中，得到的效果如图4-75所示。

图4-73　素材图像　　　　　　　图4-74　调整参数　　　　　图4-75　图像效果

技巧提示

在"色相/饱和度"对话框中选中"着色"复选框，可以对图像进行单色调整，此时，对话框中的"全图"下拉列表框将不可用。

4.5.3　匹配颜色

使用"匹配颜色"命令可以使另一个图像的颜色与当前图像中的颜色进行混合，达到改变当前图像色彩的目的。它还允许用户通过更改图像的亮度、色彩范围以及中和色痕来调整图像中的颜色。

选择"图像→调整→匹配颜色"命令，打开"匹配颜色"对话框，如图4-76所示。

"匹配颜色"对话框中各选项含义如下。

- ◉ "目标图像"栏：用来显示当前图像文件的名称。
- ◉ "图像选项"栏：用于调整匹配颜色时的亮度、颜色强度和渐隐效果。其中"中和"复选框用于选择是否将两幅图像的中性色进行色调的中和。
- ◉ "图像统计"栏：用于选择匹配颜色时图像的来源或所在的图层。

图4-76　"匹配颜色"对话框

练习4-12：混合图像颜色

01 选择"文件→打开"命令，打开两幅需要匹配颜色的图像文件，如图4-77和图4-78所示。

图4-77 花朵图像

图4-78 背景图像

02 选择"图像→调整→匹配颜色"命令，打开"匹配颜色"对话框，这时"目标"已经自动选择素材图像1文件，在"源"下拉列表框中选择已经打开的素材图像2文件，然后分别调整图像的亮度、颜色强度和渐隐参数，如图4-79所示。

03 完成后单击"确定"按钮，对图像进行匹配颜色的效果如图4-80所示。

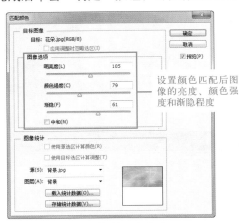

图4-79 调整匹配颜色

图4-80 图像效果

技巧提示

在使用"匹配颜色"命令时，图像文件的色彩模式必须是RGB模式否则该命令将不能使用。

4.5.4 替换颜色

使用"替换颜色"命令可以调整图像中选取的特定颜色区域的色相、饱和度和亮度值，将指定的颜色替换掉。

选择"图像→调整→替换颜色"命令，打开"替换颜色"对话框，如图4-81所示。

"替换颜色"对话框中各选项含义如下。

- 吸管工具组：3个吸管工具分别用于拾取、增加和减少颜色。
- "颜色容差"数值框：用于调整图像中替换颜色的范围。
- "选区"按钮：预览框中以黑白选区蒙版的方式显示图像。
- "图像"按钮：预览框中以原图的方式在预览框中显示图像。

- "替换"栏：通过拖动滑块或输入数值来调整所替换颜色的色相、饱和度和明度。

练习4-13：替换图像中的颜色

01 选择"文件→打开"命令，打开一幅需要替换颜色的图像文件，如图4-82所示。

02 选择"图像→调整→替换颜色"命令，打开"替换颜色"对话框，使用吸管工具在图像中单击红色图像，然后再设置"颜色容差"为159，设置替换颜色的色相、饱和度和明度，如图4-83所示。

03 设置好各参数后，单击"确定"按钮，得到替换颜色后的图像效果，如图4-84所示。

图4-81 "替换颜色"对话框

图4-82 素材图像

图4-83 设置替换选项

图4-84 替换颜色后的图像

4.5.5 可选颜色

使用"可选颜色"命令可以对图像中的某种颜色进行调整，修改图像中某种原色的数量而不影响其他原色。

选择"图像→调整→可选颜色"命令，打开"可选颜色"对话框，如图4-85所示。

"可选颜色"对话框中各选项含义如下。

- "颜色"下拉列表框：用于选择要调整的颜色。
- "青色/洋红/黄色/黑色"选项：通过拖动滑块，来为选择的颜色增加或降低当前颜色。
- "方法"栏：选中"相对"选项表示按CMYK总量的百分比来调整颜色；选中"绝对"选项表示按CMYK总量的绝对值来调整颜色。

图4-85 "可选颜色"对话框

练习4-14：调整指定颜色

01 选择"文件→打开"命令，打开一幅需要调整颜色的图像文件，如图4-86所示。

02 选择"图像→调整→可选颜色"命令，打开"可选颜色"对话框，在"颜色"下拉列表框中选择需要调整的颜色，这里选择"黄色"，然后设置其参数，如图4-87所示。

图4-86　素材图像

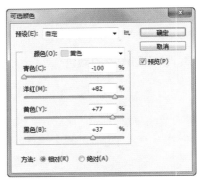

图4-87　调整图像黄色调

03 在"颜色"下拉列表框中选择"绿色",调整其参数值,如图4-88所示,单击"确定"按钮后,得到的图像效果如图4-89所示。

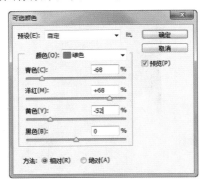

图4-88　调整绿色调

图4-89　图像颜色

4.5.6　通道混和器

使用"通道混和器"命令,可以通过颜色通道的混和来调整颜色,产生图像合成的效果。选择"图像→调整→通道混和器"命令,打开如图4-90所示的"通道混和器"对话框。

图4-90　"通道混和器"对话框

"通道混和器"对话框中各选项含义如下。

◉ "输出通道"下拉列表框:用于选择进行调整的通道。

◉ "源通道":通过拖动滑块或输入数值来调整源通道在输出通道中所占的百分比值。

◉ "常数":通过拖动滑块或输入数值来调整通道的不透明度。

- ◉ "单色"复选框：将图像转变成只含灰度值的灰度图像。
- ◉ "通道混和器"的使用方法是：在"通道混和器"对话框中，首先设置"输出通道"，然后调整各参数设置，单击"确定"按钮即可，如图4-91所示，选择"蓝"色通道进行调整，图像中部分绿色全部变成了蓝色。

(a) 素材图像

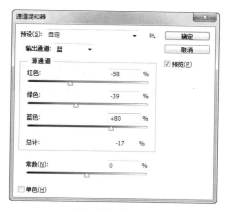
(b) 调整蓝色通道

(c) 调整后的图像效果

图4-91　使用"通道混和器"调整图像色彩

4.5.7　照片滤镜

使用"照片滤镜"命令可以把带颜色的滤镜放在照相机镜头前方来调整图像颜色，还可通过选择色彩预置，调整图像的色相。

选择"图像→调整→照片滤镜"命令，打开如图4-92所示的"照片滤镜"对话框。

"照片滤镜"对话框中各选项含义如下。

- ◉ "滤镜"下拉列表框：选中"滤镜"并在其右侧的下拉列表框中选择滤色方式。

图4-92　"照片滤镜"对话框

- ◉ "颜色"单选按钮：选中该单选按钮并单击右侧的颜色框，可设置过滤颜色。
- ◉ "浓度"数值框：拖动滑块可以控制着色的强度，数值越大，滤色效果越明显。

练习4-15：制作暖色调图像

01 选择"文件→打开"命令，打开一幅需要调整颜色的图像文件，如图4-93所示。

02 选择"图像→调整→照片滤镜"命令，打开"照片滤镜"对话框，在"滤镜"下拉列表框中选择一种滤镜，如"加温滤镜(LBA)"，再调整浓度参数为63%，如图4-94所示。

图4-93　素材图像

图4-94　"照片滤镜"对话框

03 调整好后单击"确定"按钮，得到的图像效果如图4-95所示。

04 如果选择"颜色"单选按钮，单击后面的色块，可以打开"拾色器(照片滤镜颜色)"对话框，如图4-96所示。

图4-95　调整后的图像

图4-96　设置颜色参数

05 设置完成后单击"确定"按钮，回到"照片滤镜"对话框，设置浓度参数为50%，如图4-97所示。

06 单击"确定"按钮，得到的图像效果如图4-98所示。

图4-97　调整参数

图4-98　图像效果

4.5.8　阴影/高光

"阴影/高光"命令不是单纯地使图像变亮或变暗，它可以准确地调整图像中阴影和高光的分布。

选择"图像→调整→阴影/高光"命令，打开"阴影/高光"对话框，如图4-99所示，选择"显示更多选项"选项，可将该命令中的所有选项显示出来，如图4-100所示。

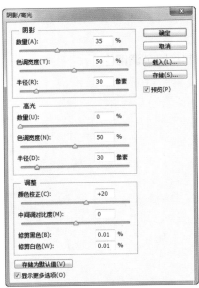

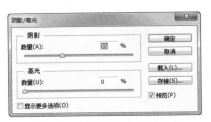

图4-99　"阴影/高光"对话框

图4-100　显示更多选项

"阴影/高光"对话框中各选项含义如下。

- ◉ "阴影": 用来增加或降低图像中的暗部色调。
- ◉ "高光": 用来增加或降低图像中的高光部分。
- ◉ "调整": 用于调整图像中的颜色偏差。
- ◉ "存储为默认值"按钮: 单击该按钮, 可将当前设置存储为"暗部/高光"命令的默认设置。若要恢复默认值, 按住Shift键, 将鼠标指针移到"存储为默认值"按钮上, 该按钮会变成"恢复默认值", 单击该按钮即可。

使用"阴影/高光"命令调整图像颜色的具体操作如下。

01 打开一幅需要调整颜色的图像文件, 如图4-101所示。

02 选择"图像→调整→阴影/高光"命令, 在打开的"阴影/高光"对话框中调整图像的阴影、高光等参数, 如图4-102所示。

03 分别调整阴影、高光等各项参数, 然后单击"确定"按钮, 得到调整后的图像效果, 如图4-103所示。

图4-101 素材图像

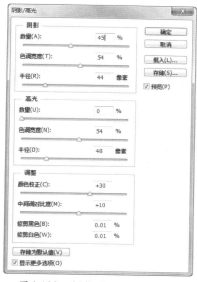
图4-102 调整图像阴影和高光

图4-103 调整后的图像

4.6 调整图像特殊颜色

图像颜色的调整具有多样性, 除了一些简单的颜色调整外, 还能调整图像的特殊颜色。利用"去色"、"反相"、"色调均化"等命令可使图像产生特殊的效果。

4.6.1 去色

使用"去色"命令可以去掉图像的颜色, 只显示具有明暗度灰度颜色, 选择"图像→调整→去色"命令, 如图4-104所示, 即可将图像中所有颜色的饱和度都变为0, 从而将图像变为彩色模式下的灰色图像。

图4-104 选择"去色"命令

使用"去色"命令后可以将原有图像的色彩信息去掉，但是，这个去色操作并不是将颜色模式转为灰度模式。

4.6.2 渐变映射

利用"渐变映射"命令可以改变图像的色彩，主要使用渐变颜色对图像的颜色进行调整。选择"图像→调整→渐变映射"命令，打开"渐变映射"对话框，如图4-105所示。

图4-105 "渐变映射"对话框

"渐变映射"对话框中各选项含义如下。

◉ "灰度映射所用的渐变"选择器：单击中间的渐变颜色框，即可打开"渐变编辑器"对话框来编辑所需的渐变颜色。

◉ "仿色"复选框：选中该复选框，图像将实现抖动渐变。

◉ "反向"复选框：选中该复选框，图像将实现反转渐变。

练习4-16：为图像应用渐变颜色

01 选择"文件→打开"命令，打开一幅需要调整颜色的图像文件，选择"图像→调整→渐变映射"命令，打开"渐变映射"对话框，如图4-106所示。

02 单击对话框中的渐变颜色框，弹出"渐变编辑器"对话框，设置颜色为从绿色(R134,G10,B121)到橘黄色(R246,G204,B6)到白色的渐变效果，如图4-107所示。

图4-106　素材图像

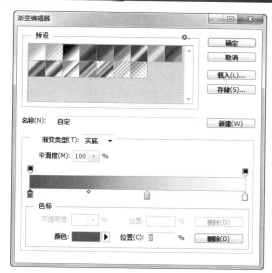

图4-107　设置渐变颜色

03　单击"确定"按钮回到"渐变映射"对话框，单击"确定按钮"得到的图像效果如图4-108所示。

04　如果选择对话框中的"反向"复选框，可以得到如图4-109所示的图像效果。

图4-108　图像效果

图4-109　反向效果

4.6.3　反相

使用"反相"命令能把图像的色彩反相，常用于制作胶片的效果。选择"图像→调整→反相"命令后，能把图像的色彩反相，从而转化为负片，或将负片还原为原图像。当再次使用该命令时，图像会还原。例如，对图4-110所示的图像使用"反相"命令后，得到的效果如图4-111所示。

图4-110　原图像

图4-111　反相后的效果

4.6.4　色调均化

　　使用"色调均化"命令能重新分布图像中各像素的亮度值，以便更均匀地呈现所有范围的亮度级。选择"色调均化"命令后，图像中的最亮值呈现为白色，最暗值呈现为黑色，中间值则均匀地分布在整个图像灰度色调中。 例如，选择"图像→调整→色调均化"命令，可以将如图4-112所示的图像转换为如图4-113所示的效果。

　　　　　　图4-112　原图像　　　　　　　　　　图4-113　色调均化后的效果

技巧提示

　　使用"色调均化"命令产生的效果与使用"自动色阶"命令类似，所以用户在调整图像颜色时，可以灵活使用该功能。

4.6.5　阈值

　　使用"阈值"命令可以将一个彩色或灰度图像变成只有黑白两种色调的黑白图像，这种效果适合用来制作版画。

　　首先打开一幅需要调整颜色的图像文件，选择"图像→调整→阈值"命令，在打开的"阈值"对话框中拖动下面的三角形滑块设置阈值参数，如图4-114所示；设置完成后单击"确定"按钮，即可调整图像的效果，如图4-115所示。

　　　　　　图4-114　素材图像　　　　　　　　　　图4-115　调整后的图像

4.6.6　色调分离

　　使用"色调分离"命令，可以指定图像中每个通道的色调级(或亮度值)的数目，然后将像素映射为最接近的匹配级别。选择"图像→调整→色调分离"命令，打开"色调分离"对话框，如图4-116所示。其中"色阶"选项用于设置图像色调变化的程度，数值越大，图像色调变化越大，效果越明显。

图4-116 "色调分离"对话框

如图4-117所示为原图像，而图4-118所示为运用"色调分离"后的图像效果，其中设置"色阶"参数为3。

图4-117 原图像

图4-118 色调分离效果

4.6.7 黑白

使用"黑白"命令可以轻松地将彩色图像转换为丰富的黑白图像，并可以精细地调整图像色调值和浓淡。

练习4-17：制作黑白图像

01 打开一幅需要转变为黑白颜色的图像文件，如图4-119所示。

02 选择"图像→调整→黑白"命令，打开"黑白"对话框，由于这个图像中的黄色和红色较多，所以这里主要调整这两种颜色，分别选择"红色"和"黄色"下面的三角形滑块进行拖动，如图4-120所示。

03 设置好参数后进行确定，即可调整图像的效果，如图4-121所示。

图4-119 素材图像

图4-120 设置参数

图4-121 调整后的图像

04 如果在"黑白"对话框中选择下方的"色调"复选框，可以为图像添加单一色调，如调整色相为106°、饱和度为41%，如图4-122所示，结果如图4-123所示。

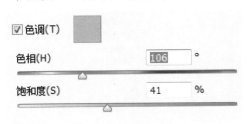

图4-122　设置色调参数

图4-123　图像色调效果

4.6.8　变化

使用"变化"命令可让用户直观地调整图像或选区，让图像中的色彩平衡、对比度和饱和度发生变化。"变化"命令不需要精确调整某一种颜色，而只需要调整平均色调的图像，但是该命令不能在索引颜色图像和16位/通道图像上应用。

选择"图像→调整→变化"命令，打开"变化"对话框，如图4-124所示。

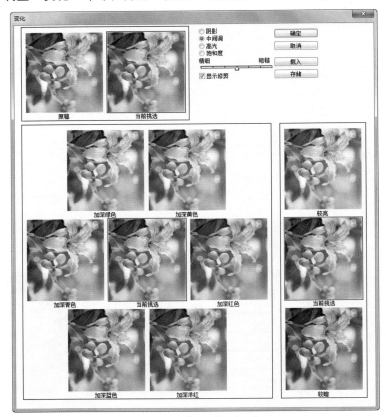

图4-124　"变化"对话框

"变化"对话框中各选项含义如下。

◉　"阴影"：可以对图像中的阴影区域进行调整。

◉　"中间色调"：可以对图像中的中间色调区域进行调整。

- ◉ "高光"：可以对图像中的高光区域进行调整。
- ◉ "饱和度"：可以调整图像的饱和度。

练习4-18：调整图像颜色

01　打开一幅需要调整颜色的图像文件，如图4-125所示。

02　选择"图像→调整→变化"命令，打开"变化"对话框，分别单击"加深黄色"、"加深红色"、和"较亮"选项，如图4-126所示。

03　调整好图像颜色后，单击"确定"按钮，即可得到调整后的图像效果，如图4-127所示。

图4-125　素材图像

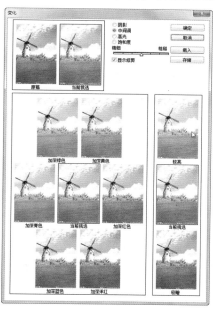

图4-126　调整图像颜色

图4-127　调整后的图像

实例2: 调整效果图色调

实例文件：	实例文件\第4章\调整效果图色调.psd
素材文件：	素材文件\第4章\咖啡馆.jpg
视频教程：	视频文件\第4章\调整效果图色调.avi

本实例将为一张效果图调整色调，主要使用"调整"菜单中的命令增加图像亮度、增强图像饱和度，以及为图像调整黄色和红色调等。实例效果如图4-128所示。

图4-128　实例效果

其具体操作如下。

01 选择"文件→打开"命令，打开光盘中的"咖啡馆.jpg"文件，如图4-129所示。

02 选择"图像→调整→亮度/对比度"命令，在打开的对话框中设置"亮度"为61，"对比度"为-15，如图4-130所示。

图4-129　素材图像

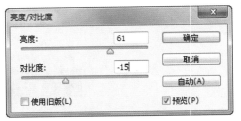

图4-130　亮度和对比度

03 单击"确定"按钮，得到调整后的图像效果如图4-131所示。

04 选择"图像→调整→自然饱和度"命令，打开"自然饱和度"对话框，设置"自然饱和度"为63、"饱和度"为24，如图4-132所示。

图4-131　调整后的效果

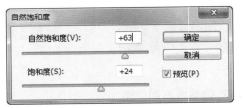

图4-132　调整自然饱和度

05 单击"确定"按钮，得到的图像色调更加鲜艳，如图4-133所示。

06 选择"图像→调整→可选颜色"命令，打开"可选颜色"对话框，在"颜色"下拉列表框中选择红色进行调整，设置各项参数，如图4-134所示。

图4-133　图像效果

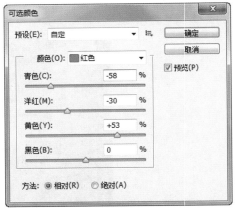

图4-134　调整红色调

07 在"颜色"下拉列表框中选择黄色进行调整，设置各项参数，如图4-135所示，然后单击"确定"按钮，得到调整后的图像效果，如图4-136所示。

图4-135 调整黄色调

图4-136 图像效果

4.7 学习总结

本章主要学习了在Photoshop CS6中运用图像调整命令来调整图像的色调和色彩，同时还介绍了一些特殊颜色效果的调整方法。

读者要想将一幅图像调整到需要的效果，一般使用一个命令是不够的，可以综合运用所学的图像调整命令，将图像调整到满意的色彩效果为止。

在本章中需要重点掌握以下几个色彩调整命令，其中包括"色阶"、"亮度/对比度"、"曲线"、"色相/饱和度"、"色彩平衡"、"去色"和"反相"等，对不常用的命令进行了解即可。

4.8 疑难解答

在本章的学习中，主要讲解了Photoshop CS6调整与编辑图像色彩的应用操作，下面通过对前面的学习列出一些常见的问题和解答供读者参考。

问：油漆桶工具和"填充"命令有什么区别呢？

答：它们的区别在于："填充"命令是完全填充图像或选区，而使用油漆桶工具只能填充图像或选区中颜色相近的区域。

问：在进行参数设置时，如果发现错误设置参数后该怎么办？

答：在错误设置参数后，请按住Alt键不放，此时"色阶"对话框中的"取消"按钮将变成"复位"按钮，这时单击该按钮，可使对话框中的参数还原到默认状态。并且，这个功能可以沿用到Photoshop CS6中的所有对话框。

问：在"曲线"对话框中调整曲线时，如何对添加的节点进行删除？

答：在曲线上可以添加多个调节点来综合调整图像的效果，当调节点不需要时，选择该节点并按下Delete键，或将其拖至曲线外，即可删除该调节点。

问：为什么在处理某些图像时，很多色彩调整命令都不可用呢？

答：这是因为颜色模式不对。在Photoshop中处理图像色彩时，通常需要先将图像设置为RGB模式。只有在这种模式下，才能使用所有的色彩调整命令。

第5章 绘制与修饰图像

本章导读

本章将学习图像绘制与修饰的操作，通过对图像进行绘制与修饰，可以使用户绘制出更多更漂亮的图像，对图像进行适当地修饰，可以让整个图像更具感染力。

本章主要内容如下：
- 画笔工具的使用
- 图章工具组的使用
- 减淡工具的使用
- 加深工具的使用
- 修复工具组的使用

5.1 画笔工具与铅笔工具的运用

Photoshop CS6提供了强大的绘图工具，通过这些工具用户可以制作出各种创意图像。其中包括画笔工具、铅笔工具、形状工具组以及图章工具等。

5.1.1 使用画笔工具绘图

使用画笔工具 ✎ 可以创建柔和、果断或坚硬的笔触。绘制出的图像可以产生毛笔绘画的效果。在使用画笔工具绘制图像的操作中，可以通过各种方式设置画笔的大小、样式、模式、透明度和硬度等。这些都可以在其对应的工具属性栏中来设置参数，如图5-1所示，常用选项的含义如下。

图5-1 画笔工具属性栏

- ◉ 画笔：用于选择画笔样式和设置画笔的大小。
- ◉ 模式：用于设置画笔工具对当前图像中像素的作用形式，即当前使用的绘图颜色与原有底色之间进行混合的模式。
- ◉ 不透明度：用于设置画笔颜色的不透明度，数值越大，不透明度就越高。
- ◉ 流量：用于设置画笔工具的压力大小，百分比越大，则画笔笔触就越浓。
- ◉ ✐ 按钮：单击该按钮时，画笔工具会以喷枪的效果进行绘图。
- ◉ ✐ 按钮：单击该按钮，会弹出画笔面板。

练习5-1：绘制蝴蝶

01 打开Photoshop CS6，设置背景色为粉红色，选择"文件→新建"命令，创建一个名为"绘制蝴蝶"的文档，如图5-2所示。

02 选择画笔工具，单击属性栏中"画笔"右侧的三角形按钮，打开"画笔"面板，单击面板右侧的 ✿ 按钮，在弹出的菜单中选择"特殊效果画笔"，如图5-3所示。

图5-2 新建文档

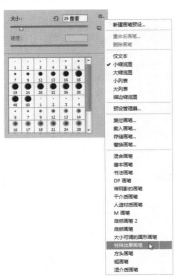

图5-3 选择画笔

面板中常用选项含义如下。

- ⊙ 主直径：用于设置画笔笔头的大小，可拖动其底部滑杆上的滑块或输入数字来改变画笔大小。
- ⊙ "硬度"选项：用于设置画笔边缘的晕化程度，值越小晕化越明显。
- ⊙ "画笔样式"列表框：用于选择所需的画笔样式，系统默认当前选择的样式为实心线条，也可在此选择带有图像案的样式。

03　这时将弹出一个询问对话，单击"确定"按钮，即可载入相应的画笔类型，选择"缤纷蝴蝶"画笔，再设置画笔大小为100像素，如图5-4所示。

04　设置前景色为白色，使用画笔工具在视图中单击并进行拖动，即可得到绘制的蝴蝶图像效果，如图5-5所示。

图5-4　选择画笔样式　　　　　　　　　　图5-5　绘制的图像效果

技巧提示

单击三角形按钮弹出的面板只能用于选择画笔样式和调整画笔大小，但并不能对画笔属性进行详细的设置。

在Photoshop CS6中，用户还可以对画笔工具进行自定义设置，以满足个人绘图的需要。选择"窗口→画笔"命令，打开"画笔"面板，在面板中可以设置画笔的笔尖形状、直径大小等，如图5-6所示。

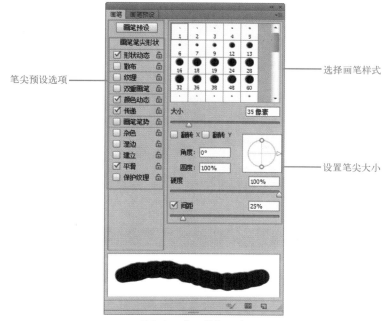

图5-6　"画笔"面板

在"画笔"面板中有许多特殊的画笔样式，方便用户绘制出一些特殊的效果。下面介绍一些常用的画笔选项的使用方法。

练习5-2：设置画笔样式

01 新建一个图像文件，选择画笔工具，并单击属性栏右侧的"切换画笔面板" 按钮，打开"画笔"面板，单击"画笔笔尖形状"选项，打开相应的面板选项，如图5-7所示。

02 选择一个画笔样式，如"柔边"，在下面的"大小"中可设置笔尖大小为112，再设置"间距"为88%，这时可以在缩览图中观察画笔变化，如图5-8所示。

- 大小：用来设置笔尖的大小。可在该选项右边的文本框中输入数值，也可拖动滑杆上的滑块来控制画笔的大小。
- 硬度：用来设置画笔边缘的晕化程度。
- "画笔样式"下拉列表框：在其中可选择所需的画笔笔尖形状。

03 选择"形状动态"选项，可以在相应的选项中设置画笔笔迹的变化，调整画笔抖动的大小以及角度和圆度等，如图5-9所示，然后在画面中拖动画笔即可绘制出如图5-10所示的图像。

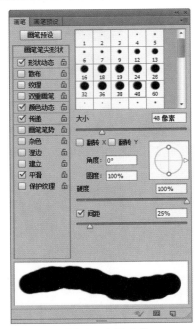

图5-7 选择画笔

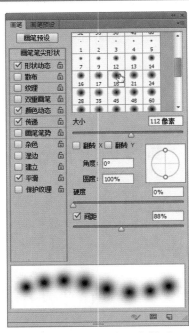

图5-8 设置画笔大小和间距

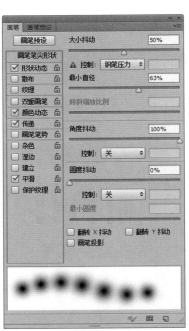

图5-9 设置形状动态选项

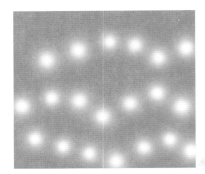

图5-10 绘制图像

技巧提示

在"控制"选项下拉列表框中有5个选项，其中的"关"选项是指将不指定画笔的抖动效果；"渐隐"是指设置笔迹逐渐消失效果；"钢笔压力"、"钢笔斜度"、"光笔轮"选项是指在0~360度之间改变画笔笔迹的角度。

04 选择"散布"选项，可以设置画笔笔迹的分布和密度，在"画笔"面板中调整"散布"和"数量抖动"等参数，如图5-11所示，即可绘制出如图5-12所示的图像。

图5-11　设置散布选项　　　　　图5-12　绘制图像

05　选择"双重画笔"选项，可以设置两种画笔的混合效果，在"画笔"面板的"画笔笔尖形状"中可以设置主要笔尖的选项，在"双重画笔"选项中可以设置次要笔尖的选项，如选择"实边椭圆"在"双重画笔"中选择画笔并设置参数，如图5-13所示，即可在画面中拖动鼠标绘制图像，得到的效果如图5-14所示。

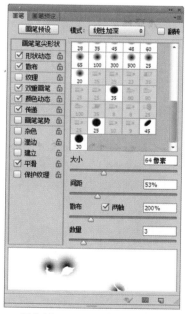

图5-13　设置双重画笔选项　　　　　图5-14　绘制图像

06　取消选中"双重画笔"选项，选择"颜色动态"选项，可以设置画笔绘制时的油彩颜色变化效果。分别调整面板中的抖动色相、饱和度、亮度和纯度等参数，如图5-15所示，在画面中绘制出的图像效果如图5-16所示。

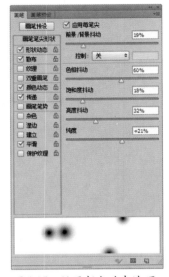

图5-15　设置颜色动态选项

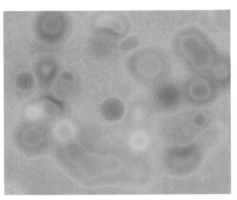

图5-16　绘制图像

5.1.2　使用铅笔工具绘图

　　铅笔工具的使用就与现实生活中的铅笔绘图一样，绘制出的线条效果比较生硬，主要用于直线和曲线的绘制，其操作方式与画笔工具相同。不同的是在工具属性栏中增加了一个"自动抹除"参数设置，如图5-17所示。

图5-17　铅笔工具属性栏

　　选择工具箱中的铅笔工具 ，单击属性栏左侧的三角形按钮打开面板，选择一种画笔样式，如图5-18所示。设置前景色为红色，在画面中拖动，即可绘制图像，如图5-19所示。

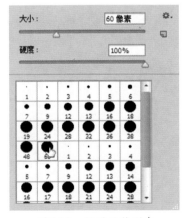

图5-18　设置画笔形态

图5-19　绘制图像

5.2 使用图章工具组复制图像

图章工具组包括两个工具，分别是仿制图章工具📷和图案图章工具📷，通过这两个工具可以使用颜色或图案填充图像或选区，将图像进行复制或替换。

5.2.1 使用仿制图章工具

使用仿制图章工具📷可以从图像中取样，然后将样本复制到其他的图像或同一图像的其他部分中。

练习5-3：复制花朵

01 选择"文件→打开"命令，打开一幅图像文件，可以看到画面中只有一支花，如图5-20所示。

图5-20 打开图像

02 下面我们将复制一多鲜花到图像的左边。选择仿制图章工具，在属性栏中调整适合的画笔大小、不透明度、模式和流量等参数，如图5-21所示。

图5-21 仿制图章工具属性栏

03 将鼠标指针移至戒指图像中，按住Alt键，当鼠标指针变成⊕形状时，单击进行取样，如图5-22所示。

04 松开Alt键，将鼠标指针移动到图像右侧适当的位置，拖动鼠标即可进行复制，这时取样点为十字图标形状，如图5-23所示。

图5-22 取样图像

图5-23 复制图像

5.2.2 使用图案图章工具

使用图案图章工具📷，可以将Photoshop CS6提供的图案或自定义的图案应用到图像中。

练习5-4：填充图案背景

01 选择"文件→打开"命令，打开一副图像文件，如图5-24所示。选择工具箱中的图案图章工具 ![图标]，其工具属性栏如图5-25所示。

图5-24　打开图像

图案拾色器

图5-25　图案图章工具属性栏

属性栏中常用选项的含义如下。

◉ 图案拾色器：单击图案缩览图右侧的三角形按钮打开图案拾色器，可选择所应用的图案样式。

◉ 印象派效果：选中此选项时，绘制的图案具有印象派绘画的抽象效果。

02 单击图案缩览图，将弹出面板，单击面板右侧的 ![按钮].按钮，在打开的菜单中选择一种图案类型，如选择"自然图案"如图5-26所示，然后在面板中选择"黄菊"图案，在图像中拖动就可以使用选择的图案进行绘画，如图5-27所示。

图5-26　选择图案类型

图5-27　选择图案

技巧提示

绘制图像后，若想恢复以前的操作，可以按下Ctrl＋Z组合键即可向上恢复一步。如果想恢复多个操作步骤，可以多次按下Ctrl＋Alt＋Z组合键。

03 在背景图像中绘制出该图案，得到的效果如图5-28所示，如果选中"印象派效果"选项，在画面中拖动后得到的图像效果如图5-29所示。

图5-28　图像效果

图5-29　印象派效果

除了可以使用Photoshop中预设的图案样式外，还可以自定义图案。选择"编辑→定义图案"命令，即可打开"图案名称"对话框，如图5-30所示，在"名称"右侧的文本框中输入图案名称，单击"确定"按钮即可。

图5-30 定义图案

实例1：制作精灵舞者

实例文件：	实例文件\第5章\精灵舞者.psd
素材文件：	素材文件\第5章\天空.jpg、飞鸟1.psd、飞鸟2.psd
视频教程：	视频文件\第5章\精灵舞者.avi

本案例制作一个精灵舞者案例，首先使用仿制图章工具将多余的图像擦除，然后再复制白云图像，接着使用画笔工具绘制出心形图像，丰富整个画面效果。实例效果如图5-31所示。

图5-31 图像效果

本实例的具体操作如下。

01 选择"文件→打开"命令，打开光盘"素材文件/第5章/天空.jpg"文件，如图5-32所示。

02 选择工具箱中的仿制图章工具，按住Alt键单击天空中右侧的深蓝色图像进行取样，然后对右边的光亮图像进行擦除，如图5-33所示。

图5-32 素材文件

图5-33 擦除图像

03 在使用同样的方法对小桥周围的图像进行单击，如图5-34所示，然后对其进行擦除，得到的擦除效果如图5-35所示。

图5-34 选择周围图样进行取样

图5-35 擦除图像

04 再次按住Alt键单击天空中的白云图像进行取样，然后在属性栏中设置不透明度为80%，再单击喷枪按钮，然后在如图5-36所示的位置单击，进行白云图像的复制。

图5-36　复制白云图像

05 新建图层1，选择自定形状工具，在属性栏中单击"形状"三角形按钮，在弹出的面板中选择"红心形卡"形状，如图5-37所示。

06 按住Shift键在画面中绘制一个红心图形，再按下Ctrl＋Enter组合键将路径转换为选区，如图5-38所示。

图5-37　选择形状

图5-38　转换路径为选区

07 设置前景色为白色，然后选择画笔工具，在属性栏中打开"画笔"面板，选择画笔样式为"柔角机械"，并设置主直径为80，如图5-39所示。

08 使用画笔工具在红心图像选区周围做涂抹，将选区周围进行填充，效果如图5-40所示。

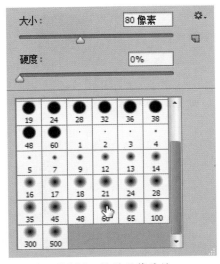

图5-39　设置画笔属性

图5-40　填充选区

09 按下Ctrl＋D组合键取消选区。然后再按下Ctrl＋T组合键将该图像做适当的旋转并缩小，放到如图5-41所示的位置。

10 在“图层”面板中将图层1拖动到“创建新图层”按钮 中，如图5-42所示，得到复制的图层1副本，接着按下Ctrl＋T组合键适当调整图像的大小和位置，如图5-43所示。

图5-41 缩小图像　　　　图5-42 复制图层　　　　图5-43 调整图像大小和位置

11 使用相同的方法复制图层1，将得到的图像适当调整大小，参照如图5-44所示的方式进行排列。

12 新建图层2，选择工具箱中的钢笔工具绘制一段路径，如图5-45所示。

图5-44 复制多个图像　　　　图5-45 绘制路径

13 选择画笔工具，单击属性栏中的 按钮，打开“画笔”面板，单击“画笔笔尖形状”选项，设置画笔的大小和硬度，如图5-46所示，然后选择“形状动态”选项，设置“大小抖动”为“渐隐”，参数为500，如图5-47所示。

14 设置好画笔工具后，确认前景色为白色，切换到“路径”面板中单击面板下方的“用画笔描边路径” 按钮，即可对路径进行填充，效果如图5-48所示。

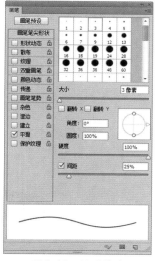

图5-46 设置笔尖　　　　图5-47 设置形态　　　　图5-48 填充路径

15 对刚填充的路径图像做适当的调整，放到画面的左上方，并适当旋转角度，如图5-49所示。

16 再新建一个图层，选择画笔工具，在属性栏中设置"不透明度"为70%，并按下"启动喷枪样式的建立效果"按钮，设置前景色为白色，调整不同大小的画笔后，在刚刚填充的路径曲线中多次单击，得到羽化的圆球效果，如图5-50所示。

17 分别复制多个曲线条和羽化圆球图像，参照如图5-51所示的方式进行排列。

图5-49 调整图像位置

图5-50 绘制圆球

图5-51 复制图像

18 打开光盘"素材文件/第5章/飞鸟1.psd、飞鸟2. psd"文件，如图5-52、6-53所示，将飞鸟图像都拖动到当前文件中，选择飞鸟1图像图层，按住Ctrl键移动复制一次对象，适当缩小后放到如图5-54所示的位置。

图5-52 飞鸟1

图5-53 飞鸟1

图5-54 放置素材图像

19 设置前景色为深绿色(R10,G97,B6)，选择横排文字工具，在图像中输入一行中文，然后在属性栏中设置字体为美黑简体，大小为24点，如图5-55所示。

20 分别选择几个文字，在属性栏中改变文字大小为37点，得到的效果如图5-56所示。

21 继续在中文字左下方再输入一行英文，并设置字体为Brush Script Std，大小为26点，然后在两行文字中间绘制一条深绿色直线，如图5-57所示，完成本实例的制作。

T ·	方正美黑简体	- ·	T 26点	aa 锐利	

图5-55 设置文字属性

图5-56 调整文字大小

图5-57 输入其他文字

5.3 "仿制源"面板

　　"仿制源"面板是和仿制图章工具或修复画笔工具配合使用的，允许定义五个采样点。使用"仿制源"面板可以进行重叠预览，提供具体的采样坐标，还可以在面板中对仿制源进行移位缩放、旋转、混合等编辑操作。

练习5-5：使用"仿制源"面板

01　打开两张需要操作的图像，如图5-58、5-59所示为花朵图像和咖啡杯图像。

图5-58　花朵图像　　　　　　　　　　图5-59　咖啡杯图像

02　选择"窗口→仿制源"命令，打开"仿制源"面板，选择仿制图章工具，按住Alt键在"花朵"图像中单击花朵图像，定义取样点，如图5-60所示。这时在"仿制源"面板中会出现取样点文档的名称，如图5-61所示。

图5-60　取样图像　　　　　　　　　　图5-61　"仿制源"面板

03　单击"仿制源"面板中的空白按钮，如图5-62所示，按住Alt键在"静物"图像中单击中间的瓷罐图像，进行第二次取样，如图5-63所示。

图5-62　再次取样　　　　　　　　　　图5-63　单击图像

04 设置好两个采样点后，我们可以开始对图像进行复制操作。在"仿制源"面板中选择第一个采样点，然后切换到"咖啡杯"图像中，单击，即可将花朵图像复制到该文档中，如图5-64所示。

05 在"仿制源"面板中选择第二个采样点，然后切换到"花朵"图像中，单击，即可将咖啡杯中的图像复制到该文档中，如图5-65所示。

图5-64　复制花朵图像

图5-65　复制咖啡杯图像

06 按下Ctrl＋Alt＋Z组合键还原上步操作，在"仿制源"面板中选择第一个采样点，然后设置其源图像的位移、缩放和旋转角度等参数，如图5-66所示。

07 使用仿制图章工具在"静物"图像中涂抹，得到的图像效果如图5-67所示。

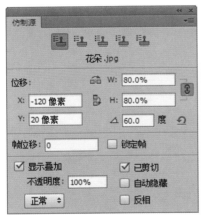

图5-66　设置各项参数

图5-67　图像效果

5.4　修饰图像

Photoshop CS6提供了多种图像修饰工具，使用它们将会让图像更加完美，更富艺术性。常用的图像修饰工具都位于工具箱中，分别是修复工具组、模糊工具组和减淡工具组等。

5.4.1　使用模糊工具

使用模糊工具可以对拖动的图像进行模糊处理，使图像中的色彩过渡平滑，从而使图像产生模糊的效果。

打开一幅需要做模糊处理的素材图像，如图5-68所示。选择工具箱中的模糊工具 ，在其属性栏中设置画笔大小为131，其余设置保持不变，如图5-69所示。

图5-68　素材图像

图5-69　模糊工具属性栏

属性栏中常用选项的含义如下。

- ◉　模式：用于选择模糊图像的模式。
- ◉　强度：用于设置模糊的压力程度。数值越大，模糊效果越明显；数值越小，模糊效果越弱。

技巧提示

模糊工具的笔触与画笔工具相同，可以通过"画笔"面板设置笔触的大小、样式等属性。

在属性栏中设置好选项后，即可在画面中拖动进行涂抹，所涂抹过的图像将得到模糊效果，如图5-70所示。

图5-70　模糊图像

5.4.2　使用锐化工具

使用锐化工具 △ 可以使图像更加清晰，它能增大图像中的色彩反差，其作用与模糊工具刚好相反。使用锐化工具锐化图像的具体操作如下。

选取锐化工具后，其对应的工具属性栏与模糊工具属性栏相似，如图5-71所示。使用鼠标在图像中进行拖动，其锐化效果如图5-72所示。

图5-71　锐化工具属性栏

图5-72　锐化后的效果

5.4.3　使用涂抹工具

涂抹工具可以模拟在湿的颜料画布上涂抹而使图像产生的变形效果，其使用方法与模糊工具一样。

练习5-6：对图像进行涂抹

01　选择工具箱中的涂抹工具，工具属性栏如图5-73所示，其中有一个"手指绘画"选项，选中该项，在涂抹过程中，将使用前景色填充涂抹的图像区域。

图5-73　涂抹工具属性栏

02　打开一幅素材图像，如图5-74所示，单击酒杯图像，然后向右上方拖动，得到涂抹变形的图像效果，如图5-75所示。

图5-74　素材图像　　　　　　　　图5-75　涂抹后的效果

03　按下Ctrl＋Z组合键恢复上一步操作，选择属性栏中的"手指涂抹"复选框，设置前景色为黄色，在图像中拖动，得到的效果如图5-76所示。

图5-76　涂抹后的图像

技巧提示

在使用涂抹工具时，应注意画笔大小的调整，通常画笔越大，系统所运行的时间就越长，但涂抹出来的图像区域也越大。

5.4.4　使用减淡工具

使用减淡工具 🔍 可以提高图像中色彩的亮度，常用来增加图像的亮度，它主要是根据照片特定区域曝光度的传统摄影技术原理使图像变亮。

练习5-7：提升图像色彩亮度

01 打开一幅素材图像，下面将对图像中的背景做减淡处理，如图5-77所示。

02 选择减淡工具 🔍 即可显示其属性栏，设置画笔大小为150，然后在"范围"下拉列表框中选择"中间调"选项，再设置"曝光度"为90%，如图5-78所示。

图5-77　素材图像

图5-78　减淡工具属性栏

属性栏中常用选项的含义如下。

- 范围。用于设置图像颜色提高亮度的范围，其下拉列表框中分别有三个选项。"中间调"表示更改图像中颜色呈灰色显示的区域；"阴影"表示更改图像中颜色显示较暗区域；"高光"表示只对图像颜色显示较亮区域进行更改。
- 曝光度：用于设置应用画笔时的力度。

03 设置好属性栏后，在左上方和右下方的图像中多次拖动，所单击到的图像将慢慢地变淡，如图5-79所示。

图5-79　减淡的图像

5.4.5　使用加深工具

加深工具 🖐 用于降低图像的曝光度。它的作用与减淡工具的作用相反，其参数设置方法一样。

使用加深工具为图像周围做加深的操作方式与减淡工具一样。例如，打开一幅素材图像，如图5-80所示，将鼠标指针放在图像上拖动即可，加深的效果如图5-81所示。

图5-80　打开图像

图5-81　加深图像

5.4.6 使用海绵工具

海绵工具 可以精确地更改图像区域中的色彩饱和度，产生像海绵吸水一样的效果，从而使图像失去光泽感。

练习5-8：调整图像饱和度

① 选择工具箱中的海绵工具 ，其属性栏如图5-82所示，在"模式"下拉列表框中选择"降低饱和度"选项，设置"流量"为60%。

图5-82 海绵工具属性栏

属性栏中常用选项的含义如下。
- 提高饱和度：该模式能提高图像色彩的饱和度。
- 降低饱和度：该模式能降低图像色彩的饱和度。

② 打开一幅素材图像，如图5-83所示，使用海绵工具在蝴蝶图像中拖动鼠标，将蝴蝶图像的饱和度降低，如图5-84所示。

图5-83 素材图像　　　　　图5-84 降低图像饱和度

③ 按下F12键将图像恢复到原始状态，在属性栏中设置"模式"为"饱和"，然后在图像中拖动，加深图像的饱和度，如图5-85所示。

图5-85 加深图像饱和度

5.4.7 使用污点修复画笔工具

污点修复画笔工具 可以移去图像中的污点。它能选取图像中某一点的图像，将该图像覆盖到需要应用的位置，在复制时，它能将样本像素的纹理、光照、透明度和阴影与所修复的像素相匹配，从而产生自然的修复效果。污点修复画笔工具不需要指定基准点，它能自动从所修饰区域的周围进行像素的取样。

选择污点修复画笔工具，其属性栏如图5-86所示。

图5-86　污点修复画笔工具属性栏

属性栏中常用选项的含义如下。

- 画笔：与画笔工具属性栏对应的选项一样，用来设置画笔的大小和样式等。
- 模式：用于设置绘制后生成图像与底色之间的混合模型。
- 类型：用于设置修复图像区域修复过程中采用的修复类型，选中“近似匹配”按钮后，将使用要修复区域周围的像素来修复图像；选中“创建纹理”按钮，将使用被修复图像区域中的像素来创建修复纹理，并使纹理与周围纹理相协调。
- 对所有图层取样：选中该复选框将从所有可见图层中对数据进行取样。

打开一幅素材图像，如图5-87所示，选择污点修复画笔工具后，在茶壶图像中的飞鸟图像中单击或拖动，即可自动地对图像进行修复，如图5-88所示。

图5-87　原图像

图5-88　修复图像

5.4.8 使用修复画笔工具

修复画笔工具与污点修复画笔工具相似，主要用于修复图像中的瑕疵。使用修复画笔工具可以利用图像或图形中的样本像素来绘画，它还可将样本像素的纹理、光照、透明度和阴影与所修复的像素进行匹配，从而使修复后的像素自然地融入图形图像中。选择修复画笔工具，其属性栏如图5-89所示。

图5-89　修复画笔工具属性栏

属性栏中常用选项的含义如下。

- 源：选择“取样”复选框，即可使用当前图像中的像素修复图像，在修复前需定位取样点；选中“图案”选项，可以在右侧的“图案”下拉列表框中选择图案来修复。
- 对齐：当选中该选项后，将以同一基准点对齐，即使多次复制图像，复制出来的图像仍然是同一幅图像；若取消该选项，则多次复制出来的图像将是多幅以基准点为模板的相同图像。

练习5-9：消除照片中的日期

01 打开一幅需要修复的图像，我们需要消除照片右下角的日期图像。选择修复画笔工具，按住

Alt键单击日期图像旁边的绿色图像进行取样，如图5-90所示，

[02] 完成图像的取样后，单击日期图像，并拖动进行涂抹，慢慢将旁边的图像覆盖日期图像，如图5-91所示。

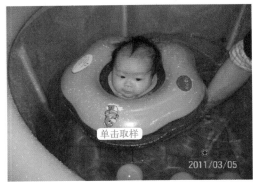

图5-90 取样图像

图5-91 修复图像

[03] 修复到适当的效果后，释放鼠标后即可完成修复图像的操作，修复后的区域会与周围区域有机的融合在一起，如图5-92所示。

图5-92 修复后的图像

5.4.9 使用修补工具

修补工具 ▣ 的使用方法和作用与修复画笔工具相似，也是一种相当实用的修复工具，最大的不同之处就是修补工具必须要建立选区，在选区范围内修补图像，该工具是通过复制功能对图像进行操作的。

练习5-10：复制图像

[01] 打开一幅需要修复的图像，选择修补工具 ▣，在其属性栏中选择"目标"选项，如图5-93所示。

图5-93 修补工具属性栏

属性栏中常用选项的含义如下。

◉ 修补：如果用户选中"源"选项，在修补选区内显示原位置的图像；选中"目标"选项，修补区域的图像被移动后，使用选择区域内的图像进行覆盖。

- ◉ 透明：设置应用透明的图案。
- ◉ 使用图案。当图像中建立了选区后此项即可被激活。在选区中应用图案样式后，可以保留图像原来的质感。

02 在图像右侧的樱桃图像上进行拖动，绘制出一个不规则选区，如图5-94所示。

03 将鼠标放到选区中，拖动到地板图像中，如图5-95所示。

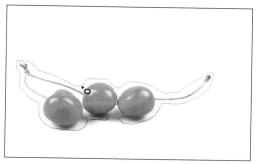 

图5-94　绘制选区　　　　　　　　图5-95　拖动选区

技巧提示

在使用修补工具创建选区时，其操作方式与套索工具一样。此外，还可以通过矩形选框工具和椭圆选框工具等选区工具，对图像创建选区，在使用修补工具进行修复。

04 释放鼠标后，复制的图像四周将与背景图像自然地融合在一起，得到的复制图像效果如图5-96所示。

图5-96　修补的图像

5.4.10　使用内容感知移动工具

内容感知移动工具 是Photoshop CS6的新增工具，它可以创建选区，并通过移动选区，将选区中的图像进行复制，而原图像则被扩展或与背景图像自然的融合。

选择内容感知移动工具 后，其属性栏如图5-97所示。

图5-97　工具属性栏

属性栏中常用选项的含义如下。

- ◉ 模式：其下拉菜单中有"移动"和"扩展"两种模式。选择"移动"模式，移动选区中的图像后，原图像所在地将与背景图像融合；选择"扩展"模式，可以复制选区中的图像，得到两个图像效果。

◎ 适应：其下拉菜单中有多种命令，选择不同的命令，会使图像边缘效果有所变化，默认选项为"中"。

练习5-11：对图像内容进行变化

01 打开一张需要调整的素材图像，选择内容感知移动工具 在花朵图像周围进行拖动，绘制出选区，如图5-98所示。

02 在属性栏中设置模式为"移动"，然后向左拖动选区中的图像，如图5-99所示。

| 图5-98 绘制选区 | 图5-99 移动图像 |

03 松开鼠标左键，图像将自动进行分析，右侧图像将与背景图像自然混合，按下Ctrl+D组合键取消选区，得到的图像效果如图5-100所示。

04 按下两次Ctrl+Alt+Z组合键后退两次操作，得到步骤01中的选区效果，在属性栏中设置模式为"扩展"，然后向左移动选区，经过分析后，取消选区，将得到复制的图像效果，如图5-101所示。

| 图5-100 图像效果 | 图5-101 复制的图像 |

5.4.11 使用红眼工具

使用红眼工具 ，可以移去使用闪光灯拍摄的任务照片中的红眼效果，还可以移去动物照片中的白色或绿色反光，但它对"位图"、"索引颜色"和"多通道"颜色模式的图像并不起作用。

练习5-12：消除人物红眼

<span>**01**</span>　打开一幅需要修复红眼的照片，如图5-102所示，选择红眼工具<span></span>，在其属性栏中设置"瞳孔大小"和"变暗量"都为50%，如图5-103所示。

图5-102　素材图像

图5-103　红眼工具属性栏

属性栏中常用选项的含义如下。

◉　瞳孔大小：用于设置瞳孔(眼睛暗色的中心)的大小。

◉　变暗量：用于设置瞳孔的暗度。

<span>**02**</span>　使用红眼工具绘制一个选框将红眼选中，如图5-104所示。释放鼠标后即可得到修复后的红眼效果，然后使用同样的方法修复另一个红眼，如图5-105所示。

图5-104　框选红眼

图5-105　修复红眼效果

5.5　学习总结

　　本章主要学习了在Photoshop CS6中绘制与修饰图像的应用，前面详细介绍了画笔工具和铅笔，以及图章工具组的使用方法；后面则分类介绍了用于修饰图像的各种工具。

　　在Photoshop中绘制图像时，画笔工具是必不可少的，通常我们会使用"画笔"面板的强大功能来设置自己所需要的笔触效果，然后再通过一些修饰图像工具的配合使用，完成一幅画面的绘制。

在本章中需要重点掌握以下几个绘图和修饰图像工具，其中包括"画笔工具"、"仿制图章工具"、"模糊工具"、"加深工具"、"减淡工具"和"修复工具组"等，对于不常用的绘图和修饰图像工具进行了解即可。

5.6　疑难解答

在本章的学习中，主要讲解了Photoshop CS6绘制与修饰图像的操作，下面通过对前面的学习列出一些常见的问题和解答供读者参考。

问：使用仿制图章工具除了可以复制图像外，还能擦除图像吗？

答：当然可以。对于图像中需要擦除的部分，可以对它周围近似的图像进行取样，然后将周围的图像覆盖到需要擦除的图像中，即可得到所需的效果。

问：为什么使用模糊工具和锐化工具修饰图像时，效果都不明显呢？

答：是的，这两个工具要反复在图像上进行涂抹，才能有较为明显的效果。用户还可以通过调整属性栏中的"强度"来增强效果。

第6章　绘制路径和形状

本章导读

本章将学习使用路径和形状工具绘制矢量图形，用户可以通过对路径的编辑绘制出各种造型的图形，再将路径转换为选区，从而方便地对图像进行各种处理。

本章主要内容如下：

- 了解路径
- 钢笔工具的使用
- 自由钢笔工具的使用
- 编辑路径
- 形状工具的使用

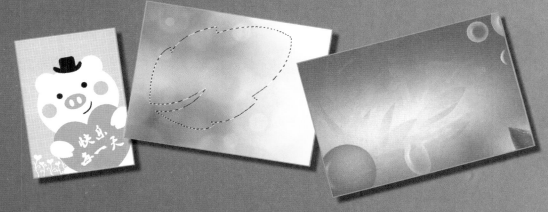

6.1　了解什么是路径

路径是Photoshop CS6中的重要工具，它是可以转换为选区或使用颜色填充和描边的轮廓。由于路径的灵活多变和强大的图像处理功能，使其深受广告设计人员的喜爱。

6.1.1　路径的特点

路径在Photoshop CS6中是使用贝赛尔曲线所构成的一段闭合或者开放的曲线段，主要由钢笔工具和形状工具绘制而成，它与选区一样本身是没有颜色和宽度的，不会被打印出来。路径包括闭合路径和开放路径，闭合路径没有明显的起点和终点，如图6-1所示，开放路径则有明显的起点和终点，如图6-2所示。

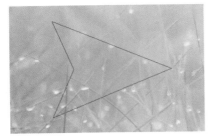
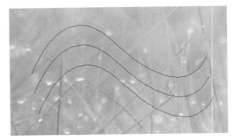

图6-1　闭合路径　　　　　　　　　图6-2　开放路径

6.1.2　路径的结构

路径由锚点、直线段和曲线段以及控制手柄等3部分构成，直线型路径中的锚点无控制手柄，曲线型路径中的锚点由两个控制手柄来控制曲线的形状。如图6-3所示。

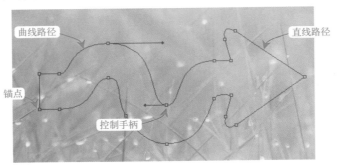

图6-3　路径结构图

- ◉ 锚点：锚点由空心小方格表示，分别在路径中每条线段的两个端点，黑色实心的小方格表示当前选择的定位点。定位点有平滑点和拐点两种，平滑点是平滑连接两条线段的定位点；拐点是非平滑连接两条线段的定位点。
- ◉ 控制手柄：当选择一个锚点后，会在该锚点上显示1~2条控制手柄，拖动控制手柄一端的小圆点就可调整与之关联的线段的形状和曲率。
- ◉ 线段：由多条线段依次连接而成的一条路径。

路径的基本操作都是通过"路径"面板来进行的。选择"窗口→路径"命令即可打开该面板，如图6-4所示。

图6-4 "路径"面板

6.2 使用钢笔工具

Photoshop CS6

在Photoshop CS6中，钢笔工具可以绘制出平滑的曲线，在缩放或者变形之后仍能保持平滑效果，利用钢笔工具可以绘制直线路径和曲线路径。

6.2.1 绘制直线

钢笔工具属于矢量绘图工具，绘制出来的图形为矢量图形。使用钢笔工具绘制直线段的方法较为简单，在画面中单击作为起点，然后到适当的位置再次单击即可绘制出直线路径。

选择钢笔工具 ，其对应的工具属性栏如图6-5所示，各选项含义如下。

图6-5 钢笔工具属性栏

- ◉ 路径 ：在该下拉菜单中有三种选项，形状、路径和像素，它们分别用于创建形状图层、工作路径和填充区域，选择不同的选项属性栏中将显示相应的选项内容。
- ◉ 建立 选区... 蒙版 形状 ：该组按钮用于在创建选区后，将路径转换为选区或者形状等。
- ◉ ：该组按钮用于对路径的编辑，包括形状的合并、重叠、对齐方式，以及前后顺序等。
- ◉ ☑自动添加/删除 ：该复选框用于设置是否自动添加/删除锚点。

练习6-1：绘制直线路径

01 启动Photoshop CS6，选择"文件→打开"命令，打开一幅图像文件。选择工具箱中的钢笔工具 ，在其属性栏中单击"路径"按钮 ，然后在图像中单击作为路径起点，如图6-6所示，再拖动到该线段的终点处单击，得到一条直线段，如图6-7所示。

图6-6 单击鼠标作为起点　　　　　　图6-7 再次单击鼠标

02 移动鼠标指针在另一个适合的位置单击，即可继续绘制路径，得到折线路径，如图6-8所示。

03 当鼠标指针回到起点处时，单击起点处的方块，即可完成直线段闭合路径的绘制，如图6-9所示。

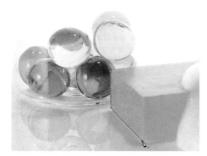 

图6-8　继续绘制路径　　　　　　图6-9　直线段闭合路径

技巧提示

在Photoshop中绘制直线段路径时，按住Shift键可以绘制出水平、垂直和45°方向上的直线路径。

6.2.2　绘制曲线

在使用钢笔工具绘制直线段时，进行拖动，即可绘制出曲线路径，曲线路径的绘制比直线路径复杂一些，需要多加练习才能掌握技巧。

练习6-2：绘制曲线路径

01　使用钢笔工具在图像中单击创建路径的起始点，如图6-10所示。将鼠标指针移动到适当的位置，拖动可以创建带有方向线的平滑锚点，通过拖动的方向和距离可以设置方向线的方向，如图6-11所示。

图6-10　创建路径起点　　　　　　图6-11　按住鼠标拖动

02　按住Alt键单击控制柄中间的节点，可以减去一端的控制柄，如图6-12所示。

03　移动鼠标指针，在绘制曲线的过程中按住Alt键的同时拖动，即可将平滑点变为角点，如图6-13所示。

图6-12　删除控制柄　　　　　　图6-13　平滑点变为角点

04　　使用相同的方法绘制曲线，绘制完成后，将鼠标指针移动到路径线的起始点，当鼠标指针变成🐦形状时，单击，即可完成封闭的曲线型路径的绘制，如图6-14所示。

图6-14　闭合路径

6.2.3　橡皮带选项

细心的用户可能发现在钢笔工具属性栏中还有一个"橡皮带"选项，位于"几何形状" ▼三角形按钮中，使用该选项绘制路径时将出现预览状态。

选择工具箱中的钢笔工具，单击属性栏中的"几何形状" ▼三角形按钮，在弹出的面板中选中"橡皮带"选项，如图6-15所示。

图6-15　橡皮带选项

在画面中绘制路径，可以看到在钢笔工具所到之处将出现预览的路径形态，如图6-16所示。

图6-16　绘制路径

6.3　使用自由钢笔工具

使用自由钢笔工具可以在画面中随意绘制路径，就像使用铅笔在纸上绘图一样。在绘制过程中，自由钢笔工具将自动添加锚点，完成后还可以对路径做进一步地完善。

练习6-3：手动绘制路径

01　　选择"文件→打开"命令，打开一幅素材图像，如图6-17所示。

02　　选择钢笔工具后，在其属性栏中单击"自由钢笔工具"按钮，然后在画面中进行拖动，即可绘制路径，如图6-18所示。

图6-17　素材图像

图6-18　绘制路径

03 单击属性栏中的 ⚙ 按钮，在弹出的面板中选中"磁性的"选项，如图6-19所示，并设置"曲线拟合"以及磁性"宽度"、"对比"、"频率"等参数。

04 在图像中绘制路径，此时将沿图像颜色的边界创建路径，如图6-20所示。

图6-19　设置参数

图6-20　绘制磁性路径

- ◉ "曲线拟合"：可设置最近路径对鼠标指针移动轨迹的相似程度，数值越小，路径上的锚点就越多，绘制出的路径形态就越精确。
- ◉ "宽度"：调整路径的选择范围，数值越大，选择的范围就越大。
- ◉ "对比"：可以设置"磁性钢笔"工具对图像中边缘的灵敏度。
- ◉ "频率"：可以设置路径上使用锚点的数量，数值越大，在绘制路径时产生的锚点就越多。

实例1：绘制个人名片

实例文件：	实例文件\第6章\个人名片.psd	
素材文件：	无	
视频教程：	视频文件\第6章\个人名片.avi	

本实例将制作一个制药公司的个人名片，整体色调采用了绿色，在此几乎上使用了各种绿色渐变，加上简洁、大气的画面设计，使整个图像在富有变化的情况下，又不单一乏味。实例效果如图6-21所示。

图6-21　实例效果

本实例的具体操作如下。

01　选择"文件→新建"命令，打开"新建"对话框，设置文件名称为"个人名片"，"宽度"和"高度"为9.4×5.8cm，如图6-22所示。

图6-22　新建文件

02　单击"图层"面板底部的"创建新图层"按钮　，得到图层1，如图6-23所示。

03　选择工具箱中的钢笔工具在新建的图像中绘制一个曲线路径，如图6-24所示。

图6-23　新建图层

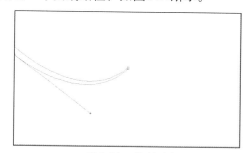

图6-24　绘制路径

04　按下Ctrl+Enter组合键将路径转换为选区，然后选择渐变工具，在属性栏中单击渐变色条，打开"渐变编辑器"对话框，设置渐变颜色从深绿色(R11,G77,B14)到绿色(R50,G189,B73)，如图6-25所示。

05　单击渐变工具属性栏中的"线性渐变"按钮　，然后在选区中从左上方到右下方拖动，填充选区效果如图6-26所示。

图6-25　设置渐变颜色

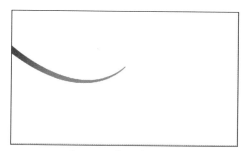

图6-26　填充选区效果

06 再选择钢笔工具绘制另一个曲线图形，如图6-27所示，将路径转换为选区后，使用渐变工具为其应用线性渐变填充，设置颜色从绿色(R50,G189,B73)到深绿色(R11,G77,B14)，效果如图6-28所示。

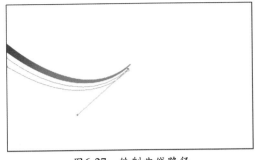

图6-27　绘制曲线路径

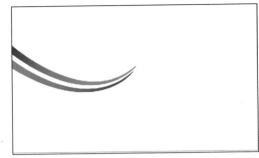

图6-28　填充选区

07 继续绘制第三个曲线图形，并为其做渐变填充，效果如图6-29所示。

08 按下Ctrl+J组合键复制图像，然后选择"编辑→变换→水平翻转"和"垂直翻转"命令，将翻转后的图像放到右侧，如图6-30所示。

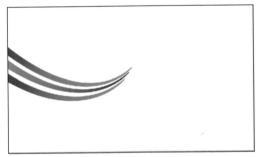

图6-29　绘制第三个曲线

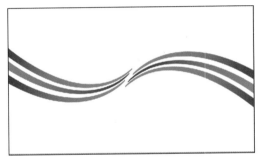

图6-30　复制翻转图像

09 分别选择原图像和翻转后的图像，适当调整其位置，如图6-31所示。

10 新建一个图层，选择矩形选框工具在图像底部绘制一个矩形选区，填充为灰色，效果如图6-32所示。

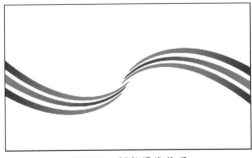

图6-31　调整图像位置

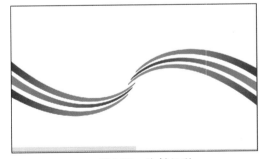

图6-32　绘制矩形

11 再使用矩形选框工具在图像底部右侧绘制一个矩形选区，选择渐变工具为其应用线性渐变填充，设置颜色从深绿色(R11,G77,B14)到绿色(R50,G189,B73)，效果如图6-33所示。

12 新建一个图层，选择矩形选框工具，按住Ctrl键在画面中绘制一个正方形选区，并填充为淡绿色(R135,G188,B141)，如图6-34所示。

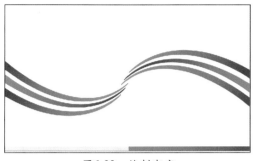

图6-33 绘制渐变

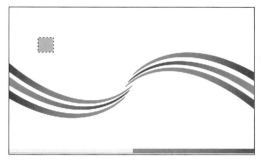

图6-34 绘制矩形

13 保持选区状态，按住Shift键水平向右移动，填充选区为较淡的绿色，如图6-35所示。

14 使用与之前两步相同的操作方法，绘制出多个相同大小的矩形选区，并填充深浅不一的绿色，再缩小图像，放到名片左上方，如图6-36所示。

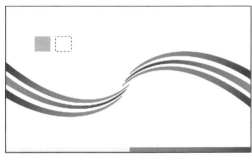

图6-35 绘制淡色矩形

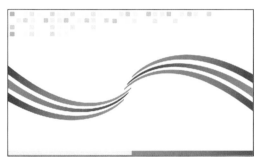

图6-36 绘制其他矩形

15 选择横排文字工具在名片中输入人名名称，在属性栏中设置字体和字号等属性，并填充文字为绿色(R13,G82,B17)，如图6-37所示。

16 继续输入其他文字，并参照如图6-38所示的方式排列文字，完成本实例的操作。

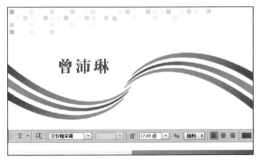

图6-37 输入文字

图6-38 完成效果

Photoshop CS6

6.4 编辑路径

当用户在创建完成后路径后，有时不能达到理想状态，这时就需要对其进行编辑。路径的编辑主要包括复制与删除路径、添加与删除锚点、路径与选区的互换、填充和描边路径以及在路径中输入文字等。

6.4.1 复制与删除路径

在Photoshop中绘制一端路径后，如果还需要一条或多条相同的路径，那么可以将路径进行复制；如果有多余的路径，那么还可以将其删除。

练习6-4：复制路径

01 选择"窗口→路径"命令，打开"路径"面板选择路径1，如图6-39所示。

02 在路径1中右击，在弹出的菜单中选择"复制路径"命令，如图6-40所示。

图6-39 选择路径

图6-40 选择命令

技巧提示

如果在"路径"面板中的路径为工作路径，在复制前需要将其拖动到"创建新路径"按钮 中，转换为普通路径。

03 选择"复制路径"命令后即可弹出"复制路径"对话框，如图6-41所示，在"名称"文本框中为路径命名后单击"确定"按钮即可得到复制的路径，如图6-42所示。

图6-41 为路径命名

图6-42 复制路径

04 按下Ctrl＋Z组合键向前恢复一步。拖动路径2到"路径"面板下方的"创建新路径" 按钮中，如图6-43所示，也可以得到复制的路径，如图6-44所示。

图6-43 选择路径进行拖动

图6-44 复制的路径

删除路径的方法和复制路径相似，可以有以下几种方法来操作。

◎ 选择需要删除的路径，单击"路径"面板底部的"删除当前路径" 按钮，打开提示对话框，选择"是"即可，如图6-45所示。
- 选择需要删除的路径，将其拖动到"路径"面板底部的"删除当前路径" 🗑 按钮中即可删除路径。
- 选择需要删除的路径，右击，在弹出的菜单中选择"删除路径"命令即可。

图6-45 提示对话框

6.4.2 重命名路径

用户在绘制图形时，常常会保留多个路径来方便以后图形的修改，这就可以为路径重命名来增加其辨识度，选择需要重命名的路径，如"路径2"，双击该路径名称，如图6-46所示，在其中输入新的路径名称即可，如图6-47所示。

图6-46 双击路径名称

图6-47 输入名称

6.4.3 添加与删除锚点

用户在对路径做编辑时，可以对路径进行添加和删除锚点的操作。锚点可以控制路径的平滑度，适当的添加或删除锚点更有助于路径的编辑。

练习6-5：编辑路径上的锚点

01 打开一幅图像文件，使用钢笔工具绘制一段曲线路径，如图6-48所示。

02 选择工具箱中的添加锚点工具 🖋，将鼠标指针移动到路径上单击，即可增加一个锚点，如图6-49所示。

图6-48 绘制路径

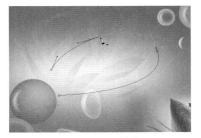

图6-49 添加锚点

03 继续添加锚点，并将鼠标指针放到添加的锚点中，进行拖动，对路径进行调整，如图6-50所示。

04 如果觉得锚点没有添加对，需要删除了重新进行编辑，可以选择钢笔工具或者删除锚点工具 🖋，将鼠标指针移动到路径要删除的锚点处并单击，即可删除该锚点，如图6-51所示。

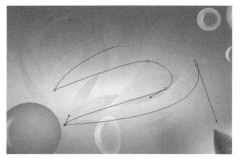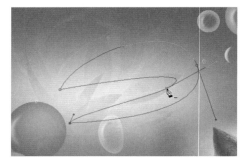

图6-50　编辑路径　　　　　　　　　图6-51　删除锚点

6.4.4　互换路径和选区

在Photoshop CS6中，用户可以将路径转换为选区，也可以将选区转换为路径，这大大方便了用户的绘图时间。

练习6-6：路径和选区的操作

01　打开一幅图像文件，绘制好路径后，在"路径"面板中将自动显示工作路径，如图6-52所示。

02　单击"路径"面板右上方的三角形按钮▼≡，在弹出的菜单中选择"建立选区"命令，如图6-53所示。

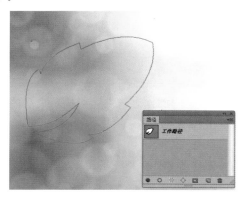

图6-52　显示路径　　　　　　　　图6-53　选择命令

03　选择"建立选区"命令后即可弹出"建立选区"对话框，如图6-54所示。保持对话框中的默认状态，单击"确定"按钮，即可将路径转换为选区，如图6-55所示。

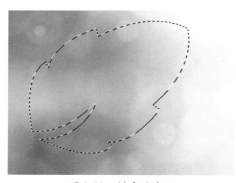

图6-54　"建立选区"对话框　　　　　图6-55　创建的选区

04 保持选区状态，再次单击"路径"面板右上方的三角形按钮 ，在弹出的菜单中选择"建立工作路径"命令，如图6-56所示，打开"建立工作路径"对话框，调整容差值可以设置选区转换为路径的精确度，如设置为2.0，如图6-57所示。

图6-56 选择命令　　　　　　　　　　　图6-57 设置容差值

05 单击"确定"按钮，画面中的选区即可被转换为工作路径。

技巧提示

单击"路径"面板下方的"从选区生成工作路径"按钮 ，可以快速将选区转换为路径；单击"将路径作为选区载入"按钮 ，可以快速将路径转换为选区。

6.4.5 填充路径

用户绘制好路径后，可以为路径填充颜色。路径的填充与图像选区的填充相似，用户可以将颜色或图案填充路径内部的区域。

练习6-7：在路径内填充图案

01 在"路径"面板中选中需要填充的路径，然后右击，在弹出的菜单中选择"填充路径"命令，如图6-58所示。

02 这时将弹出"填充路径"对话框，在"填充路径"对话框中可设置用于填充的颜色和图案样式，如在"使用"下拉菜单中选择"图案"选项，然后选择一个图案样式，如图6-59所示。

图6-58 选择命令　　　　　　　　　　　图6-59 选择图案样式

"填充路径"对话框中常用选项的含义如下。

- ⊙ "使用"：设置填充路径的方法。
- ⊙ "模式"：在该下拉列表框中可以选择填充内容的各种效果。
- ⊙ "保留透明区域"：该复选框只有在对图层进行填充时才起作用。
- ⊙ "羽化半径"：设置填充后的羽化效果，数值越大，羽化效果越明显。

[03] 单击"确定"按钮，即可将图案填充到路径中，如图6-60所示。

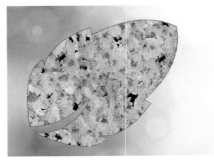

图6-60　图案填充效果

6.4.6　描边路径

描边路径就是沿着路径的轨迹绘制或修饰图像，在"路径"面板中单击"用画笔描边路径" ⬭ 按钮可以快速为路径绘制边框。

练习6-8：为路径边缘做描边

[01] 在工具箱中设置好用于描边的前景色，如设置为黄色，然后选择画笔工具，在属性栏中设置好画笔大小、不透明度和笔尖形状等各项参数，如图6-61所示。

图6-61　设置画笔工具属性栏

[02] 在"路径"面板中选择需要描边的路径，右击，在弹出的快捷菜单中选择"描边路径"命令，如图6-62所示。

[03] 打开"描边路径"对话框，在"工具"下拉列表中选择"画笔"选项，如图6-63所示。

[04] 单击"确定"按钮回到画面中，得到图像的描边效果，如图6-64所示。

图6-62　选择命令

图6-63　选择"画笔"选项

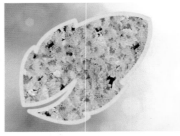

图6-64　路径描边效果

6.4.7　在路径上输入文字

Photoshop CS6允许文字沿着路径输入，使文字绕路径排列，从而制作出各种形状的弯曲文字效果，此功能在广告设计中应用十分广泛。

练习6-9：输入路径文字

[01] 选择"文件→打开"命令，打开一幅图像文件，使用钢笔工具 ✎ 在画面中绘制一条曲线路径，如图6-65所示。

图6-65 绘制曲线路径

02 选择工具箱中的横排文字工具**T**，在属性栏中设置字体为"粗圆简体"，将鼠标指针移动到绘制的曲线路径上，当鼠标指针变为 状态时单击，如图6-66所示，在出现输入文字的光标后，输入文字即可，如图6-67所示。

图6-66 单击鼠标

图6-67 输入文字

03 在输入文字后，如果文字未被完全显示出来，可在按下Ctrl键的同时，将鼠标指针移动到显示的末尾文字上，当鼠标指针变为 形状时，拖动，如图6-68所示，直到显示所有的文字为止，如图6-69所示。

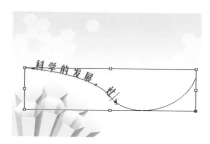

图6-68 拖动鼠标

图6-69 显示所有文字

技巧提示

在路径上输入文字后，用户还可以对路径进行编辑和调整，在改变路径线的形状后，文字也会随之发生改变。

6.5 绘制图形

在运用Photoshop处理图像的过程中，常常会用到一些基本图形，如人物、动物、植物以及其他常见符号，在Photoshop CS6中提供了大量的形状工具，可以帮助用户快速准确地绘制出来相应图形。

6.5.1　创建形状

Photoshop CS6自带了多达6种形状绘制工具，包括矩形工具、圆角矩形工具、椭圆工具、多边形工具、直线工具和自定义形状工具，如图6-70所示。

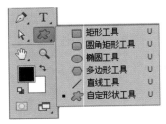

图6-70　形状工具

1. 矩形工具

使用矩形工具可以绘制任意方形或具有固定长宽的矩形形状，并且可以为绘制后的形状添加一种特殊样式，其对应的工具属性栏如图6-71所示，该属性栏为选择"形状"命令后的选项。

图6-71　矩形工具属性栏

◉　绘图方式：在该下拉菜单中可以选择绘图方式，其中有"路径"、"形状"和"像素"3种命令，选择"形状"命令可以在绘制图形的同时创建一个形状图层，如图6-72和图6-73所示；选择"路径"命令时可以直接绘制路径；选择"像素"命令时，可以在图像中绘制图像，如同使用画笔工具在图像中填充颜色一样。

图6-72　绘制矩形

图6-73　形状图层

◉　"填充"选项：单击该选项后面的色块，将弹出一个面板，在其中可以选择填充的颜色，以及填充的类型，包括无颜色、纯色、渐变和图案，如图6-74所示，单击面板右上角的按钮可以打开"拾色器(填充颜色)"对话框设置自定义颜色，如图6-75所示。

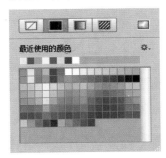

图6-74　填充面板

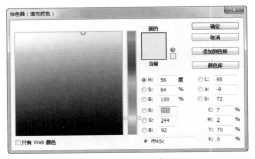

图6-75　自定义颜色

◉　"描边"选项：单击该选项后面的色块，将弹出一个面板，在其中可以设置描边的颜色和类型，包括无颜色、纯色、渐变和图案。

◉　：用户可以直接在该文本框中设置形状描边宽度，单击该按钮，可以调整滑块设置宽度。

- ：单击该按钮，用户可以在打开的面板中设置形状描边类型，如图6-76所示，在面板中可以选择描边类型、对齐方式，端点和角点的方式，单击"更多选项"按钮，在打开的"描边"对话框中设置更加精确的选项设置，如图6-77所示。
- W:317像 ∞ H:228像：在该选项中输入参数，可以设置形状的宽度和高度。
- 该组按钮用于对路径的编辑，包括形状的合并、重叠、对齐方式以及前后顺序等。
- ：单击该按钮，用户可以在弹出的面板中对矩形工具进行设置，如图6-78所示。

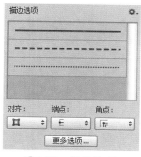

图6-76　描边选项

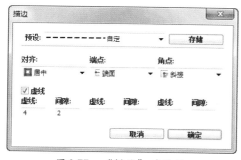

图6-77　"描边"对话框

图6-78　设置面板

2．圆角矩形工具

使用圆角矩形工具可以绘制具有圆角半径的矩形形状，其工具属性栏与矩形工具相似，只是增加了一个"半径"文本框，该选项主要用于设置圆角矩形的圆角半径的大小，如图6-79所示，设置"半径"参数为20像素，绘制出的圆角矩形如图6-80所示。

图6-79　工具属性栏

图6-80　圆角矩形形状

3．椭圆工具

使用椭圆工具可以绘制正圆或椭圆形状，它与矩形工具对应工具属性栏中的参数设置相同，在属性栏中设置描边选项为渐变，再设置描边宽度为12，绘制的椭圆形效果如图6-81所示。

图6-81　椭圆形状

4．多边形工具

使用多边形工具可以绘制具有不同边数的多边形形状，其工具属性栏与矩形工具所不同的地方如图6-82所示，绘制的图形如图6-83所示。

图6-82　工具属性栏

图6-83　多边形形状

- ◉ 边：在此输入数值，可以确定多边形的边数或星形的顶角数。
- ◉ 半径：用来定义星形或多边形的半径。
- ◉ 平滑拐角：选择该复选框后，所绘制的星形或多边形具有圆滑型拐角。
- ◉ 星形：选择该复选框后，即可绘制星形形状。
- ◉ 缩进边依据：用来定义星形的缩进量，如图6-84和图6-85所示为不同缩进量时绘制的星形形状。
- ◉ 平滑缩进：选择该复选框后，所绘制的星形将尽量保持平滑。

图6-84　缩进量为50%

图6-85　缩进量为80%

5．直线工具

使用直线工具可以绘制具有不同精细的直线形状，还可以根据需要为直线增加单向或双向箭头，其工具属性栏如图6-86所示。

- ◉ 粗细：用于设置线的宽度。
- ◉ 起点/终点：如果要绘制箭头，则应选中对应的复选框。选中"起点"复选框，表示在箭头产生的直线起点，选中"终点"复选框，则表示箭头产生在直线未端，如图6-87所示。
- ◉ 宽度/长度：用来设置箭头的宽度和长度的比例。
- ◉ 凹度：用来定义箭头的尖锐程度。

图6-86　工具属性栏

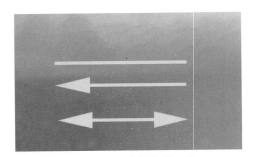

图6-87　绘制直线形状

6. 自定义形状工具

使用自定义工具可以绘制系统自带的不同形状，如人物、动物和植物等，大大降低了绘制复杂形状的难度。

选择自定义工具后，其工具属性栏如图6-88所示，单击"形状"右侧的三角形按钮，在其下拉列表框中选择一种形状，并设置使用样式、绘制方式和颜色等参数，然后在图像窗口拖动绘制即可绘制选择的形状。

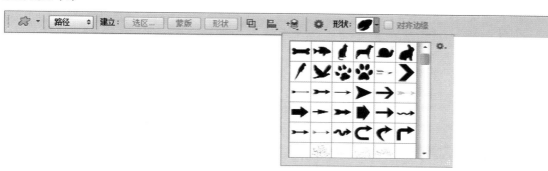

图6-88 自定义形状工具属性栏

技巧提示

自定义形状工具的具体操作方法将在6.5.3中做详细的介绍。

6.5.2 编辑形状

为了更好地使用创建的形状对象，在创建好形状图层后可以对其进行再编辑，如改变其形状、重新设置其颜色，或者将其转换为普通图层等。

1. 改变形状图层的颜色

绘制一个形状图层后，在"图层"面板中将显示一个形状图层，并在图层缩略图中显示矢量蒙版缩略图，该矢量蒙版缩略图会显示所绘制的形状、颜色，并在缩略图右下角显示形状图标，如图6-89所示，双击该图标可以在打开的"拾色器(纯色)"对话框中为形状调制出新的颜色，如图6-90所示。

图6-89 形状图层

图6-90 修改颜色

技巧提示

用户可以选择"编辑→自由变换路径"命令对图形进行旋转、缩放等操作。

2．栅格化形状图层

由于形状图层具有矢量特征，使得用户在该图层中无法使用对像素进行处理的各种工具，如画笔工具、渐变工具、加深工具和模糊工具等，这样就在某种程度上限制了对图像进行处理的可能性。因此，要对形状图层中的图像进行处理，首先要将形状图层转换为普通图层。

在"图层"面板中右击形状图层右侧的空白处，然后在弹出的快捷菜单中选择"栅格化图层"命令，即可将形状图层转换为普通图层，如图6-91所示。图6-92所示是栅格化图层后的效果，形状图层右下角的形状图标将消失。

图6-91 选择命令

图6-92 栅格化图层

6.5.3 自定义形状

在Photoshop中可以使用自定义形状工具 绘制图形，自定形状工具 用于绘制一些不规则的形状图形。下面就详细介绍自定义形状工具的使用方法。

练习6-10：绘制自定义形状

01 选择工具箱中的自定义形状工具 ，然后单击属性栏中"形状"右侧的三角形按钮，即可打开"自定义形状"面板，如图6-93所示。

02 选择一种图形，如"鸟2"，然后将鼠标指针移动到图像窗口中进行拖动，即可绘制出一个矢量图形，如图6-94所示。

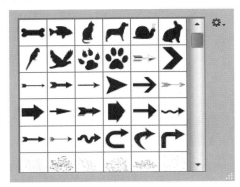
图6-93 "自定义形状"面板

图6-94 绘制图形

03 单击面板右上方的三角形按钮，弹出如图6-95所示的菜单，在其中可以选择"复位形状"、"载入形状"、"存储形状"和"替换形状"等命令。

04 选择 "全部" 命令，即可弹出如图6-96所示的对话框，单击 "确定" 按钮即可将所有图形都添加到面板中，如图6-97所示，用户也可以选择单独的一组图形追加或替换当前图形。

图6-95 选择命令

图6-96 提示对话框

图6-97 全部图形

实例2：绘制卡通动物

实例文件：	实例文件\第6章\卡通动物.psd
素材文件：	素材文件\第6章\花纹.psd
视频教程：	视频\第6章\卡通动物.avi

本实例将使用钢笔工具绘制一个卡通人物图像，主要使用钢笔绘制卡通动物的基本外形，然后对其填充颜色，最后再绘制出背景。实例效果如图6-98所示。

图6-98 实例效果

本实例的具体操作如下。

01　选择"文件→新建"命令，打开"新建"对话框，设置文件名称为"卡通小猪"，"宽度"和"高度"为15×21cm，如图6-99所示。

图6-99　新建文件

02　设置前景色为蓝色(R138,G215,B248)，按下Alt+Delete组合键填充背景，再选择"直线工具"，在属性栏中设置粗细为1像素，在图像上方绘制出横线路径，如图6-100所示。

03　新建一个图层，按下Ctrl+Enter组合键将路径转换为选区，并填充为白色，如图6-101所示。

04　再使用直线工具绘制一条竖线路径，填充为白色，效果如图6-102所示。

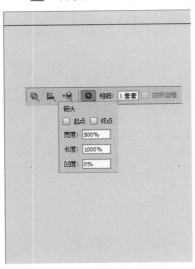

图6-100　绘制横线路径

图6-101　填充路径

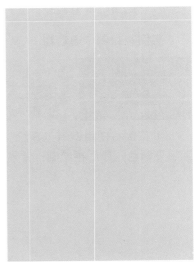

图6-102　绘制竖线路径

05　继续绘制横线和直线，将其形成田字格，得到的图像效果如图6-103所示。

06　选择钢笔工具在画面中绘制卡通动物的头部图形，效果如图6-104所示。

07　单击"路径"面板底部的"将路径作为选区载入"按钮 ，将路径转换为选区后，填充为白色，效果如图6-105所示。

08　在画面右下方绘制一个路径图形，如图6-106所示，并将路径转换为选区，填充为白色，效果如图6-107所示。

图6-103 填充路径

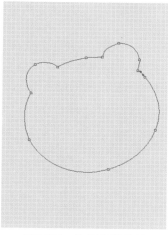

图6-104 绘制竖线路径

图6-105 填充选区

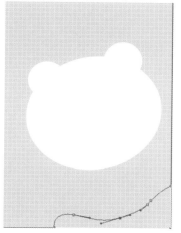

图6-106 绘制路径

图6-107 填充颜色

09 选择工具箱中的自定形状工具 ，在属性栏中打开"形状"面板，选择"红心形状"图形，如图6-108所示，然后在图像中绘制出心形图像，如图6-109所示。

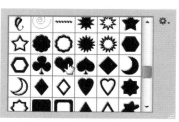

图6-108 选择图形

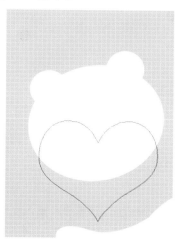

图6-109 绘制路径

⑩　　按下Ctrl+T组合键适当旋转路径，然后再选择钢笔工具组中的各种工具对路径进行编辑，编辑得到的效果如图6-110所示。

⑪　　将路径转换为选区，填充为粉红色(R242,G128,B161)，如图6-111所示。

⑫　　选择椭圆工具 ◎ ，在属性栏中设置工具模式为"形状"，然后设置填充颜色为粉红色(R247,G172,B191)，绘制出卡通动物的腮红图形，如图6-112所示。

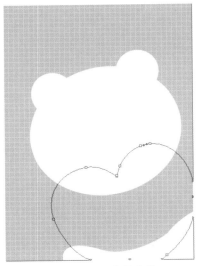

图6-110　编辑路径

图6-111　填充心形

图6-112　绘制椭圆形

⑬　　继续使用椭圆工具 ◎ ，在卡通动物面板绘制出眼睛、鼻子等图像，并分别填充眼睛为黑色，鼻子颜色为粉红色(R242，G128，B161)，如图6-113所示。

⑭　　选择钢笔工具在卡通动物鼻子下方绘制一个弧形路径，如图6-114所示，将路径转换为选区，填充为黑色，得到嘴巴图像，如图6-115所示。

图6-113　填充圆形

图6-114　绘制路径

图6-115　嘴巴图形

⑮　　选择横排文字工具在心形图像中输入文字，并适当对文字做旋转，效果如图6-116所示。

⑯　　选择钢笔工具，在卡通动物头顶绘制一个帽子形状，并将其填充为黑色，如图6-117所示。

[17] 选择"文件→打开"命令，打开素材文件"花纹.psd"，使用移动工具将其拖动过来，放到画面左下方，在"图层"面板中调整其位置为背景图层上方，如图6-118所示，完成本实例的操作。

图6-116 填充圆形　　　　　　图6-117 绘制路径　　　　　　图6-118 嘴巴图形

6.6 学习总结

本章主要学习了在Photoshop CS6中使用路径来绘制图像的方法，通过路径不仅可以创建精美的图像效果，还可以绘制精确的图像选区。

本章首先带领读者认识了路径的特点和结构，然后对钢笔工具和自由钢笔工具进行了详细的讲解，让读者深入了解和学习如何绘制路径，接着再介绍编辑路径，为路径添加和删除锚点、复制和删除路径、填充和描边路径、路径和选区的互换等，让读者全面学习了路径的绘制和编辑。最后还学习了形状绘制工具的使用，让读者可以快捷的绘制出许多特定图形，大大节约了工作时间。

通过本章的学习，读者应掌握钢笔工具的使用，了解自由钢笔工具与钢笔工具的区别；重点掌握路径的各种编辑操作，以及形状绘制工具在绘图时所带来的好处。

6.7 疑难解答

在本章的学习中，主要讲解了Photoshop CS6路径和形状的应用，下面通过对前面的学习列出一些常见的问题和解答供读者参考。

问：为什么"建立选区"对话框中的一些选项是灰色的呢？

答：这是因为在使用"建立选区"命令之前，画面中没有已经建立的选区，只有在画面中有选区时，该对话框中的选项才可以全部使用。

问：将形状图层进行栅格化处理后，就可以进行更多的图像处理，但是处理完图像后，还能将栅格化后的图层恢复形状图层属性吗？

答：不能。将形状图层转换为普通图层后，该图层就永久拥有了普通图层的各种编辑状态。如果要保留其形状图层属性，可以在形状图层时，将其转换为智能对象。

问：用户自己绘制的矢量图形可以存储到"自定义形状"面板中吗？

答：当然可以。绘制好图形后，选择"编辑→定义自定形状"命令，即可弹出一个"形状名称"对话框，在其中输入名称即可将该图形自动添加到"自定义形状"面板中。

问：使用形状工具可以绘制出固定的图形，但是如何对这些图形进行编辑呢？

答：形状工具绘制出的都是路径图形、矢量图形，在绘制之前，单击属性栏中的"路径"按钮，绘制好图形后，可以选择钢笔工具组中的编辑工具对其进行变换。

第7章　应用文字

本章导读

本章将学习Photoshop文字的运用方法，在图像中输入文字可以表述画面中的图像含义，还可以运用各种文字的属性，以丰富画面的效果。

本章主要内容如下：

- 认识文字工具
- 输入文字
- 创建文字选区
- 文字的编辑

7.1 输入文字

在Photoshop CS6中，使用文字工具可以在图像中输入文字，输入的文字分为两种内容，分别是点文字和段落文字。其中点文字的使用非常广泛，用户可以对文字的颜色、字体、大小、字距和行距等属性进行调整。

7.1.1 认识文字工具

输入文字首先需要使用的就是文字工具。单击工具箱中的**T.**工具不放，将显示出如图7-1所示的下拉列表工具组，其中各按钮的作用如下。

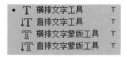

图7-1 文字工具组

- 横排文字工具**T**：可在图像文件中创建水平文字，同时在"图层"面板中建立新的文字图层。
- 直排文字工具**IT**：可在图像文件中创建垂直文字，同时在"图层"面板中建立新的文字图层。
- 横排文字蒙版工具**T**：可在图像文件中创建水平文字形状的选区，但不能创建新的图层。
- 直排文字蒙版工具**IT**：可在图像文件中创建垂直文字形状的选区，但不能创建新的图层。

7.1.2 输入横排文本

点文字主要用于创建和编辑内容较少的文本信息。创建点文字可以使用横排文字工具**T**和直排文字工具**IT**，这两种文字工具的使用方法一样，只是排列方式有所区别。在本章中将详细介绍横排文字的使用方法。选择横排文字工具，其属性栏如图7-2所示。

图7-2 文字属性栏

属性栏中常用选项的含义如下。

- **IT**：单击该按钮可以在文字的水平排列和垂直排列之间进行切换。
- 宋体：在该下拉列表框中可选择输入字体的样式。
- **T** 12点：单击右侧的下拉按钮，在下拉列表中可以选择字体的大小，可直接输入字体的大小。
- **aa** 锐利：在其下拉列表框中可以设置消除锯齿的方法。
- ▤▤▤：这三个按钮分别用于设置多行文本的对齐方式。▤按钮为左对齐、▤按钮为居中对齐；▤按钮为右对齐。
- ▓：单击该按钮可打开"选择文本颜色"对话框，在其中可设置字体颜色。
- **I**：单击该按钮，将弹出"变形文字"对话框，在其中可以设置变形文字的样式和扭曲程度。
- ▤：单击该按钮可弹出"字符/段落"面板。

练习7-1：使用横排文字工具输入文字

01 选择"文件→打开"命令，打开一幅图像文件，如图7-3所示。

02 选择工具箱中的横排文字工具**T**，在天空图像中单击，这时"图层"面板中将自动添加一个文字图层，如图7-4所示。

03 输入文字，然后按下Enter键即可完成文字的输入，如图7-5所示。

图7-3 图像文件

图7-4 添加文字图层

图7-5 输入文字

技巧提示

默认状况下，系统会根据前景色来设置文字颜色，用户可以先设置好前景色再输入文字。

7.1.3 输入直排文本

使用直排文字工具**T**可以在图像中沿垂直方向输入文本，也可输入垂直向下显示的段落文本，其输入方法与使用横排文字工具一样。

单击工具箱中的直排文字工具**T**，在图像编辑区单击，单击处会出现□形状闪烁，如图7-6所示，这时输入需要的文字即可，如图7-7所示。

插入光标

图7-6 插入光标

图7-7 输入直排文字

7.1.4 输入段落文本

段落文字最大的特点在于段落文本框的创建，文字可以根据外框的尺寸在段落中自动换行，其操作方法与一般排版软件类似，如Word、PageMaker等。

练习7-2：输入段落文字

01 选择一个文本工具，如横排文本工具，将鼠标指针移动到图像文件中拖动，生成一个段落文本框，如图7-8所示。

02 在段落文本框内输入文字，即创建段落文字，如图7-9所示。可以看到，在段落文本框中，输入的文字到了文本框的下边缘位置处，文字会自动换行。

图7-8　绘制文本框　　　　　　　　图7-9　输入文字

[03] 把鼠标指针放在定界边框的控制点上，当鼠标指针变成双向箭头⤢时，可以方便地调整段落文本框的大小，如图7-10所示。

[04] 当鼠标指针变成双向箭头↙时，进行拖动，可旋转段落文本框，如图7-11所示。

图7-10　拖动文本框　　　　　　　图7-11　旋转文本框

技巧提示

创建段落文字后，按住Ctrl键拖动段落文本框的任何一个控制点，可在调整段落文本框大小的同时缩放文字。

7.1.5　沿路径输入文字

在Photoshop CS6中编辑文本时，可以沿钢笔工具或形状工具创建的工作路径输入文字，使文字产生特殊的排列效果。

练习7-3：在路径上放置文字

[01] 打开一幅图像文件，选择椭圆工具◎，在属性栏的工具模式中选择"路径"命令，然后在图像窗口中绘制一个椭圆形，如图7-12所示。

[02] 选择工具箱中的横排文字工具，将鼠标指针移动到椭圆形中，当鼠标指针变成工形状时，单击即可在路径上输入文字，并设置文字属性，如图7-13所示，在图形中创建的文字会自动根据图形进行排列，形成段落文字。

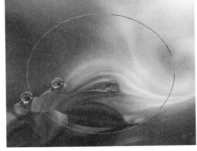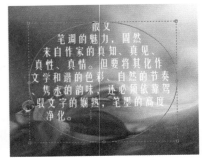

图7-12　绘制椭圆形　　　　　图7-13　输入文字

03 按下键盘上的Enter键确定文字的输入，然后选择钢笔工具在草坪图像上方绘制一条曲线路径，如图7-14所示。

04 选择横排文字工具，将鼠标指针移动到路径上，当鼠标指针变成 形状时，单击，即可沿着路径输入文字，其默认的状态是与基线垂直对齐，如图7-15所示。

图7-14 绘制路径

图7-15 输入文字

05 打开"字符"面板，设置基线偏移为15，如图7-16所示，这时得到的文字效果如图7-17所示，按下键盘上的Enter键确定即可。

06 如果用户改变路径的曲线造型，路径上的文字也将随着发生变化，如图7-18所示。

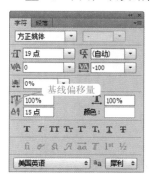

图7-16 设置基线偏移

图7-17 文字效果

图7-18 调整路径后的文字效果

7.2 创建文字选区

在Photoshop CS6中，用户可以使用横排和直排文字蒙版工具创建文字选区，这也是对选区的进一步拓展，在广告制作方面有很大的用处。

练习7-4：使用文字蒙版工具

01 打开一幅图像文件，选择工具箱中的横排文字蒙版工具 ，将鼠标指针移动到画面中单击，将出现闪动的光标，而画面将变成一层透明红色遮罩的状态，如图7-19所示。

02 在闪动的光标后输入所需的文字，完成输入后单击属性栏右侧的 按钮，就可以退出文字的输入状态，得到文字选区，如图7-20所示。

图7-19　进入蒙版状态　　　　　　　图7-20　窗口文字选区

03　在"图层"面板中新建一个图层，然后选择渐变工具，打开"渐变编辑器"对话框，选择"色谱"预设颜色，再单击"确定"按钮，如图7-21所示。

04　单击渐变工具属性栏中的"线性渐变"按钮，在选区中拖动做渐变填充，完成后按下Ctrl+D组合键取消选区，效果如图7-22所示。

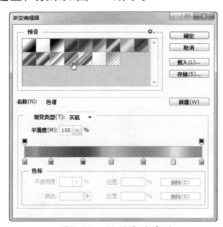 

图7-21　设置渐变颜色　　　　　　　图7-22　填充文字选区

技巧提示

使用横排和直排文字蒙版工具创建的文字选区，可以填充颜色，但是它已经不是文字属性，不能再改变其字体样式，只能像编辑图像一样进行处理。

7.3　文本的编辑

当用户在图像中输入文字后，可以通过"字符"或"段落"面板对文字设置其属性，包括调整文字的颜色、大小、字体等。

7.3.1　设置字符属性

字符属性可以直接在文字工具属性栏中设置，用户还可以打开"字符"面板，在其中除了设置文字的字体、字号、样式和颜色外，还可以设置字符间距、垂直缩放、水平缩放，以及是否加粗、加下划线、加上标等。

练习7-5：使用"字符"面板

01 打开一幅图像文件，选择横排文字工具，在图像中输入文字，如图7-23所示。由于前景色默认为白色，所以输入的文字也为白色。

02 将光标插入最后一个文字的后方，然后向右方拖动，直至选择所有文字，如图7-24所示。

图7-23　输入文字

图7-24　选择文字

03 单击文字工具属性栏中的"切换字符和段落面板"按钮，打开"字符"面板，在"设置字体样式"下拉列表框中选择字体样式、在"字体大小"文本框中输入数值，如图7-25所示，接着再单击"颜色"右侧的色块，即可打开"选择文本颜色"对话框，设置一种颜色即可，如图7-26所示。

图7-25　设置字符属性

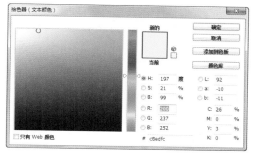

图7-26　选择颜色

"字符"面板中常用选项的含义如下。

◎ Arial：单击右侧的三角形按钮，可在下拉列表中选择字体。

◎ 11点：用于设置字符的大小。

◎ (自动)：用于设置文本行间距，值越大，间距越大。如果数值小到超过一定范围，文本行与行之间将重合在一起，在应用该选项前应先选择至少两行的文本。

◎ 100%：用于设置文本在垂直方向上的缩放比例。将缩放比分别设置为50%和150%时。

◎ 100%：用于设置文本在水平方向上的缩放比例。

◎ 0%：根据文本的比例大小来设置文字的间距。

◎ 50：用于设置字符之间的距离，数值越大文本间距越大。

◎ 0：用于对文字间距进行细微的调整。设置该项只需将文字输入光标移到需要设置的位置即可。

◎ 0点：用于设置选择文本的偏移量，当文本为横排输入状态时，输入正数时往上移，输入负数时往下移；当文本为竖排输入状态时，输入正数时往右移，输入负数时值往左移。

◎ 文本颜色块■■■：单击该颜色块，可在打开的对话框中可以重新设置字体的颜色。

◎ T T TT Tr T¹ T₁ T F：这里面的按钮主要用于对文字进行仿粗体、仿斜体、全部大写字母、小型大写字母、上标、下标、添加下划线和添加删除线的设置。

04 设置好后单击"确定"按钮回到画面中，即可得到如图7-27所示的文字效果。

05 使用光标选择"映像"两个字，然后在"字符"面板中设置基线偏移为40点，垂直缩放为70%，如图7-28所示，得到的图像效果如图7-29所示。

图7-27　文字效果　　　　图7-28　调整字符属性　　　　图7-29　文字效果

06 分别按下"字符"面板中的"仿斜体" T 和"下划线" T 按钮，如图7-30所示，设置完成后，按下Enter键将得到如图7-31所示的文字效果。

图7-30　设置文字属性　　　　图7-31　文字效果

7.3.2　设置段落属性

在Photoshop CS6中除了设置文字的基本属性外，还可以对段落文本的对齐和缩进方式进行设置。要设置段落文字属性必须先创建段落文字，然后在面板组中选择"段落"面板进行设置。

练习7-6：设置文字段落属性

01 创建一个段落文本，在其中输入一段文字，如图7-32所示。

02 在"字符"面板中选择"段落"选项卡，即可进入"段落"面板，其中文本对齐方式默认为"左对齐文本"，如图7-33所示，这里单击"居中对齐文本" 按钮，即可得到如图7-34所示的文字效果。

图7-32　创建段落文字　　　　图7-33　设置文字对齐方式　　　　图7-34　文字对齐方式

◉ ：其中的按钮分别用于设置文本的对齐方式。 按钮可将文本左对齐； 按钮可将文本居中对齐； 按钮可将文本右对齐； 按钮可将文本的最后一行左对齐； 按钮可将文本的最后一行居中对齐； 按钮可将文本的最后一行右对齐。

- ⊙ 框 0点 ：用于设置段落文字左边向右缩进的距离。对于直排文字，该选项用于控制文本从段落顶端向底部缩进。
- ⊙ 0点 ：用于设置段落文字由右边向左缩进的距离。对于直排文字，该选项则控制文本由段落底部向顶端缩进。
- ⊙ 0点 ：用于设置文本首行缩进的空白距离。

03 在"段落"面板中设置"左缩进"和"首行缩进"的数值，如图7-35所示。设置好后文本框中如果显示不了所有文字，可以使用鼠标拖动文本框下方的边线，扩大文本框，显示完所有文字，如图7-36所示。

图7-35　设置文字其他属性

图7-36　显示所有文字

7.3.3　编辑变形文字

Photoshop CS6的文字工具属性栏中有一个文字变形工具，其中提供了15种变形样式供选用，可以用来创作艺术字体。

练习7-7：对文字进行变形

01 打开一幅图像文件，选择横排文字工具，在图像中输入文字，如图7-37所示。

02 在属性栏中单击"创建变形文字"按钮，打开"变形文字"对话框，单击样式右侧的三角形按钮，将弹出下拉菜单，其中提供了多种文字样式，这里选择"旗帜"样式，然后再分别设置其他选项，如图7-38所示。

图7-37　输入文字

图7-38　设置变形文字

"变形文字"对话框中常用选项的含义如下。

- ⊙ ⊙水平(H) ○垂直(V)：用于设置文本是沿水平还是垂直方向进行变形，系统默认为沿水平方向变形。

- ⊙ "弯曲"：用于设置文本的弯曲的程序，当为0时表示没有任何弯曲。
- ⊙ "水平扭曲"：用于设置文本在水平方向上的扭曲程度。
- ⊙ "垂直扭曲"：用于设置文本在垂直方向上的扭曲程度。

图7-39　变形文字

03　单击"确定"按钮回到画面中，文字已经变成的弧形造型，效果如图7-39所示。

04　再次单击"创建变形文字"按钮 1，在打开的"变形文字"对话框中单击"垂直"选项，然后进行各项设置，如图7-40所示，这时得到的文字效果有了新的变化，如图7-41所示。

图7-40　设置选项

图7-41　文字效果

7.3.4 文字转换

用户在Photoshop CS6中输入文字后，还可以将文字进行转换，可以转换为路径和形状。将文字转换为路径后，就可以像操作任何其他路径那样存储和编辑该路径，同时还能保持原文字图层不变。

练习7-8：将文字转换为路径

01　打开一幅图像文件，选择横排文字工具在其中输入文字，如图7-42所示。

02　选择"文字→创建工作路径"命令，即可得到工作路径，这里隐藏文字图层，可以更好地观察到路径，如图7-43所示。

图7-42　输入文字

图7-43　创建路径

03　切换到"路径"面板中也可以看到我们所创建的工作路径，如图7-44所示。使用直接选择工具调整该工作路径，原来的文字将保持不变，如图7-45所示。

图7-44 "路径"面板

图7-45 编辑路径

04 选择文字图层，再选择"文字→转换为形状"命令，通过"图层"面板可以看出，将文字图层转换为形状图层的效果，如图7-46所示。

05 当文字为矢量蒙版选择状态时，使用直接选择工具对文字形状的部分节点进行调整，可以改变文字的形状，如图7-47所示。

图7-46 输入文字

图7-47 显示文字图层

7.3.5 栅格化文字

当用户在图像中输入文字后，不能直接对文字应用绘图和滤镜命令等操作，只有将其进行栅格化处理后，才能做进一步地编辑。

选择"图层"面板中的文字图层，如图7-48所示，选择"文字→栅格化文字图层"命令，即可将文字图层转换为普通图层，将文字图层栅格化后，图层缩览图将发生变化，如图7-49所示。

图7-48 文字图层

图7-49 栅格化效果

当一幅图像文件中文字图层较多时，合并文字图层或者将文字图层与其他图像图层进行合并，一样可以将文字栅格化。

实例1：制作公益广告

实例文件：	实例文件\第7章\诚信中国.psd
素材文件：	素材文件\第7章\山.jpg、鸽子1.psd、鸽子2.psd、文字.psd
视频教程：	视频文件\第7章\诚信中国.avi

本实例将制作一个公益广告——诚信中国，主要练习如何在图中输入文字，实例效果如图7-50所示。

图7-50　实例效果

本实例的具体操作如下。

01　选择"文件→打开"命令，打开光盘中的"山.jpg"文件，如图7-51所示。

02　单击"图层"面板底部的"创建新图层"按钮 ，得到图层1，选择钢笔工具绘制一个飘带图形，如图7-52所示。

图7-51　素材图像

图7-52　绘制路径

03　按下Ctrl+Enter组合键，将路径转换为选区，填充为白色，如图7-53所示。

04　设置图层1的图层不透明度为22%，得到的图像效果如图7-54所示。

图7-53　填充选区

图7-54　设置透明度

05　按下Ctrl+J组合键，复制图层1得到图层1副本，使用移动工具将复制的图像适当向右移动，得到重叠效果，如图7-55所示。

06　新建图层2，选择自定形状工具，在属性栏中的"形状"面板中选择"窄边圆形边框"，如图7-56所示。

图7-55　复制图像

图7-56　选择图形

07　在图像中绘制出圆形边框，按下Ctrl+Enter组合键，将路径转换为选区，填充为白色，如图7-57所示。

08　选择"图层→图层样式→外发光"命令，打开"图层样式"对话框，设置外发光颜色为白色，其余参数设置如图7-58所示。

图7-57　复制图像

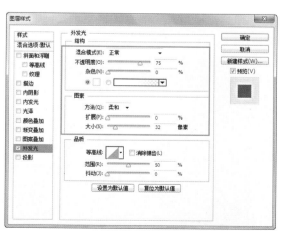

图7-58　选择图形

09 单击"确定"按钮，得到圆形的外发光效果，然后复制几次该图像，按下Ctrl+T组合键适当缩小图像，参照如图7-59所示的样式排放。

10 打开"鸽子1.psd"图像，使用移动工具将其拖曳到当前编辑的图像文件中，放到画面的左侧，如图7-60所示。

图7-59 复制图像

图7-60 导入素材

11 为"鸽子1"图像应用外发光效果，设置外发光颜色为白色，其余参数与圆形边框一致，效果如图7-61所示。

12 在"图层"面板中设置该图层的混合模式为"明度"，效果如图7-62所示。

图7-61 制作外发光效果

图7-62 设置图层混合模式

13 复制一次鸽子图像，改变图层混合模式为"滤色"，得到的图像效果如图7-63所示。

14 打开"鸽子2.psd"素材图像，将其拖动到当前图像中，适当调整图像大小后，放到如图7-64所示的位置。

图7-63 图像效果

图7-64 导入素材图像

15 选择横排文字工具**T**在画面右上方输入数字"2011"，并在属性栏中设置字体为CommercialScript BT，字体大小为30.4，颜色为蓝色(R0,G77,B160)，如图7-65所示。

16 再次输入几行文字，设置第一行文字字体为宋体，颜色为黑色，后面几行文字字体为宋体，颜色为蓝色(R0,G77,B160)，然后适当调整文字大小，如图7-66所示。

图7-65 输入文字

图7-66 输入其他文字

17 选择直排文字工具**T**，在英文下方输入一行中文文字，并在属性栏中设置字体为方正中等线简体，大小为13，如图7-67所示。

18 新建图层，选择矩形选框工具在文字上方绘制两个矩形，填充为深蓝色(R0,G38,B68)，如图7-68所示。

图7-67 输入文字

图7-68 绘制矩形

19 打开"文字.psd"素材图像，将其中的"中国"和"诚信"两个图像拖动到当前图像中，适当调整大小后，放到如图7-69所示的位置，完成实例的制作。

图7-69 完成效果

7.4　学习总结

　　本章主要学习了在Photoshop CS6中文字的运用，首先介绍了文字的创建方法，接着再介绍文字的编辑，包括编辑字符属性和编辑段落属性，以及文字的变形设置、文字转换和栅格化效果，最后还介绍了在路径上输入文字等操作。

　　学习本章后，需要重点掌握几个功能，其中包括输入点文字和段落文字的方法、设置文字属性、设置文字弯曲变形效果，以及在路径上放置文字等，对于"字符"或"段落"面板中不常用的功能了解即可。

7.5　疑难解答

　　在本章的学习中，主要讲解了Photoshop CS6文字功能的应用，下面通过对前面的学习列出一些常见的问题和解答供读者参考。

　　问：将文字图层转换为形状图层后，还可以在"字符"面板中编辑文字属性吗？

　　答：不行。当文字图层转换为形状图层后，我们不能将字符作为文本来编辑，但是可以通过编辑路径的工具，调整文字的形状、大小、位置和颜色等。

　　问：在段落文字输入框中输入了过多的文字，超出了输入框范围的大小，怎样将超出范围的文字显示出来？

　　答：此时输入框右下角位置将会出现一个"田"字符号，可以拖动文字框的各个节点调整文字输入框的大小，使文字完全显示出来。

　　问：输入文字后，怎样才能为文字边缘填充单一颜色或渐变色？

　　答：为文字边缘填充颜色，可以选择"编辑→描边"命令。也可以使用图层样式中的描边样式制作渐变描边效果。

第8章 图层基础应用

本章导读

在Photoshop中图层的应用是非常重要的一个功能，本章将详细介绍图层的基本应用，其主要包括图层的概念、"图层"面板、图层的创建、复制、删除、选择等基本操作，还将介绍图层的对齐与分布、图层组的管理，以及图层混合模式的应用等。

本章主要内容如下：

- ● 认识图层
- ● 图层基本操作
- ● 编辑图层
- ● 管理图层
- ● 图层混合模式

8.1 认识图层

图层是Photoshop的核心功能之一，用户可以通过它随心所欲地对图像进行编辑和修饰。可以说，如果没有图层功能，设计人员将很难通过Photoshop处理出优秀的作品。

8.1.1 什么是图层

图层是用来装载各种各样的图像的，它是图像的载体。在Photoshop中，一个图像通常都是由若干个图层组成，如果没有图层，就没有图像存在。

例如，新建一个图像文档时，系统会自动在新建的图像窗口中生成一个背景图层，用户就可以通过绘图工具在图层上进行绘图。在图8-1所示的图像中，便是由图8-2、图8-3和图8-4所示的3个图层中的图像组成。

图8-1　图像效果

图8-2　图像背景图层

图8-3　书本和窗户图像图层

图8-4　点缀素材图层

8.1.2 使用"图层"面板

在学习图层的基本操作之前，首先认识一下"图层"面板。在"图层"面板中可以实现对图层的管理和编辑，如新建图层、复制图层、设置图层混合模式和添加图层样式等。

练习8-1：在"图层"面板中查看内容

[01]　选择"文件→打开"命令，打开光盘"素材文件/第8章/荷花.psd"文件，如图8-5所示，这时可以在工作界面右侧的"图层"面板中查看到它的图层，如图8-6所示。

图8-5 合成图像

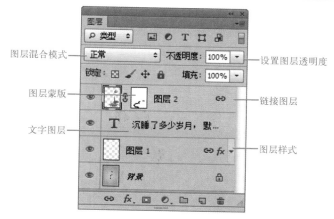

图8-6 "图层"面板

"图层"面板中其他各项含义如下。

◉ ρ类型 ÷ 按钮：单击该按钮，在其下拉列表中有5种类型，分别是"名称"、"效果"、"模式"、"属性"和"颜色"，当"图层"面板中图层较多时，可以根据需要选择所对应的图层类型，如选择"颜色"即可在图层面板中显示标有颜色的图层，如图8-7所示。

◉ 按钮：该组按钮分别代表"像素图层滤镜"、"调整图层滤镜"、"文字图层滤镜"、"形状图层滤镜"和"智能对象滤镜"，用户可以根据需要选择对应的按钮，即可显示单一类型图层，如单击"文字图层滤镜"按钮 T，即可在"图层"面板中只显示文字图层，如图8-8所示。

图8-7 显示颜色图层

图8-8 显示文字图层

◉ "锁定"：用于设置图层的锁定方式，其中有"锁定透明像素"按钮 ⊠、"锁定图像像素"按钮 ✓、"锁定位置"按钮 ✚ 和"锁定全部"按钮 🔒。

◉ "填充"：用于设置图层填充的透明度。

◉ "链接图层"按钮 ∞：选择两个或两个以上的图层，在单击该按钮，可以链接图层，链接的图层可同时进行各种变换操作。

◉ "添加图层样式"按钮 fx.：在弹出的菜单中选择命令来设置图层样式。

◉ "添加图层蒙版"按钮 ◻：单击该按钮，可为图层添加蒙版。

◉ "创建新的填充和调整图层"按钮 ◑.：在弹出的菜单中选择命令创建新的填充和调整图层，可以调整当前图层下所有图层的色调效果。

◉ "创建新组"按钮 ◻：单击该按钮，可以创建新的图层组。可以将多个图层放置在一起，方便用户进行查找和编辑操作。

⊙ "创建新图层"按钮 ：单击该按钮可以创建一个新的空白图层。

⊙ "删除图层"按钮 ：用于删除当前选取的图层。

02 单击面板右侧的三角形按钮，在弹出的菜单中选择"面板选项"命令，将打开"图层面板选项"对话框对外观进行设置，如图8-9所示。

03 设置缩览图为最大，单击"确定"按钮，得到调整图层缩览图大小和显示方式的效果，如图8-10所示。再次打开"图层面板选项"对话框可以进行各项还原设置。

图8-9 设置"图层面板选项"

图8-10 调整后的"图层"面板

8.2 图层的基本操作

在"图层"面板中，用户可以方便的实现图层的创建、复制、删除、排序、链接和合并等操作，从而制作出复杂的图像效果。

8.2.1 选择图层

在Photoshop中，只有正确的选择了图层，才能正确地对图像进行编辑及修饰，用户可以通过如下3种方法选择图层。

1．选择单个图层

如果要选择某个图层，只须在"图层"面板中单击要选择的图层即可。在默认状态下，被选择的图层背景呈蓝色显示，如图8-11所示是选择"图层1"图层的效果。

2．选择多个连续图层

选择第一个图层后，按住Shift键的同时单击另一个图层，可以选择两个图层(包含这两个图层)之间的所有图层。

图8-11 选择图层1的效果

例如，打开一个拥有多个图层的图像文件，在"图层"面板中单击"图层1"图层将其选中，如图8-12所示。然后按住Shift键的同时单击"图层4"图层，即可选择包括"图层1"和"图层5"，以及它们之间的所有图层，如图8-13所示。

3. 选择多个不连续图层

如果要选择不连续的多个图层，可以在选择第一个图层后，按住Ctrl键的同时单击其他需要选择的图层即可。

打开一个拥有多个图层的图像文件，在"图层"面板中单击"背景"图层将其选中，如图8-14所示。然后按住Ctrl键的同时单击"图层2"和"图层4"图层，即可选择"背景"、"图层2"和"图层4"3个图层，如图8-15所示。

图8-12 选择"图层1"

图8-13 连续选择多个图层

图8-14 选择"背景"图层

图8-15 选择多个不连续图层

8.2.2 新建图层

新建图层是指在"图层"面板中创建一个新的空白图层，并且新建的图层位于所选择图层的上方。创建图层之前，首先要新建或打开一个图像文档，便可以通过"图层"面板快速创建新图层，也可以通过菜单命令来创建新图层。

1. 通过"图层"面板创建图层

单击"图层"面板底部的"创建新图层"按钮 ，可以快速创建具有默认名称的新图层，图层名依次为"图层1、图层2、图层3、…"，由于新建的图层没有像素，所以呈透明显示，如图8-16和图8-17所示。

图8-16 创建图层前

图8-17 新建图层1

2. 通过菜单命令创建图层

通过菜单命令创建图层，不但可以定义图层在"图层"面板中的显示颜色，还可以定义图层混合模式、不透明度和名称。通过菜单命令创建图层的操作步骤如下。

01 新建一个图像文件，选择"图层→新建→图层"命令，或者按下Ctrl+Shift+N组合键，将打开"新建图层"对话框，如图8-18所示。

图8-18 "新建图层"对话框

"新建图层"对话框中各选项的含义如下。

- 名称：用于设置新建图层的名称，以方便用户查找图层。
- 使用前一图层创建剪贴蒙版：选择该选项，可以将新建的图层与前一图层进行编组，形成剪贴蒙版。
- 颜色：用于设置"图层"面板中的显示颜色。
- 模式：用于设置新建图层的混合模式。
- 不透明度：用于设置新建图层的透明程度。

02 在"新建图层"对话框中设置图层名称和其他选项，如图8-19所示，然后单击"确定"按钮，即可创建一个指定的新图层，如图8-20所示。

图8-19 设置新建图层参数

图8-20 创建新图层

技巧提示

在Photoshop中还可以通过其他方法创建图层。例如，在图像中先创建一个选区，然后选择"图层→新建→通过拷贝的图层"命令；或者选择"图层→新建→通过剪切的图层"命令；或者按下Shift+Ctrl+J组合键，即可创建一个图层。

3. 创建新的填充和调整图层

在Photoshop CS6中，还可以为图像创建新的填充和调整图层。填充图层在创建后就已经填充了颜色或图案；而调整图层的作用则与"调整"命令相似，主要用来整体调整所有图层的色彩和色调。

练习8-2：创建调整图像色调和色彩的图层

01 单击"图层"面板下方的"创建新的填充和调整图层"按钮，在弹出的菜单中选择一个调整图层命令，如"色阶"命令，如图8-21所示。

图8-21 选择命令

02　选择"色阶"命令后，即可自动切换到"属性"面板中，在其中可以对参数进行调整，如图8-22所示；而在"图层"面板中将创建出"色彩平衡"调整图层，如图8-23所示。

图8-22　调整色阶

图8-23　新建调整图层

03　选择"图层→新建填充图层→渐变"命令，将打开"新建图层"对话框，如图8-24所示。

04　保持默认设置后，单击"确定"按钮，即可弹出"渐变填充"对话框，如图8-25所示。

05　在弹出的"渐变填充"对话框中，选择渐变填充样式后，单击"确定"按钮，即可在当前图层的上一层创建一个"渐变填充"图层，如图8-26所示。

图8-24　"新建图层"对话框

图8-25　"渐变填充"对话框

图8-26　得到"渐变填充"图层

8.2.3　复制图层

复制图层就是为一个已存在的图层创建副本，从而得到一个相同的图像，用户可以再对图层副本进行相关操作。下面介绍复制图层的方法。

打开光盘"素材/第8章/蝴蝶.psd"文件，如图8-27所示，在"图层"面板中可以看到两个图层：背景图层和图层1，如图8-28所示。

图8-27　图像文件

图8-28　"图层"面板

用户可以通过以下3种方法对图层1进行复制。

⊙ 选择图层1，选择"图层→复制图层"命令，打开"复制图层"对话框，如图8-29所示，保持对话框中的默认设置，单击"确定"按钮即可得到复制的图层1副本，如图8-30所示。

图8-29 "复制图层"对话框

图8-30 得到复制的图层

⊙ 选择移动工具，将鼠标指针放到橙色食物图像中，当鼠标指针变成双箭头状态时按住Alt键进行拖动，如图8-31所示，即可移动复制的图像，并且得到复制的图层，如图8-32所示。

图8-31 拖动图像

图8-32 复制的图层

⊙ 在"图层"面板中将图层1直接拖动到下方的"创建新图层"按钮中，如图8-33所示，可以直接复制图层，如图8-34所示。

图8-33 拖动图层

图8-34 直接复制图层

技巧提示

选择需要复制的图层，然后按下Ctrl+J组合键也可以快速地对选择的图层进行复制。

8.2.4 隐藏与显示图层

当一幅图像有较多的图层时，为了便于操作可以将其中不需要显示的图层进行隐藏。下面将介绍隐藏与显示图层的具体操作方法。

1. 隐藏图层

打开一个图像文件，可以看到图层前面都有一个眼睛图标 ，表示所有图层都显示在视图中，隐藏图层的方法很简单，其操作方法如下：

打开光盘 "素材文件/第8章/荷花.psd" 文件，单击图层2前面的眼睛图标 ，即可关闭该图层，如图8-35所示，隐藏图层2的效果如图8-36所示。

图8-35 单击图层2前的图标　　图8-36 隐藏图层2的效果

另外，按住Alt键单击背景图层前面的眼睛图标 ，可以隐藏除背景图层以外的其他所有图层，如图8-37所示，图像效果如图8-38所示。

图8-37 隐藏其他图层　　图8-38 隐藏其他图层的效果

2. 显示图层

隐藏图层后，该图层前的眼睛图标 将转变为图标 ，用户可以通过单击该图标，从而显示被隐藏的图层。

8.2.5 删除图层

对于不需要的图层，用户可以使用菜单命令删除图层或通过 "图层" 面板删除图层，删除图层后该图层中的图像也将被删除。

1. 通过菜单命令删除图层

在"图层"面板中选择要删除的图层，然后选择"图层→删除→图层"命令，即可删除选择的图层。

2. 通过"图层"面板删除图层

在"图层"面板中选择要删除的图层。然后单击"图层"面板底部的"删除图层"按钮 🗑，即可删除选择的图层。

8.2.6 链接图层

图层的链接是指将多个图层链接成一组，可以对链接的图层进行移动、变换等操作，还能将链接在一起的多个图层同时复制到另一个图像窗口中。

单击"图层"面板底部的"链接图层"按钮 ⊖⊖，即可将选择的图层链接在一起。例如，选择如图8-39所示的3个图层，然后单击"图层"面板底部的"链接图层"按钮 ⊖⊖，即可将选择的3个图层链接在一起，在链接图层的右侧会出现链接图标 ⊖⊖，如图8-40所示。

图8-39　选择多个图层

图8-40　链接的图层

8.2.7 合并图层

合并图层是指将几个图层合并成一个图层，这样做不仅可以减小文件大小，还可以方便用户对合并后的图层进行编辑。合并图层有几种方式，下面分别介绍各种合并图层的操作方式。

1. 向下合并图层

向下合并图层就是将当前图层与它底部的第一个图层进行合并。例如，将如图8-41所示"三角形"图层合并到"圆形"图层中，首先选择"圆形"图层，然后选择"图层→合并图层"命令或按下Ctrl+E组合键，即可将"三角形"图层中的内容向下合并到"圆形"图层中，如图8-42所示。

图8-41　合并前的图层

图8-42　合并后的图层

2．合并可见图层

合并可见图层就是将当所有的可见图层合并成一个图层，选择"图层→合并可见图层"命令即可。如图8-43和图8-44所示分别为合并可见图层前后的图层显示效果。

3．拼合图层

拼合图层就是将所有可见图层进行合并，而隐藏的图层将被丢弃，选择"图层→拼合图像"命令即可。如图8-45和图8-46所示分别为拼合图层前后的图层显示效果。

图8-43 合并前的图层

图8-44 合并后的图层

图8-45 拼合前的图层

图8-46 拼合后的图层

8.2.8 背景图层转换普通图层

在默认情况下，背景图层是锁定的，不能进行移动和变换操作。这样会对图像处理操作带来不便，这时用户可以根据需要将背景图层转换为普通图层。

练习8-3：背景图层的转换

01 打开一张素材图像，可以看到其背景图层为锁定状态，如图8-47所示。

02 在"图层"面板中双击背景图层，即可打开"新建图层"对话框，其默认的"名称"为图层0，如图8-48所示。

03 设置图层各选项后，单击"确定"按钮，即可将背景图层转换为普通图层，如图8-49所示。

图8-47 背景图层

图8-48 "新建图层"对话框

图8-49 转换的图层

在"图层"面板中双击图层的名称，可以激活图层的名称，然后可以方便地对图层名称进行修改。

Photoshop CS6

8.3 图层的编辑

在绘制图像的过程中，用户可以通过图层的编辑功能对图层进行编辑和管理，使图像效果变得更加完美。

8.3.1 调整图层排列顺序

当图层图像中含有多个图层时，默认情况下，Photoshop CS6会按照一定的先后顺序来排列图层。用户可以通过调整图层的排列顺序，创造出不同的图像效果。

练习8-4：改变图层所在位置

01 新建一个图像文件，创建几个新图层，然后选择自定形状工具绘制分别在每个图层中绘制图形，如图8-50所示。

02 选择图层2，再选择"图层→排列"命令，在打开的子菜单中可以选择不同的顺序，如图8-51所示，用户可以根据需要选择相应的排列顺序。

03 选择"置为顶层"命令，即可将"图层2"图层调整到"图层"面板的顶部，如图8-52所示。然后选择"后移一层"命令，可以将"图层2"图层移动到"图层4"图层的下方，如图8-53所示。

04 用户还可以使用鼠标在"图层"面板中直接移动图层来调整其顺序。例如，在"图层"面板中按住如图8-54所示的"图层1"图层并向上拖动，可以直接将其向上移动，效果如图8-55所示。

图8-50 选择需要排序的图层

图8-51 排列子菜单

图8-52 置为顶层

图8-53 后移一层

图8-54　拖动图层　　　　　　　　图8-55　调整后的图层

8.3.2　对齐图层

对齐图层是指将选择或链接后的多个图层按一定的规律进行对齐，选择"图层→对齐"命令，再在其子菜单中选择所需的子命令，即可将选择或链接后的图层按相应的方式对齐。

练习8-5：将不同图层的图像对齐

01 打开光盘"素材/第8章/水晶图标.psd"文件，如图8-56所示，按住Ctrl键选择"图层1"、"图层2"和"图层3"图层，如图8-57所示。

图8-56　打开素材图像　　　　图8-57　选择图层

02 选择"图层→对齐"命令，如图8-58所示，即可在子菜单中选择需要对齐的方式，如选择"顶边"命令，即可将所选择图层中的图像进行顶边对齐，效果如图8-59所示。

图8-58　选择对齐命令　　　　图8-59　顶边对齐

03 如选择"垂直居中"命令，可以得到如图8-60所示的对齐效果；选择"右边"命令，可以得到如图8-61所示的对齐效果。

图8-60　垂直矩形对齐　　　　　　　图8-61　右边对齐

技巧提示

选择多个图层后，选择移动工具 ，属性栏中将出现各种对齐按钮 ，单击其中的按钮可以得到相应的效果。

8.3.3　分布图层

图层的分布是指将3个以上的链接图层按一定规律在图像窗口中进行分布。选择"图层→分布"命令，再在其子菜单中选择所需的子命令，即可按指定的方式分布选择的图层，如图8-62所示。

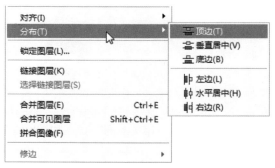

图8-62　分布菜单

- ⊙ 顶边：从每个图层的顶端像素开始，间隔均匀地分布图层。
- ⊙ 垂直居中：从每个图层的垂直中心像素开始，间隔均匀地分布图层。
- ⊙ 底边：从每个图层的底端像素开始，间隔匀均地分布图层。
- ⊙ 左边：从每个图层的左端像素开始，间隔均匀地分布图层。
- ⊙ 水平居中：从每个图层的水平中心开始，间隔均匀地分布图层。
- ⊙ 右边：从每个图层的右端像素开始，间隔均匀地分布图层。

另外，选择移动工具 后，使用工具属性栏中"分布"按钮组 上的相应的分布按钮也可实现分布图层操作，从左至右分别为按顶分布、垂直居中分布、按底分布、按左分布、水平居中分布和按右分布。例如，对如图8-63所示的3个图层进行垂直居中分布后，效果如图8-64所示。

图8-63 原图层效果　　　　　　　　　图8-64 垂直居中分布效果

8.3.4 通过剪贴的图层

　　剪贴蒙版可以使用某个图层的内容来遮盖其上方的图层。遮盖效果由底部图层或基底图层决定的内容。基底图层的非透明内容将在剪贴蒙版中显示它上方的图层的内容。剪贴图层中的所有其他内容将被遮盖掉。

　　用户可以在剪贴蒙版中使用多个图层，但它们必须是连续的图层。蒙版中的基底图层名称带下划线，上层图层的缩览图是缩进的，叠加图层将显示一个剪贴蒙版图标。

　　练习8-6：将不同图层的图像对齐

　　01 打开光盘"素材/第8章/桃花.psd"文件，如图8-65所示，在"图层"面板中可以看到分别有背景图层和图层1，如图8-66所示。

图8-65 素材图像

图8-66 "图层"面板

　　02 选择背景图层，选择工具箱中的椭圆工具 ◯，在属性栏中选择工具模式为"形状"，然后在图像中绘制一个椭圆形，如图8-67所示，这时"图层"面板中将自动增加一个形状图层，如图8-68所示。

图8-67 绘制椭圆形

图8-68 形状图层

　　03 选择图层1，再选择"图层→创建剪贴蒙版"命令，即可得到剪贴蒙版的效果，如图8-69所示，这时"图层"面板的图层1变成剪贴图层，如图8-70所示。

图8-69　剪贴图像效果　　　　　　　　　　图8-70　剪贴图层

8.3.5　自动混合图层

在Photoshop中有一个"自动混合图层"命令，通过它可以自动对比图层，将不需要的部分抹掉，并且可以自动将混合的部分进行平滑处理，而不需要用户再对其进行复杂地选取和处理。

练习8-7：混合图像效果

01　打开两张需要混合的素材图像，如图8-71和9-72所示。然后使用移动工具 ![移动工具] 将一个其中一个图像文件直接拖动到另一个图像文件中。

图8-71　素材1　　　　　　　　　　　图8-72　素材2

02　选择文件中的两个图层，如图8-73所示，然后选择"编辑→自动混合图层"命令，打开"自动混合图层"对话框，如图8-74所示。

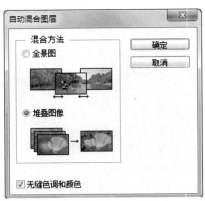

图8-73　选择图层　　　　　　　　图8-74　"自动混合图层"对话框

03 选择"堆叠图像"选项，然后单击"确定"按钮，即可得到自动混合的图像效果，如图8-75所示，这时"图层"面板中图层1中隐藏的图像将以蒙版图层显示，如图8-76所示。

图8-75　混合图层效果

图8-76　图层蒙版

技巧提示

使用自动混合图层还可以自动拼合全景图，通过几张图像的自动蒙版重叠效果，可以隐藏部分图像，得到全景图像。

8.4　图层的管理

图层组是用来管理和编辑图层的，可以将图层组理解为一个装有图层的容器，无论图层是否在图层组内，对图层所做的编辑都不会受到影响。

8.4.1　创建图层组

使用图层组除了方便管理归类外，用户还可以选择该图层组，同时移动或删除该组中的所有图层。创建图层组主要有如下几种方法。

- 选择"图层→新建→图层组"命令。
- 单击"图层"面板右上角的按钮，在弹出的快捷菜单中选择"新建组"命令。
- 按住Alt键的同时单击"图层"面板底部的"创建新组"按钮。
- 直接单击"图层"面板底部的"创建新组"按钮。

使用上诉方法中的前3种方法创建图层组时，将打开如图8-77所示的"新建组"对话框，在其中进行设置后单击"确定"按钮即可建立图层组，如图8-78所示。

图8-77　"新建组"对话框

图8-78　新建的图层组

如果直接单击"图层"面板中的"创建组"按钮 📁 ，在创建图层组时不会打开"新建组"对话框，创建的图层组将保持系统的默认设置，创建的图层组名依次为组1、组2等。

8.4.2 编辑图层组

图层组的编辑主要包括增加或移除图层组内的图层，以及对图层组的删除操作。

1. 增加或移除组内图层

在"图层"面板中选择要添加到图层组中的图层，拖动至图层组上，当图层组周围出现黑色实线框时释放鼠标，即可完成向图层组内添加图层的操作，如果想将图层组内的某个图层移动到图层组外，只须将该图层拖动至图层组外后释放鼠标即可。

2. 删除图层组

删除图层组的方法与删除图层的操作方法一样，只需在"图层"面板中拖动要删除的图层组到"删除图层"按钮 🗑 上，如图8-79所示；或单击"删除图层"按钮 🗑 ，然后在打开的提示对话框中单击相应的按钮即可，如图8-80所示。

如果在提示对话框中单击的是"仅组"按钮，则只删除图层组，并不删除图层组内的图层；如果单击的是"组和内容"按钮，则不但会删除图层组，而且还会删除组内的所有图层。

图8-79 拖动图层组到删除按钮上

图8-80 提示对话框

实例1: 绘制鲜花桌面

实例文件：	实例文件\第8章\鲜花桌面.psd
素材文件：	素材文件\第8章\飞舞的蝴蝶.psd、花瓣.psd、花1~花8.psd、树叶1.psd、树叶2.psd
视频教程：	视频文件\第8章\鲜花桌面.avi

本案例将制作一个鲜花壁纸图像，主要练习在"图层"面板中调整图层顺序、复制图层、以及运用图层组管理图层。实例效果如图8-81所示。

图8-81 实例效果

本实例的具体操作如下。

01 选择"文件→新建"命令，打开"新建"对话框，设置文件名为"鲜花壁纸"，宽度和高度为20×15cm，分辨率为150像素/英寸，如图8-82所示。

02 单击"图层"面板下方的"创建新图层" 按钮，新建图层1，如图8-83所示。

图8-82 新建文件

图8-83 创建新图层

03 设置前景色为绿色(R117,G185,B0)选择矩形选框工具在图像窗口中绘制一个矩形选区，然后填充为绿色，如图8-84所示。

04 新建图层2，再绘制一个矩形选区，并且填充为黄色(R244,G233,B17)，放到如图8-85所示的位置。

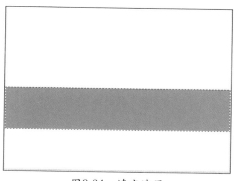

图8-84 填充选区

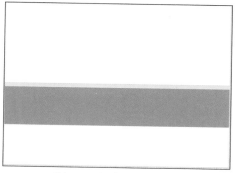

图8-85 新建图层绘制图像

05 这时图层2处于被选择状态，选择"图层→复制"命令，在弹出的对话框中保持默认设置，单击"确定"按钮后，得到图层2副本，如图8-86所示。

06 使用相同的方法再复制两次图层2，将复制得到的图像参照如图8-87所示的方式排列。

图8-86 复制图层

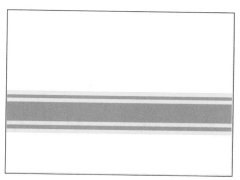

图8-87 图像效果

07 打开光盘"素材/第8章/花1.psd、花2.psd"文件，使用移动工具直接将这两个图像文件拖动到当前文件中，适当调整大小后放到如图8-88所示的位置。

08 拖动到"鲜花壁纸"的素材图像将自动在"图层"面板中进行编号，如图8-89所示，选择图层3，也就是黄色菊花图像，选择"图层→排列→前移一层"命令，可以调整图层顺序，如图8-90所示。

图8-88 添加素材图像

图8-89 选择图层

图8-90 调整图层顺序

09 调整图层顺序后，黄色菊花图像将放到白色花的上方，如图8-91所示。

10 选择图层3，将其拖动到"图层"面板底部的"创建新图层" 按钮中，可以得到复制的图层3副本，然后将其放到图层4的下方，如图8-92所示。

图8-91 调整后的图像效果

图8-92 复制图层

11 将复制的图像适当缩小，然后放到如图8-93所示的位置。然后再复制几次图层4，并且调整复制的图像大小和位置，如图8-94所示。

图8-93 调整图像大小和位置

图8-94 复制多个图层

12 打开光盘"素材/第8章/花3.psd、花4.psd、花5.psd、花6.psd、花8.psd"文件，将这些鲜花图像都拖动到"春之花"图像文件中，分别调整不同的图层顺序和图像大小以及位置，如图8-95所示。

图8-95 打开其他素材图像

13 选择所有鲜花图层，然后选择"图层→图层编组"命令，将鲜花图层组成一个图层组，得到组1，如图8-96所示。

14 打开光盘"素材/第8章/树叶1.psd"文件，使用移动工具将其拖动到当前文件中，选择"编辑→变换→缩放"命令缩小图像后，放到鲜花丛中，如图8-97所示。

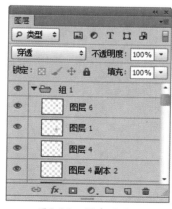

图8-96 创建图层组

图8-97 得到树叶图像

15 选择移动工具，将鼠标移动到树叶图像中，按住Alt将拖动树叶图像，将移动复制对象，接着按下Ctrl＋T组合键变换图像大小和方向，放到如图8-98所示的位置。

16 多次复制树叶图像，调整不同的大小后，将其围绕鲜花图像放置，效果如图8-99所示。

图8-98　调整图像大小和位置　　　　　　图8-99　复制多个图层

17 选择所有树叶图像，按下Ctrl＋G组合键，将其编为图层组2，并且在"图层"面板中将组1放到组2的上方，如图8-100所示。

18 打开光盘"素材/第8章/树叶2.psd"文件，将其拖动到当前文件中，适当调整大小后放到画面的右上角，并且在"图层"面板中设置它的图层不透明度为50%，效果如图8-101所示。

图8-100　调整图层组位置　　　　　　图8-101　编辑新的素材图像

技巧提示

在"图层"面板中设置图层不透明度将在第8.5.1小节中进行详细介绍。

19 打开光盘"素材/第8章/飞舞的蝴蝶.psd、花瓣.psd"文件，如图8-102、8-103所示。

图8-102　蝴蝶素材图像　　　　　　图8-103　花瓣素材图像

20 使用移动工具将其拖动到当前文件中，然后按住Alt键复制几次对象，效果如图8-104所示。

21 新建一个图层组,得到组3,然后在选择组3的情况下,创建一个新的图层,新图层将位于组3中,如图8-105所示。

图8-104 复制素材图像

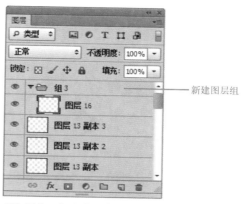

———新建图层组

图8-105 在图层组中创建图层

22 设置前景色为绿色(R117,G185,B0),然后选择椭圆选框工具绘制一个正圆形选区,按下Alt＋Delete组合键为选区填充颜色,如图8-106所示。

23 选择"编辑→变换→缩放"命令,适当缩小图像,然后多次复制该对象,放到图像中不同的位置。接着再绘制一个黄色圆形,同样复制多次对象,放到不同的位置,如图8-107所示。

图8-106 绘制圆形

图8-107 复制多次对象

24 设置前景色为白色,选择画笔工具,在属性栏中选择画笔柔角样式,然后调整不同的笔触大小在图像中单击,绘制出白色星点效果,如图8-108所示。

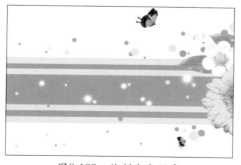

图8-108 绘制白色星点

25 选择横排文字工具,在图像左上方输入英文"Spring",在属性栏中设置字体为Brush Script Std,颜色为绿色(R117,G185,B0),如图8-109所示。

26 选择一个绿色树叶图层，复制一次该图层，然后将复制得到的图像放到英文字的上方，适当调整图像大小及方向后，效果如图8-110所示，完成本实例的制作。

图8-109　输入文字

图8-110　最终效果

8.5　设置图层混合模式和不透明度

图层的不透明度和混合模式在图像处理过程中起着非常重要的作用，在编辑图像时，通过改变图层的不透明度和混合模式可以创建各种特殊效果，从而生成新的图像效果。

8.5.1　设置图层不透明度

在"图层"面板中可以设置该图层上图像的透明程度，通过设置图层的不透明度可以使图层产生透明或半透明效果。

在"图层"面板右上方的"不透明度"数值框可以输入数值，范围是0%～100%。当图层的不透明度小于100%时，将显示该图层下面的图像，值越小，图像就越透明；当值为0%时，该图层将不会显示，完全显示下一层图像内容。

练习8-8：混合图像效果

01 打开一张素材图像，选择自定形状工具，在属性栏中选择一种图形，在图像中进行绘制，如图8-111所示，这时"图层"面板如图8-112所示。

图8-111　打开文件

图8-112　"图层"面板

02　在"不透明度"数值框中输入数值为60%，如图8-113所示，将改变图层的透明程度，文字的透明效果如图8-114所示。

图8-113　设置不透明度为60%

图8-114　不透明度效果

03　设置文字图层不透明度为30%，如图8-115所示，可以降低文字的不透明程度，效果如图8-116所示。

图8-115　设置不透明度为30%

图8-116　不透明度效果

8.5.2　设置图层混合模式

在Photoshop CS6中提供了27种图层混合模式，主要是用来设置图层中的图像与下面图层中的图像像素进行色彩混合的方法，设置不同的混合模式，所产生的效果也不同。

Photoshop CS6提供的图层混合模式都包含在"图层"面板中的 正常 下拉列表框中，单击其右侧的 ÷ 按钮，在弹出的混合模式列表框中可以选择需要的模式，如图8-117所示。

图8-117　图层模式

1．正常模式

这是系统默认的图层混合模式，也就是图像原始状态，如图8-118所示有两个图层的图像，背景层为植物图像，其上为水果图层。后面的其他模式将以该图像中的图层进行讲解。

2．溶解模式

该模式会随机消失部分图像的像素，消失的部分可以显示下一层图像，从而形成两个图层交融的效果，可配合不透明度来使溶解效果图更加明显。例如，设置水果图层的不透明度为60%的效果如图8-119所示。

图8-118　正常模式　　　　　　　　　　　图8-119　溶解模式

3．变暗模式

该模式将查看每个通道中的颜色信息，并将当前图层中较暗的色彩调整得更暗，较亮的色彩变得透明，如图8-120所示。

4．正片叠底模式

该模式可以产生比当前图层和底层颜色都暗的颜色，如图8-121所示。任何颜色与黑色复合将产生黑色，与白色复合将保持不变，当用户使用黑色或白色以外的颜色绘画时，绘图工具绘制的连续描边将产生逐渐变暗的颜色。

图8-120　变暗模式　　　　　　　　　　　图8-121　正片叠底模式

5．颜色加深模式

该模式将增强当前图层与下面图层之间的对比度，使图层的亮度降低、色彩加深，与白色混合后不产生变化，如图8-122所示。

6．线性加深模式

该模式可以查看每个通道中的颜色信息，并通过减小亮度使基色变暗以反映混合色。与白色混合后不产生变化，如图8-123所示。

图8-122　颜色加深模式

图8-123　线性加深模式

7. 深色模式

该模式将当前层和底层颜色做比较，并将两个图层中相对较暗的像素创建为结果色，如图8-124所示。

8. 变亮模式

该模式与"变暗"模式的效果相反，选择基色或混合色中较亮的颜色作为结果色。比混合色暗的像素被替换，比混合色亮的像素保持不变，如图8-125所示。

图8-124　深色模式

图8-125　变亮模式

9. 滤色模式

该模式和"正片叠底"模式正好相反，结果色总是较亮的颜色，并具有漂白的效果，如图8-126所示。

10. 颜色减淡模式

该模式将通过减小对比度来提高混合后图像的亮度，与黑色混合不发生变化，如图8-127所示。

图8-126　滤色模式

图8-127　颜色减淡模式

11．线性减淡模式

该模式查看每个通道中的颜色信息，并通过增加亮度使基色变亮以反映混合色。与黑色混合则不发生变化，如图8-128所示。

12．浅色模式

该模式与"深色"模式相反，将当前图层和底层颜色相比较，将两个图层中相对较亮的像素创建为果实色，如图8-129所示。

图8-128　线性减淡　　　　　　　　　图8-129　浅色模式

13．叠加模式

该模式用于复合或过滤颜色，最终效果取决于基色。图案或颜色在现有像素上叠加，同时保留基色的明暗对比。不替换基色，但基色与混合色相混以反映原色的亮度或暗度，如图8-130所示。

14．柔光模式

该模式将产生一种柔和光线照射的效果，高亮度的区域更亮，暗调区域更暗，使反差增大，如图8-131所示。

图8-130　叠加模式　　　　　　　　　图8-131　柔光模式

15．强光模式

该模式将产生一种强烈光线照射的效果，它是根据当前图层的颜色使底层的颜色更为浓重或更为浅淡，这取决于当前图层上颜色的亮度，如图8-132所示。

16．亮光模式

该模式是通过增加或减小对比度来加深或减淡颜色，具体取决于混合色。如果混合色(光源)比50% 灰色亮，则通过减小对比度使图像变亮。如果混合色比 50% 灰色暗，则通过增加对比度使图像变暗，如图8-133所示。

图8-132　强光模式

图8-133　亮光模式

17．线性光模式

该模式是通过增加或减小底层的亮度来加深或减淡颜色，具体取决于当前图层的颜色，如果当前图层的颜色比50%灰色亮，则通过增加亮度使图像变亮；如果当前图层的颜色比50%灰色暗，则通过减小亮度使图像变暗，如图8-134所示。

18．点光模式

该模式根据当前图层与下层图层的混合色来替换部分较暗或较亮像素的颜色，如图8-135所示。

图8-134　线性光模式

图8-135　点光模式

19．实色混合模式

该模式取消了中间色的效果，混合的结果由底层颜色与当前图层亮度决定，如图8-136所示。

20．差值模式

该模式将根据图层颜色的亮度对比进行相加或相减，与白色混合将进行颜色反相，与黑色混合则不产生变化，如图8-137所示。

图8-136　实色混合模式

图8-137　差值模式

21．排除模式

该模式将创建一种与差值模式相似但对比度更低的效果，与白色混合会使底层颜色产生相反的效果，与黑色混合不产生变化，如图8-138所示。

22．减去模式

该模式从基色中减去混合色。在8位和16位图像中，任何生成的负片值都会剪切为零，如图8-139所示。

图8-138　排除模式　　　　　　　　　　　　图8-139　减去模式

23．划分模式

该模式通过查看每个通道中的颜色信息，从基色中分割出混合色，如图8-140所示。

24．色相模式

该模式是用基色的亮度和饱和度以及混合色的色相创建结果色，如图8-141所示。

图8-140　划分模式　　　　　　　　　　　　图8-141　色相模式

25．饱和度模式

该模式是用底层颜色的亮度和色相以及当前图层颜色的饱和度创建结果色。在饱和度为0时，使用此模式不会产生变化，如图8-142所示。

26．颜色模式

该模式将使用当前图层的亮度与下一图层的色相和饱和度进行混合，如图8-143所示。

27．明度模式

该模式将使用当前图层的色相和饱和度与下一图层的亮度进行混合，它产生的效果与"颜色"模式相反，如图8-144所示。

图8-142 饱和度模式　　　　　图8-143 颜色模式　　　　　图8-144 明度模式

实例2: 制作彩虹

实例文件：	实例文件\第8章\制作彩虹.psd
素材文件：	素材文件\第8章\草原.jpg
视频教程：	视频文件\第8章\制作彩虹.avi

　　本案例将为图像添加一个彩虹效果，首先绘制圆形选区，然后填充渐变色，最后调整其图层不透明度，得到透明的彩虹效果。实例效果如图8-145所示。

　　本实例的具体操作如下。

01 按下Ctrl+O组合键打开"草原.jpg"素材图片，如图8-146所示。

图8-145 实例效果

图8-146 打开素材

　　02 单击"图层"面板中的"创建新图层"按钮，创建一个"图层1"，如图8-147所示，然后使用椭圆选框工具创建一个椭圆选区，如图8-148所示。

图8-147 新建图层

图8-148 创建椭圆选区

03 单击工具箱中的"渐变工具"按钮 ▣，然后单击属性栏中的渐变色条 ▣ ，在打开的"渐变编辑器"对话框中选择"透明彩虹渐变"，如图8-149所示，然后移动色标的位置，如图8-150所示。

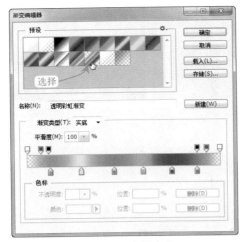

图8-149 选择渐变

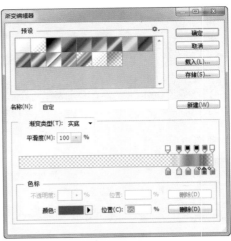

图8-150 移动色标

04 在渐变工具的属性栏设置渐变方式为"径向渐变"，并取消"反向"复选框，在图像窗口中拉出一条斜线，如图8-151所示，创建的渐变效果如图8-152所示。

图8-151 拉出斜线

图8-152 渐变效果

05 选择"滤镜→模糊→高斯模糊"命令，在打开的对话框中设置模糊的半径为2.8，如图8-153所示，单击"确定"按钮，然后按下Ctrl+D组合键取消选区，效果如图8-154所示。

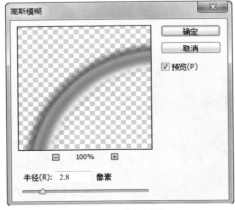

图8-153 高斯模糊

图8-154 模糊效果

06　在"图层"面板中设置图层1的不透明度为40%，如图8-155所示，然后调节图像的位置，效果如图8-156所示。

图8-155　设置图层属性　　　　　　图8-156　图像效果

07　单击工具箱中的"橡皮擦工具"按钮，在属性栏设置其不透明度为15%，然后适当对彩色条纹的边缘进行擦除，完成彩虹的制作，效果如图8-157所示。

图8-157　完成效果

8.6　学习总结

本章主要对图层的知识进行了详细的介绍，分别有图层的基本操作、图层的编辑、图层混合模式的调整以及不透明度的调整。其中内容较多，需要读者逐步理解和运用。

在本章的学习过程中，首先要理解图层的概念和"图层"面板的作用，掌握新建图层、复制图层、删除图层、合并图层、编辑图层的基础操作方法。熟悉应用不同的图层混合模式来创作特殊图像效果的操作方法。

8.7 疑难解答

在本章的学习中，主要讲解了Photoshop CS6图层的基础知识和应用，下面通过对前面的学习列出一些常见的问题和解答供读者参考。

问：在Photoshop中编辑图像时添加了很多素材，同时生成了很多图层，存储文件时可以将不需要的图层隐藏吗？

答：在储存文件时可以隐藏不需要的图层。但是，如果以后都不会再需要这些图层，可以将其删除，这样可以减小图像的大小。

问：如果在"图层"面板中需要合并的图层离得较远，那要怎么合并呢？

答：可以在"图层"面板中按住Ctrl键选择所需合并的图层，然后选择"图层→合并图层"命令或按下Ctrl+E组合键即可。

问：在Photoshop中打开一幅素材图像时，该怎么解除背景图层的认锁定状态？

答：在默认状态下，Photoshop中的背景层都是锁住不能删除的，但是可以通过双击它，把它变成普通层。这样即可对它进行移动、删除等编辑。

问：在复制图像的操作中，按住Alt键复制的图像是全部图像还是图像局部呢？

答：按住Alt键复制图像时，可以复制整个图像，也可以复制图像的局部。要复制图像局部，首先要选择复制的部分，这样复制图像不会产生新的图层；要复制整个图像，可以按住Alt键拖动鼠标，这样即可复制整个图像，且会产生一个原图像的图层副本。

第9章 图层深化应用

本章导读

本章将学习图层样式的应用，通过图层样式用户可以创建出图像的投影、外发光、浮雕等特殊效果，再结合曲线的调整，可以使图像产生多种变化。

本章主要内容如下：

- 混合选项的设置
- 各种图层样式的使用
- 复制和粘贴图层样式
- 缩放图层样式
- "样式"面板的使用

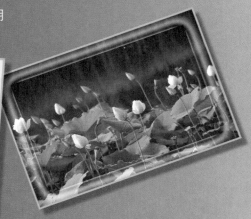

9.1 调整图层的应用

在Photoshop CS6中有一个调整图层，它是较为特殊的图层，在这些图层中可以包含一个图像调整命令，进而可以使用该命令对图像进行调整。

9.1.1 认识调整图层

调整图层类似于图层蒙版，它由调整缩略图和图层蒙版缩略图组成，如图9-1所示。调整缩略图由于创建调整图层时选择的色调或色彩命令不一样而显示出不同的图像效果；图层蒙版随调整图层的创建而创建，默认情况下填充为白色，即表示调整图层对图像中的所有区域起作用；调整图层名称会随着创建调整图层时选择的调整命令来显示，如当创建的调整图层是用来调整图像的色彩平衡时，则名称为"色彩平衡1"。

图9-1 调整图层

9.1.2 创建调整图层

调整图层中可以包含一个色彩调整命令，可以对其下方的图层色调进行调整。在任何情况下都可以再次打开调整图层中包含的色彩调整命令。

练习9-1：新建调整图层

01 选择"图层→新建调整图层"命令，并在弹出的子菜单中选择一个调整命令，如图9-2所示，这里选择"色相/饱和度"命令。

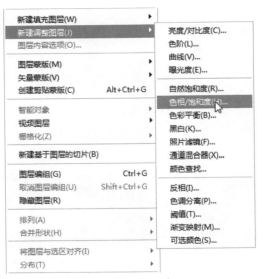

图9-2 选择调整命令

02 在打开的"新建图层"对话框中单击"确定"按钮，如图9-3所示，然后在打开的"属性"面板中进行参数调整，如图9-4所示。

03 这时"图层"面板中将得到"色相/饱和度"调整图层，如图9-5所示。

图9-3　"新建图层"对话框　　　　图9-4　"属性"面板　　　　图9-5　创建调整图层

9.1.3　编辑调整图层

调整图层创建完成后，如果用户觉得图像不理想，还可以通过调整图层继续调整图像，下面以一个具体实例来介绍调整图层的使用方法。

练习9-2：调整图像颜色

01 打开一幅需要调整色调的图像，如图9-6所示，可以看到该图像整体色调较暗，下面以通过创建曲线图层来加以调整。

02 选择"图层→新建调整图层→曲线"命令，对图像进行曲线调整，如图9-7所示。

图9-6　打开图像　　　　图9-7　选择"曲线"命令

03 进入"属性"面板，在曲线上方单击，并按住鼠标向上拖动曲线，调整图像的亮度，如图9-8所示，得到的图像效果如图9-9所示。

图9-8　调整曲线　　　　　　　　　图9-9　调整后的效果

04 选择"图层→新建调整图层→色相/饱和度"命令，在"属性"面板中拖动滑块，调整图像的色调，并增加饱和度，如图9-10所示。完成图像的调整，效果如图9-11所示。

图9-10　调整色相/饱和度　　　　　　图9-11　最终效果

实例1：制作唯美色调

实例文件：	实例文件\第9章\唯美色调.psd	
素材文件：	素材文件\第9章\小女孩.jpg	
视频教程：	视频文件\第9章\唯美色调.avi	

本案例将一张普通照片调整成唯美色调效果，主要使用调整图层来调整图像色彩，分别添加"可选颜色"、"曲线"和"通道混合器"等调整图层。实例效果如图9-12所示。

图9-12　图像效果

本实例的具体操作如下。

01 选择"文件→打开"命令，打开光盘"素材文件/第9章/小女孩.jpg"文件，如图9-13所示。

02 选择"图层→新建调整图层→可选颜色"命令，打开"属性"面板，在"颜色"下拉列表中选择"黄色"，然后调整各项参数，如图9-14所示。

图9-13 素材图像

图9-14 调整黄色

03 再选择"绿色"，分别调整各项参数如图9-15所示，为图像增添了一些黄色调，得到的图像效果如图9-16所示。

图9-15 调整绿色

图9-16 图像效果

04 选择"图层→新建调整图层→曲线"命令，打开"属性"面板，选择"蓝"通道，然后将曲线调整到如图9-17所示的样式，得到的图像效果如图9-18所示。

图9-17 调整曲线

图9-18 图像效果

05 选择"图层→新建调整图层→通道混合器"命令，打开"属性"面板，分别选择"红"和"蓝"通道，调整各项参数，如图9-19和图9-20所示，得到的图像效果如图9-21所示。

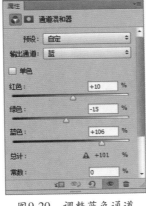

图9-19　调整红色通道　　　图9-20　调整蓝色通道　　　　图9-21　图像效果

06 选择"图层→新建调整图层→色彩平衡"命令，打开"属性"面板，在"色调"下拉列表中分别选择"阴影"、"中间调"和"高光"选项，调整各项参数，如图9-22、图9-23和图9-24所示。

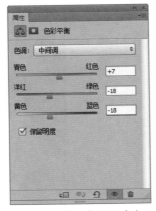

图9-22　调整阴影参数　　　图9-23　调整中间调参数　　　图9-24　调整高光参数

07 这时调整后的图像效果如图9-25所示，而"图层"面板中则增加了多个调整图层，如图9-26所示。

图9-25　图像效果　　　图9-26　增加的调整图层

Photoshop CS6

9.2 关于混合选项

使用图层样式可以制作出许多丰富的图像效果，而图层混合选项是图层样式的默认选项，选择"图层→图层样式→混合选项"命令，或者单击"图层"面板底部的"添加图层样式"按钮 fx.，即可打开"图层样式"对话框，如图9-27所示。在对话框中可以调节整个图层的透明度与混合模式参数，其中有些设置可以直接在"图层"面板上调节。

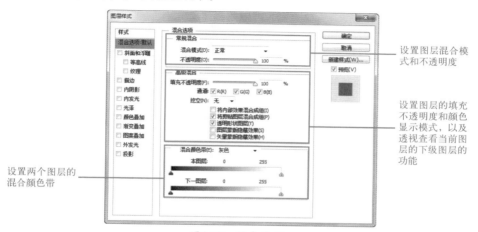

设置图层混合模式和不透明度

设置图层的填充不透明度和颜色显示模式，以及透视查看当前图层的下级图层的功能

设置两个图层的混合颜色带

图9-27 混合选项

9.2.1 常规混合

在"常规混合"选项中的"混合模式"和"不透明度"选项，与"图层"面板中的"混合模式"和"不透明度"选项一样，使用方法与作用都相同。

练习9-3：溶解模式混合图像

01 打开一张素材图像，选择横排文本工具在图像中输入文字"LOVE"，如图9-28所示。

02 在"图层"面板中选择文字图层，然后单击"图层"面板底部的"添加图层样式"按钮 fx.，在弹出的菜单中选择"混合选项"命令，如图9-29所示。

图9-28 素材文件

图9-29 选择命令

03 打开"图层样式"对话框，在"常规选项"中设置图层混合模式为"溶解"，再设置"不透明度"参数为50%，如图9-30所示。单击"确定"按钮即可得到如图9-31所示的图像效果。

图9-30　设置常规混合选项　　　　　　　　图9-31　图像效果

9.2.2　高级混合

在"高级混合"选项中不仅可以设置图层的填充透明程度，还可以设置透视查看当前图层的下级图层的功能。

练习9-4：混合图像

01　继续使用"练习9-3"中的图像，选择文字图层，选择"窗口→样式"命令，打开"样式"面板，单击"蓝色玻璃"按钮，如图9-32所示。然后在"图层"面板中删除"颜色叠加"和"渐变叠加"样式，得到的文字效果如图9-33所示。

图9-32　选择样式

图9-33　文字效果

02　打开"图层样式"对话框，在"高级混合"选项中设置"填充不透明度"为0%，如图9-34所示，可以看到图案虽然隐藏了，但保留了浮雕样式。

03　在"通道"选项中取消B和G选项，这时蓝色和绿色通道将不在图像中显示，可以得到指定在通道内的混合效果，如图9-35所示。

图9-34　设置填充不透明度

图9-35　设置通道

04　在"LOVE"图层下方创建一个图层，填充为绿色，如图9-36所示。然后在"混合选项"中设置选中B选项，接着在"挖空"下拉列表中选择"浅"选项，可以将背景图层中的内容显示出来，如图9-37所示。

图9-36　添加蓝色图层

图9-37　图像效果

05　在"图层"面板中隐藏图层1，然后在"图层样式"对话框中设置"混合颜色带"，如图9-38所示，得到本图层和下一图层的显示效果，如图9-39所示。

图9-38　设置混合颜色带

图9-39　图像效果

技巧提示

在"混合选项"中还有一些其他设置，用户可以根据需要进行选择，得到一些特殊图像效果。

9.3　为图层添加图层样式

对某个图层应用了图层样式后，样式中定义的各种图层效果会应用到该图像中，并且为图像增强层次感、透明感和立体感。

9.3.1　投影样式

"投影"是图层样式中最常用的一种图层样式效果，应用"投影"样式可以为图层增加类似影子的效果。

练习9-5：制作投影效果

01 打开一幅素材图像，设置前景色为白色，然后输入一行文字"冬日的雪"，如图9-40所示。

02 选择"图层→图层样式→投影"命令，即可打开"图层样式"对话框，在其中将显示"投影"选项参数，如图9-41所示。

图9-40　输入文字

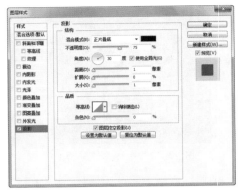

图9-41　"投影"各选项

"图层样式"对话框中常用选项的含义如下。

- ◉ "混合模式"：用来设置投影图像与原图像间的混合模式。单击后面的小三角，可在弹出的菜单中选择不同的混合模式，通常默认模式产生的效果最理想。其右侧的颜色块用来控制投影的颜色，单击它可在打开的"选择阴影颜色"对话框中设置另一种颜色，系统默认为黑色。
- ◉ "不透明度"：用来设置投影的不透明度，可以拖动滑块或直接输入数值进行设置。
- ◉ "角度"：用来设置光照的方向，投影在该方向的对面出现。
- ◉ "使用全局光"：选中该选项，图像中所有图层效果使用相同光线照入角度。
- ◉ "距离"：设置投影与原图像间的距离，值越大，距离越远。
- ◉ "扩展"：设置投影的扩散程度，值越大扩散越多。
- ◉ "大小"：用于调整阴影模糊的程度，值越大越模糊。
- ◉ "等高线"：用来设置投影的轮廓形状。
- ◉ "消除锯齿"：用来消除投影边缘的锯齿。
- ◉ "杂色"：用于设置是否使用噪声点来对投影进行填充。

03 设置投影颜色为默认的黑色，不透明度为100%，其他设置如图9-42所示，得到的文字投影效果如图9-43所示。

图9-42　设置投影各参数

图9-43　文字投影效果

04 单击"等高线"右侧的三角形按钮，在弹出的面板中有默认的等高线设置，选择其中一种样式，如"滚动斜坡-递减"，如图9-44所示，得到的图像效果如图9-45所示。

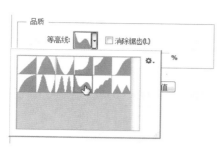

图9-44　选择等高线样式

图9-45　等高线效果

05　用户还可以自行设置等高线的样式，单击“等高线”缩览图，打开“等高线编辑器”对话框，使用鼠标按住控制点进行拖动，对投影图像进行调整，如图9-46所示。

06　单击“确定”按钮回到“图层样式”对话框中，编辑好的等高线样式即可显示在等高线缩览图中，图像投影效果如图9-47所示。

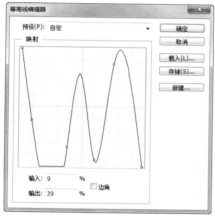
图9-46　编辑等高线样式

图9-47　文字效果

07　设置“杂色”选项为100%，然后单击“确定”按钮回到画面中，得到添加杂色的图像效果，如图9-48所示。

图9-48　添加杂色效果

技巧提示

当用户在“图层样式”对话框中设置投影的过程中，可以在图像窗口中预览到投影的效果。

9.3.2 内阴影样式

"内阴影"样式可以为图层内容增加阴影效果，就是沿图像边缘向内产生投影效果，使图像产生一定的立体感和凹陷感。

"内阴影"样式的设置方法和选项与"投影"样式相同，如图9-49所示是为文字图像添加内投影的效果。

图9-49　内投影效果

9.3.3 外发光样式

在Photoshop CS6图层样式中提供了两种光照样式，即"外发光"样式和"内发光"样式。使用"外发光"样式，可以为图像添加从图层外边缘发光的效果。

练习9-6：制作外发光效果

01　打开一幅素材图像，新建一个图层，在图像中绘制一个矩形选区，填充为白色，如图9-50所示。

02　选择"图层→图层样式→混合选项"命令，打开"图层样式"对话框，设置"填充不透明度"为0%，，如图9-51所示。

图9-50　绘制椭圆形

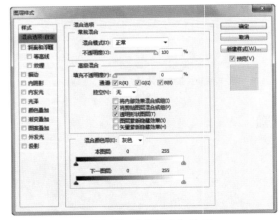

图9-51　"外发光"选项

"图层样式"对话框中常用选项含义如下。

- ◎ ◎□：选中该单选按钮，单击颜色图标，将打开"拾色器"对话框，可在其中选择一种颜色。
- ◎ ◎▭：选中该单选按钮，单击渐变条，可以在打开的对话框中自定义渐变色或在下拉列表框中选择一种渐变色作为发光色。
- ◎ "方法"：用于设置对外发光效果应用的柔和技术，可以选择"柔合"和"精确"选项。
- ◎ "范围"：用于设置图像外发光的轮廓范围。
- ◎ "抖动"：用于改变渐变的颜色和不透明度的应用。

03　然后单击"外发光"选项，进入外发光各选项设置，单击◎□色块，设置外发光颜色为浅白色，其余设置如图9-52所示，得到的图像效果如图9-53所示。

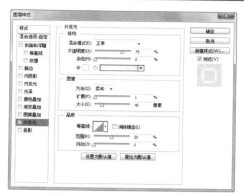

图9-52 设置外发光参数

图9-53 外发光效果

04 在"外发光"样式中同样可以设置"等高线"选项,单击"等高线"缩略图,打开"等高线编辑器"对话框编辑曲线,如图9-54所示。

05 单击"确定"按钮,得到编辑等高线后的图像外发光效果如图9-55所示。

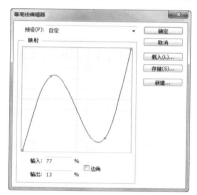

图9-54 调整曲线

图9-55 编辑等高线图像效果

技巧提示 - - - - - - - - - - - -

在"图层样式"对话框中,多个图层样式选项都可以设置等高线效果,用户可以根据需要调整不同的设置,得到各项特殊图像效果。

9.3.4 内发光样式

"内发光"样式与"外发光"样式刚好相反,是指在图层内容的边缘以内添加发光效果。"内发光"样式的设置方法和选项与"外发光"样式相同,为图像设置内发光效果如图9-56所示。

图9-56 设置内发光效果

9.3.5　斜面和浮雕样式

设置"斜面和浮雕"样式可在图层图像上产生立体的倾斜效果，整个图像出现浮雕般的效果。

练习9-7：图像浮雕效果

01 打开一幅素材图像，选择横排文字工具在图像中输入文字，并且填充为白色，如图9-57所示。

02 选择"图层→图层样式→斜面和浮雕"命令，打开"图层样式"对话框，"斜面和浮雕"样式的各项参数如图9-58所示。

图9-57　输入文字

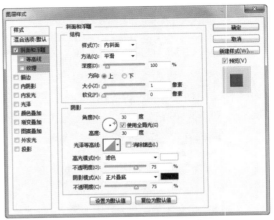

图9-58　"斜面和浮雕"

"图层样式"话框中常用选项的含义如下。

- "样式"：用于选择斜面和浮雕的样式。其中"外斜面"选项可产生一种从图层图像的边缘向外侧呈斜面状的效果；"内斜面"选项可在图层内容的内边缘上创建斜面的效果；"浮雕效果"选项可产生一种凸出于图像平面的效果；"枕状浮雕"选项可产生一种凹陷于图像内部的效果；"描边浮雕"选项可将浮雕效果仅应用于图层的边界。
- "方法"：用于设置斜面和浮雕的雕刻方式。其中"平滑"选项可产生一种平滑的浮雕效果；"雕刻清晰"选项可产生一种硬的雕刻效果，"雕刻柔和"选项可产生一种柔和的雕刻效果。
- "深度"：用于设置斜面和浮雕的效果深浅程度，值越大，浮雕效果越明显。
- "方向"：选中◉上单选按钮，表示高光区在上，阴影区在下；选中◉下单选按钮，表示高光区在下，阴影区在上。
- "高度"：用于设置光源的高度。
- "高光模式"：用于设置高光区域的混合模式。单击右侧的颜色块可设置高光区域的颜色，"不透明度"用于设置高光区域的不透明度。
- "阴影模式"：用于设置阴影区域的混合模式。单击右侧的颜色块可设置阴影区域的颜色，下侧的"不透明度"数值框用于设置阴影区域的不透明度。

03 单击"样式"选项右侧的三角形按钮，选择一种样式，如"浮雕效果"，然后再设置其他参数，如图9-59所示，得到的图像效果如图9-60所示。

04 选择"外斜面"样式的图像效果如图9-61所示，选择"枕状浮雕"样式的图像效果如图9-62所示，用户还可以选择另外两种样式进行查看。

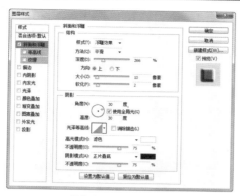

图9-59 设置外斜面样式

图9-60 外斜面效果

图9-61 外斜面样式

图9-62 枕状浮雕效果

9.3.6 光泽样式

通过为图层添加光泽样式，可以在图像表面添加一层反射光效果，使图像产生类似绸缎的感觉。

练习9-8：图像光泽效果

01 打开一张素材图像，在其中输入文字，并且填充文字颜色为白色，如图9-63所示。

02 选择"图层→图层样式→光泽"命令，在"图层样式"对话框中可以设置光泽颜色为深蓝色（R11,G55,B92），其余各项参数如图9-64所示。

图9-63 输入文字

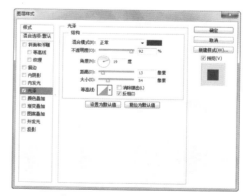

图9-64 设置光泽参数

03 单击"等高线"右侧的三角形按钮，在打开的面板中选择一种等高线样式"环形—双"，如图9-65所示，然后单击"确定"按钮可以得到图像光泽效果，如图9-66所示。

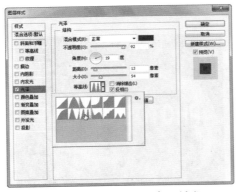

图9-65 选择等高线样式   图9-66 光泽效果

9.3.7 颜色叠加样式

颜色叠加样式就是为图层中的图像内容叠加覆盖一层颜色，下面学习颜色叠加样式的具体应用。

练习9-9：颜色叠加效果

01 打开一个素材图像文件，选择自定形状工具绘制一个箭头图像，并且填充颜色为白色，如图9-67所示。

02 选择"图层→图层样式→颜色叠加"命令，打开"图层样式"对话框进行参数设置，设置叠加颜色为蓝色(R18,G80,B156)，如图9-68所示。

图9-67 绘制的图像   图9-68 "图层样式"对话框

03 设置叠加颜色后，即可得到图像的叠加效果，如图9-69所示。在对话框中改变"不透明度"为50，叠加的颜色将与图像本来的颜色进行融合，得到新的颜色，如图9-70所示。

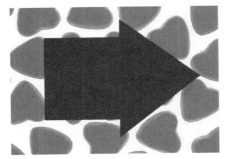

图9-69 叠加图像   图9-70 设置不透明度

9.3.8　渐变叠加样式

　　"渐变叠加"样式就是使用一种渐变颜色覆盖在图像表面，选择"图层→图层样式→渐变叠加"命令，打开"图层样式"对话框进行参数设置，如图9-71所示。单击"渐变"右侧的三角形按钮，在弹出的对话框中可以选择一种渐变叠加样式，得到的叠加效果如图9-72所示。

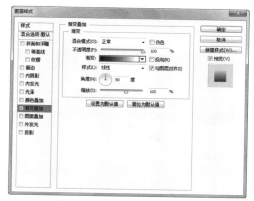

图9-71　设置渐变叠加参数

图9-72　渐变叠加效果

　　"图层样式"对话框中常用选项的含义如下。

- ⊙　"渐变"：用于选择渐变的颜色，与渐变工具中的相应选项完全相同。
- ⊙　"样式"：用于选择渐变的样式，包括线性、径向、角度、对称以及菱形5个选项。
- ⊙　"缩放"：用于设置渐变色之间的融合程度，数值越小，融合度越低。

9.3.9　图案叠加样式

　　"图案叠加"样式就是使用一种图案覆盖在图像表面，选择"图层→图层样式→渐变叠加"命令，打开"图层样式"对话框进行相应的参数设置，如图9-73所示。选择一种图案叠加样式后得到的效果如图9-74所示。

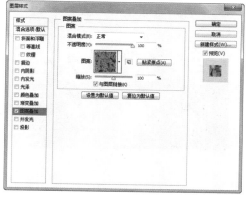

图9-73　设置图案叠加

图9-74　图案叠加效果

技巧提示

　　在设置图案叠加时，在"图案"下拉列表框中可以选择叠加的图案样式，"缩放"选项则用于设置填充图案的纹理大小，值越大，其纹理越大。

9.3.10　描边样式

"描边"样式是指使用颜色、渐变色或图案为图像制作轮廓效果，适用于处理边缘效果清晰的形状。

练习9-10：描边效果

01　打开一幅图像文件，在其中输入文字，并且填充文字颜色为白色，如图9-75所示。

02　选择"图层→图层样式→描边"命令，打开"图层样式"对话框，用户可在其中设置"描边"选项，如图9-76所示。

图9-75　输入文字

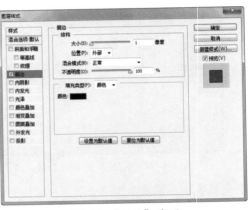

图9-76　"描边"选项

- "大小"：用于设置描边的宽度。
- "位置"：用于设置描边的位置，可以选择"外部"、"内部"或"居中"3个选项。
- "填充类型"：用于设置描边填充的内容类型，包括"颜色"、"渐变"和"图案"3种类型。
- "颜色"：单击该色块，可以在打开的对话框中选择描边颜色。

03　设置"大小"为10，"位置"为"居中"，然后单击"颜色"右侧的色块，设置颜色为橘黄色(R209,G127,B48)，其余设置如图9-77所示，得到的图像效果如图9-78所示。

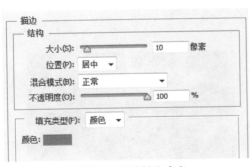

图9-77　设置描边参数

图9-78　文字描边效果

04　在"填充类型"下拉列表中选择"渐变"选项，单击渐变色条，在打开的对话框中设置渐变颜色为从绿色到蓝色，再设置样式为"径向"，其余设置如图9-79所示，得到的渐变描边效果如图9-80所示。

技巧提示

填充类型中的"渐变"类型，与工具箱中的渐变工具■中的渐变设置是一样的。

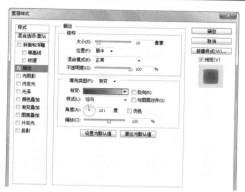

图9-79　设置渐变描边参数

图9-80　渐变描边效果

05 在"填充类型"下拉列表中选择"图案"选项，单击图案预览图，在弹出的面板中可以选择一种图案样式，如图9-81所示。

06 设置好后，单击"确定"按钮，可以得到如图9-82所示的图案描边效果。

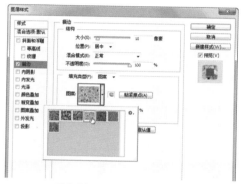

图9-81　设置图案描边参数

图9-82　图案描边效果

技巧提示

选择"编辑→填充"命令打开"填充"对话框，其中的"使用"下拉列表框中的"图案"与这里"图层样式"对话框中的"图案"设置一样。

实例2：楼盘开盘广告

实例文件：	实例文件\第9章\楼盘开盘广告.psd
素材文件：	素材文件\第9章\蓝天.psd、房子.psd、花边.psd
视频教程：	视频文件\第9章\楼盘开盘广告.avi

本实例将制作一个房地产广告，主要练习图层样式在图像中的运用，首先使用椭圆选框工具绘制出透明椭圆形图像，然后再输入文字，分别为文字添加图层样式，最后添加各种素材图像。实例效果如图9-83所示。

图9-83　图像效果

...

...

本实例的具体操作如下。

01 选择"文件→新建"命令，打开"新建"对话框，设置文件名为"楼盘开盘广告"，宽度与高度为13×12cm，其余设置如图9-84所示。

02 选择"滤镜→杂色→添加杂色"命令，打开"添加杂色"对话框，设置"数量"为36，然后再选择"高斯分布"和"单色"选项，如图9-85所示。

03 完成设置后，单击"确定"按钮得到杂点图像，如图9-86所示。

图9-84 新建文件　　　　图9-85 设置杂色选项　　　　图9-86 图像效果

04 打开光盘"素材文件/第9章/蓝天.psd"文件，使用移动工具将该图像拖动到当前编辑的图像文件中，如图9-87所示。

05 这时"图层"面板中将自动生成图层1，单击"图层"面板底部添加图层蒙版按钮，然后使用画笔工具对蓝天图像底部做涂抹，隐藏部分图像，如图9-88所示。

06 新建一个图层，使用椭圆选框工具绘制一个椭圆形选区，选择"选择→变换选区"命令，适当旋转选区，如图9-89所示。

图9-87 添加素材图像　　　　图9-88 隐藏部分图像　　　　图9-89 变换选区

07 选择渐变工具，打开"渐变编辑器"对话框，设置渐变颜色从浅蓝色(R26,G171,B203)到蓝色(R42,G61,B115)到深蓝色(R21,G32,B23)，如图9-90所示。

08 单击属性栏中的"径向渐变"按钮，然后在选区中间向外拖动，得到如图9-91所示的填充效果。

09 设置前景色为湖蓝色(R16,G109,B112)，使用画笔工具在圆形右下方绘制反光图像，效果如图9-92所示。

10 选择"选择→变换选区"命令，适当缩小选区，设置前景色为白色，使用画笔工具绘制白色高光图像，如图9-93所示。

11 在白色高光图像下方再绘制一个椭圆形选区，使用画笔工具对选区上做涂抹，绘制出另一块高光图像，如图9-94所示。

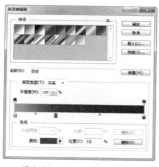

图9-90　设置渐变颜色

图9-91　变换选区

图9-92　绘制反光

12　按下Ctrl+D组合键取消选区。选择横排文字工具输入文字"OPEN"，填充为黄色(R255,G255,B0)，如图9-95所示。

图9-93　绘制高光

图9-94　绘制高光

图9-95　输入文字

13　选择"图层→图层样式→投影"命令，打开"图层样式"对话框，设置投影颜色为黑色，距离为11，大小为2，如图9-96所示，单击"确定"按钮，得到如图9-97所示的图像效果。

14　按住Ctrl键单击文字图层，载入文字选区，选择"选择→变换选区"命令，略微缩小选区，使用渐变工具为选区做线性渐变填充，设置填充颜色从土黄色(R200,G141,B0)到黄色(R255,G255,B0)，如图9-98所示。

图9-96　设置投影参数

图9-97　投影效果

图9-98　渐变填充选区

15　选择套索工具，按住Alt键选中文字上方选区，得到减选后的选区，如图9-99所示。

16　使用渐变工具为选区做线性渐变填充，设置颜色从土红色(R144,G51,B22)到透明，如图9-100所示。

17　使用与前面两步相同的操作方法，对文字上半部分选区应用从白色到透明的渐变填充，效果如图9-101所示。

图9-99　减选选区

图9-100　渐变填充选区

图9-101　填充选区

18　设置前景色为黑色，使用画笔工具对刚刚填充的选区下部做适当的涂抹，让图像有厚度感，效果如图9-102所示。

19　选择文字图层，按下Ctrl+J组合键复制得到文字图层副本，选择"编辑→变换→垂直变换"命令，将变换后的文字放到下方，如图9-103所示。

20　为复制的文字图层添加图层蒙版，然后使用渐变工具对其从上到下应用线性渐变填充，得到投影效果，如图9-104所示。

图9-102　涂抹图像

图9-103　翻转文字

图9-104　投影效果

21　新建一个图层，放到背景图层上方，使用画笔工具为圆形做黑色投影效果，并在属性栏中设置不透明度为66%，效果如图9-105所示。

22　打开光盘"素材文件/第9章/房子.psd、花边.psd"文件，使用移动工具分别将这两个素材拖动到当前编辑的图像文件中，放到如图9-106所示的位置。

23　选择横排文字工具，在画面下方输入一行文字，在属性栏中设置字体为方正大标宋体，颜色为黑色，并适当将文字"12"放大，如图9-107所示。

图9-105　绘制投影

图9-106　添加素材图像

图9-107　输入文字

24　选择"图层→图层样式→投影"命令，打开"图层样式"对话框，设置投影颜色为黑色，其余参数如图9-108所示。

25 选中对话框左侧的〝渐变叠加〞选项，设置渐变颜色从土红色(R122,G45,B10)到黄色(R249,G201,B86)，其余参数如图9-109所示。

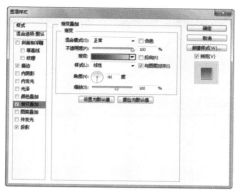

图9-108 设置投影参数　　图9-109 设置渐变叠加参数

26 选中对话框左侧的〝描边〞选项，设置描边颜色为白色、大小为5，其余参数如图9-110所示。
27 单击〝确定〞按钮，得到添加图层样式后的文字效果，如图9-111所示。

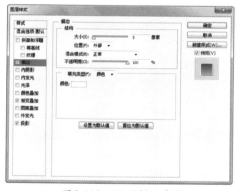

图9-110 设置描边参数　　图9-111 文字效果

28 输入一行文字〝临水而居 别样生活〞，在属性栏中设置字体为方正黄草简体，颜色为白色，然后打开〝图层样式〞对话框，选择〝外发光〞样式，设置外发光颜色为黑色，大小为4，如图9-112所示。
29 单击〝确定〞按钮，得到添加图层样式后的文字效果，如图9-113所示。
30 设置前景色为黑色，输入一行英文和一行中文文字，设置中文字体为幼圆，英文字体为Palace Script MT，适当调整文字大小，如图9-114所示，完成本实例的制作。

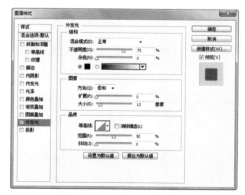

图9-112 设置外发光参数　　图9-113 文字效果　　图9-114 完成效果

9.4 管理图层样式

当用户为图像添加了图层样式后，可以对图层样式进行查看，并且对已经添加的图层样式进行编辑，也可以清除不需要的图层样式。

9.4.1 展开和折叠图层样式

为图层添加图层样式效果后，在"图层"面板中图层名的右侧将会出现一个 fx- 图标，通过这个图层可以将图层样式进行展开和折叠，以方便用户对图层样式的管理。

当用户为图像应用图层样式后，单击其右侧的▼按钮可以展开图层样式，如图9-115所示。在其中能查看当前图层应用了哪些图层样式；再次单击▼按钮即可折叠图层样式，如图9-116所示。

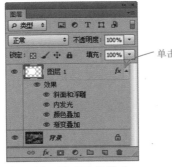
图9-115　展开图层样式

图9-116　折叠图层样式

9.4.2 复制图层样式

在绘制图像时，有时需要对不同的图像应用相同的图层样式，这时，用户可以选择复制一个已经设置好的图层样式，将其复制到其他图层中。

练习9-11：快速应用图层样式

01　选择"文件→打开"命令，打开光盘"素材文件/第9章/文字.psd"文件，如图9-117所示。

02　在"图层"面板中选择"金色的麦田"文字图层，右击图层，在弹出的菜单中选择"拷贝图层样式"命令，即可复制图层样式，如图9-118所示。

图9-117　素材图像

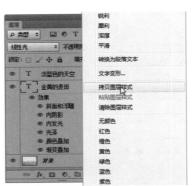
图9-118　复制图层样式

03 选择"淡蓝色的天空"文字图层，再右击，在弹出的快捷菜单中选择"粘贴图层样式"命令，即可将复制的图层粘贴到图层2中，如图9-119所示。

04 按下Ctrl＋Z组合键后退一步操作，将鼠标指针放到"金色的麦田"文字图层右侧的"效果"图标fx中，按住Alt键的同时将其直接拖动到"淡蓝色的天空"文字图层中，如图9-120所示，也可以得到复制的图层样式，如图9-121所示。

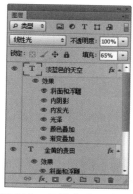
图9-119 复制后的图层样式

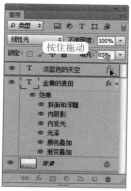
图9-120 拖动图层样式

图9-121 图像效果

9.4.3 删除图层样式

绘制图像通常需要经过反复的修改，当用户添加图层样式后，对于一些多余的样式，可以进行删除。

练习9-12：删除应用的图层样式

01 选择需要删除的图层样式，如选择"金黄的麦田"文字图层中的"斜面和浮雕"样式，按住鼠标左键将其拖动到"图层"面板底部的"删除图层" 按钮中，如图9-122所示，可以直接删除图层样式，如图9-123所示。

02 选择"图层→图层样式→清除图层样式"命令，可

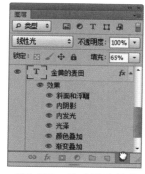
图9-122 拖动图层样式

图9-123 删除图层样式

以将所选图层的图层样式全部清除，如图9-124所示。得到的图像效果如图9-125所示。

图9-124 清除图层样式

图9-125 图像效果

9.4.4　设置全局光

　　用户在设置图层样式时，通常可以在"图层样式"对话框中看到"全局光"选项，通过设置全局光可以调整图像呈现出一致的光源照明外观。

练习9-13：调整图像光照角度

　　01　打开一张素材图像，输入文字，然后选择"图层→图层样式→斜面和浮雕"样式，打开"图层样式"对话框，设置样式为"浮雕效果"，再设置其他参数，这时可以看到已经默认选择了"全局光"复选框，如图9-126所示，这时得到的文字效果如图9-127所示。

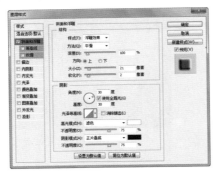

图9-126　使用全局光　　　　　　　　　　　　图9-127　图像效果

　　02　用户可以在"图层样式"对话框中直接调整全局光角度，也可以选择"图层→图层样式→全局光"命令，打开"全局光"对话框调整全局光参数，如图9-128所示，得到的图像效果如图9-129所示。

图9-128　设置全局光　　　　　　　　　　　图9-129　调整后的图像效果

9.4.5　缩放图层样式

　　在一个图层中应用图层样式时，如果同时添加多个图层样式时，可以使用"缩放效果"命令对图层的效果进行整体的缩放调整，使它满足要求。

　　选择添加了图层样式的图层，选择"图层→图层样式→缩放效果"命令，打开"缩放图层效果"对话框，设置缩放参数，如图9-130所示。

　　单击"确定"按钮完成缩放设置，可以看到图像与图9-129相比，有了很大的变化，如图9-131所示。

图9-130　设置缩放效果　　　　　　　　　　图9-131　调整后的图像效果

9.5 "样式"面板

在Photoshop CS6中还提供了一个"样式"面板，实际上是由许许多多图层效果组成的集合，用户可以直接在其中选择固定设置的图层效果。

练习9-14：使用"样式"面板

01 打开一幅素材图像，新建图层1，使用自定形状工具在画面中绘制一个边框图像，并且填充为白色，如图9-132所示。

02 选择"窗口→样式"命令，打开"样式"面板，可以看到一些默认的图层样式，如图9-133所示。

03 单击其中的"铬金光泽"样式，即可将该样式套用到图层1中，效果如图9-134所示。

图9-132 绘制图像

图9-133 "样式"面板

图9-134 套用图层样式

04 单击"样式"面板右上方的三角形按钮，可以弹出一个快捷菜单，在其中可以选择其他预设样式，如选择"Web样式"，如图9-135所示。

05 这时将弹出一个提示对话框，单击"确定"按钮即可将其替换为当前样式；单击"追加"按钮可以将该样式追加在面板中，如图9-136所示。

图9-135 选择其他图层预设样式

图9-136 套用图层样式

06 单击"确定"按钮，可以在"样式"面板中看到玻璃按钮样式，如图9-137所示，单击"带投影的黄色凝胶"样式，得到新的图层样式效果，如图9-138所示。

图9-137 玻璃按钮样式

图9-138 新的图层样式

07 选择"图层→图层样式→缩放效果"命令，打开"缩放图层效果"对话框，设置缩放参数，如图9-139所示。单击"确定"按钮后得到的图像效果如图9-140所示。

08 如果要将调整后的图层样式进行保存，可以单击"样式"面板下方的"创建新样式" ![按钮图标] 按钮，弹出如图9-141所示的"新建样式"对话框，保持默认设置并单击"确定"按钮，即可在样式面板中创建一个图层样式，如图9-142所示。

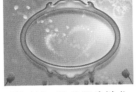

图9-139　设置缩放参数　　图9-140　缩放图层样式　　图9-141　"新建样式"对话框　　图9-142　创建图层样式

技巧提示

在"样式"面板中选择一种图层样式后，单击鼠标右键，在弹出的快捷菜单中选择"删除样式"命令，可以将该样式从面板中删除。

9.6　学习总结

本章主要介绍了图层的高级应用，重点是图层样式的设置和管理。其中包括图层混合选项的设置、投影、内阴影、外发光、内发光等图层样式的添加、图层样式的查看与添加、图层样式的编辑与复制。

在本章中需要重点掌握几个图层样式功能，分别是"投影"、"外发光"、"斜面和浮雕"、"描边"参数的设置，以及图层样式的缩放功能。通过本章的学习，读者可以处理出更加漂亮的图像效果。

9.7　疑难解答

在本章内容中，深入学习了Photoshop CS6的图层知识和应用，下面通过对前面的学习列出一些常见的问题和解答供读者参考。

问：当用户为图像添加了图层样式后，可以对其进行隐藏吗？

答：可以的，它与普通图层一样能够隐藏。在图像中添加图层样式后，单击该样式前面的"眼睛"图标，即可隐藏该图层样式。

问：隐藏图层样式后，怎样将其显示出来呢？

答：选择"图层→图层样式→隐藏所有效果"命令，将隐藏图像文件中的所有图层样式效果；选择"图层→图层样式→显示所有效果"命令，将恢复显示图像文件中的图层样式效果，但如果之前有单独关闭"眼睛"的图层样式，该图层样式将不被显示出来。

问：怎样可以快速地删除图层样式呢？

答：在"图层"面板中选择需要删除图层样式的图层，用鼠标按住"效果"向下拖动，放到"删除图层" ![按钮图标] 按钮中，即可将该图层中的所有图层样式删除。

第10章 应用蒙版和通道

本章导读

本章将学习Photoshop中通道与蒙版的使用方法，在Photoshop中通道和蒙版是非常重要的功能，使用通道不但可以保存图像的颜色信息，还能存储选区，以方便用户选择更复杂的图像选区；而蒙版则可以在不同图像中做出多种效果，还可以制作出高品质的影像合成。

本章主要内容如下：

- 蒙版的应用
- 通道基本常识
- 创建通道
- 通道的基本操作

10.1　应用蒙版

　　蒙版是另一种专用的选区处理技术，用户通过蒙版可选择也可隔离图像，在图像处理时可屏蔽和保护一些重要的图像区域不受编辑和加工的影响，而当对图像的其余区域进行颜色变化、滤镜效果和其他效果处理时，被蒙版蒙住的区域不会发生改变。

　　蒙版是一种256色的灰度图像，它作为8位灰度通道存放在图层或通道中，用户可以使用绘图编辑工具对它进行修改，此外，蒙版还可以将选区存储为Alpha通道。

10.1.1　使用快速蒙版

　　快速蒙版是一种临时蒙版，使用快速蒙版只建立图像的选区，不会对图像进行修改，但是快速蒙版需要通过其他工具来绘制选区，然后再进行编辑。

练习10-1：调整花朵颜色

01　打开一幅图像文件，如图10-1所示，单击工具箱底部的"以快速蒙版模式编辑"按钮 ，进入快速蒙版编辑模式，可以在"通道"面板中查看到新建的快速蒙版，如图10-2所示。

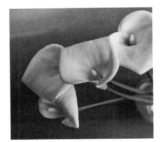

图10-1　素材图像　　　　　　图10-2　创建快速蒙版

02　选择工具箱中的画笔工具 ，涂抹画面中的花朵图像，这时涂抹出来的颜色为透明的红色状态，如图10-3所示，并且在"通道"面板中会显示出涂抹的状态，如图10-4所示。

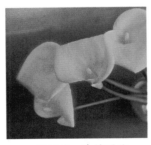

图10-3　涂抹图像　　　　　　图10-4　快速蒙版状态

03　单击工具箱中的"以标准模式编辑"按钮 ，或者按下Q键，将回到标准模式中，得到图像选区，如图10-5所示。

04　选择"选择→反向"命令，将选区反向，得到花束图像的选区，然后选择"图像→调整→色彩平衡"命令，打开"色彩平衡"对话框调整图像颜色，如图10-6所示。

05　单击"确定"按钮回到画面中，得到花朵图像的颜色调整效果，如图10-7所示。调整的图像周围具有羽化效果，能与周围的图像进行自然的过渡。

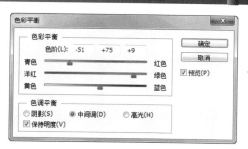

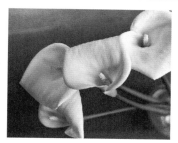

图10-5　获取选区　　　　　　　　　　　图10-6　调整颜色　　　　　　　　　　图10-7　调整的颜色

10.1.2　使用图层蒙版

使用图层蒙版可以隐藏或显示图层中的部分图像。用户可以通过图层蒙版显示下一层图像中原来已经遮罩的部分。

练习10-2：融合图像

01 按下Ctrl＋O组合键打开本书光盘"素材文件/第10章/花瓣.jpg、水珠.jpg"素材文件，选择移动工具将水珠图像拖动到花瓣图像中，放到画面下方，如图10-8所示。可以在"图层"面板中看到分别有背景图层和水珠图像图层，如图10-9所示。

02 选择图层1，单击"图层"面板底部的"添加图层蒙版"按钮 ◻，即可添加一个图层蒙版，如图10-10所示。

图10-8　素材图像　　　　　　　　图10-9　"图层"面板　　　　　　　图10-10　添加图层蒙版

03 确认前景色为黑色，背景色为白色。然后选择画笔工具，在属性栏中选择"柔边机械100像素"，不透明度为100%，对两幅图像交接的位置进行涂抹，如图10-11所示。

04 在属性栏中设置不透明度为60%，在刚刚涂抹的位置再按住鼠标适当拖动，得到更加自然融合的图像效果，如图10-12所示。

05 在图层蒙版中涂抹图像后，涂抹后的状态会在"图层"面板中显示出来，如图10-13所示。

图10-11　图像效果　　　　　　　　图10-12　涂抹图像　　　　　　　　图10-13　蒙版状态

06 添加图层蒙版后，可以在"图层"面板中对图层蒙版进行编辑。将鼠标指针放到"图层"面板中的蒙版图标中，然后右击，在弹出的快捷菜单中可以选择所需的编辑命令，如图10-14所示。

- ⊙ "停用图层蒙版"：选择该命令可以暂时不显示图像中添加的蒙版效果。
- ⊙ "删除图层蒙版"：选择该命令可以彻底删除应用的图层蒙版效果，使图像回到原始状态。
- ⊙ "应用图层蒙版"：选择该命令可以将蒙版图层变成普通图层，将不能对蒙版状态进行编辑。

技巧提示 -
通过工具箱中的横排文字蒙版工具▇和直排文字蒙版工具▇，可以创建文字蒙版，即文字选区。

图10-14　弹出菜单

10.1.3　转换矢量蒙版

用户可以通过钢笔或形状工具创建蒙版，这种就叫做矢量蒙版。矢量蒙版可在图层上创建锐边形状，无论何时需要添加边缘清晰分明的设计元素，都可以使用矢量蒙版。

练习10-3：矢量蒙版的应用

01 继续使用"练习10-2"中绘制好的图像，选择自定形状工具，在属性栏中的工具模式中选择"形状"，然后单击"形状"右侧的三角形按钮，即可弹出一个面板，选择其中的"边框4"图形，如图10-15所示。

02 在属性栏左侧的下拉列表中选择"形状"命令，设置前景色为白色，然后在图像窗口中绘制一个边框图形，如图10-16所示。

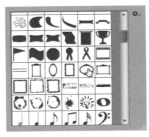

图10-15　选择图形

图10-16　绘制边框图形

03 绘制图形后，可以在"图层"面板中看到添加的是形状图层，如图10-17所示。使用直接选择工具▇可以编辑画面中的矢量图形，如图10-18所示。

图10-17　矢量蒙版

图10-18　编辑图形

04 选择"图层→栅格化→填充内容"命令，可以将形状图层转换为矢量蒙版图层，这时"图层"面板将显示矢量蒙版，如图10-19所示。

05 将鼠标指针放到矢量蒙版中单击，可以弹出一个菜单，在其中可以选择编辑矢量蒙版，如图10-20所示，用户可以根据需要选择所需的命令。

图10-19　矢量蒙版

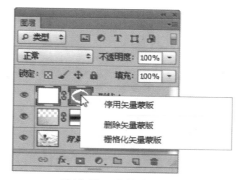
图10-20　编辑图形

实例1：制作彩色美瞳

实例文件：	实例文件\第10章\彩色美瞳.psd
素材文件：	素材文件\第10章\眼睛.jpg
视频教程：	视频文件\第10章\彩色美瞳.avi

本实例将改变图像中人物眼睛的颜色，介绍使用快速蒙版功能和渐变工具的方法和技巧，在实例制作中还将介绍图层混合模式的操作，实例效果如图10-21所示。

本实例的具体操作如下。

01 选择"文件→打开"命令，打开"眼睛.jpg"素材图像，如图10-22所示，单击工具箱底部的 按钮进入快速蒙版编辑状态。

图10-21　实例效果

02 选择画笔工具，在人物的眼睛图像中拖动鼠标进行涂抹，将眼珠图像完全选择，如图10-23所示。

图10-22　素材图像

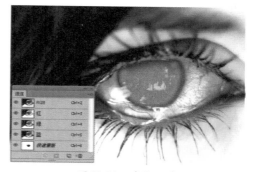
图10-23　涂抹眼睛

03 按下Q键退出快速编辑状态，选择"选择→反向"命令，得到眼珠图像的选区，如图10-24所示。

04　新建图层1，选择渐变工具，在属性栏中单击渐变色条，打开"渐变编辑器"对话框，选择"色谱"，如图10-25所示。

05　在属性栏中单击"线性渐变"按钮■，然后在选取中斜拉鼠标进行填充，效果如图10-26所示。

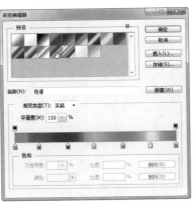

图10-24　获取选区　　　　　　　图10-25　设置渐变颜色　　　　　　图10-26　填充选区

06　按下Ctrl＋D组合键取消选区，设置图层1的图层混合模式为"减去"，如图10-27所示。

07　设置好图层混合模式后，得到的图像效果如图10-28所示。然后使用橡皮擦工具在图像周围擦除溢出来的颜色，得到最终的图像效果，如图10-29所示。

图10-27　设置图层混合模式　　　　图10-28　图层混合效果　　　　　图10-29　最终效果

10.2　关于通道

通道主要是通过"通道"面板存储图像的颜色信息和选区信息。用户可以使用通道快捷地创建部分图像的选区，还可以利用通道制作一些特殊效果的图像。

10.2.1　通道分类

通道的功能根据其所属类型不同而不同。在Photoshop CS6中，通道包括颜色通道、Alpha通道和专色通道3种类型。下面将分别进行介绍。

1．颜色通道

颜色通道主要用于描述图像色彩信息，如RGB颜色模式的图像有3个默认的通道，分别为红(R)、绿(G)、蓝(B)，而不同的颜色模式将有不同的颜色通道。当用户打开一个图像文件后，将自动在"通道"面板中创建一个颜色通道。图10-30所示为RGB图像的颜色通道；图10-31所示为CMYK图像的颜色通道。

图10-30　RGB通道

图10-31　CMYK通道

选择不同的颜色通道，则显示的图像效果也不一样，如图10-32到图10-34所示为在RGB模式下各通道显示情况。

图10-32　红色通道

图10-33　绿色通道

图10-34　蓝色通道

2．Alpha通道

Alpha通道是用于存储图像选区的蒙版，它将选区存储为8位灰度图像放入"通道"面板中，用来处理隔离和保护图像的特定部分，所以它不能存储图像的颜色信息。

3．专色通道

专色就是除了CMYK以外的颜色。专色通道主要用于记录专色信息，指定用于专色(如银色、金色及特种色等)油墨印刷的附加印版。

10.2.2 "通道"面板

在Photoshop中，打开的图像都会在"通道"面板中自定创建颜色信息通道。如果图像文件有多个图层，则每个图层都有一个颜色通道，如图10-35所示。

- ◉ "将通道作为选区载入"按钮 ○：单击该按钮可以将当前通道中的图像转换为选区。

- ◉ "将选区存储为通道"按钮 ◻：单击该按钮可以将自动创建一个Alpha通道，图像中的选区将存储为一个遮罩。

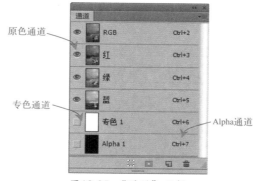

图10-35　"通道"面板

⊙ "创建新通道"按钮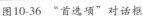：单击该按钮可以创建一个新的Alpha通道。

⊙ "删除通道"按钮：用于删除选择的通道。

技巧提示

只有以支持图像颜色模式的格式(如PSD、PDF、PICT、TIFF或Raw等格式)存储文件时才能保留Alpha通道，以其他格式存储文件可能会导致通道信息丢失。

在Photoshop CS6的默认情况下，原色通道以灰度显现图像。如果要使原色通道以彩色显示，可以选择"编辑→首选项→界面"命令，打开"首选项"对话框，选中"用彩色显示通道"，如图10-36所示，各原色通道就会以彩色显示，如图10-37所示。

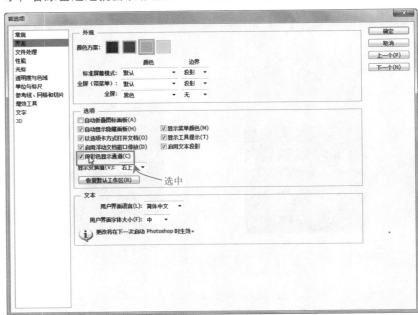

图10-36 "首选项"对话框

图10-37 彩色显示通道

10.3 新建通道

了解了通道的分类和"通道"面板后，用户在具体使用通道进行操作时，还要学习通道的创建，下面就来详细介绍新建Alpha通道和新建专色通道的操作方法。

10.3.1 新建Alpha通道

Alpha通道用于存储选择范围，可再次编辑。用户可以载入图像选区，然后新建Alpha通道对图像进行操作。

练习10-4：在"通道"面板中创建Alpha通道

01 选择"窗口→通道"命令，打开"通道"面板，单击"通道"面板底部的"创建新通道"按钮，即可创建一个Alpha1通道，如图10-38所示。

02 单击"通道"面板右上角的三角形按钮，即可弹出一个快捷菜单，选择"新通道"命令后打开如图10-39所示的对话框，设置好所需选项后单击"确定"按钮即可在"通道"面板中创建一个Alpha2通道。

图10-38 新建Alpha通道　　　　图10-39 "新建通道"对话框

03 在图像窗口中创建一个选区，如图10-40所示，单击"通道"面板底部的"将选区存储为通道"按钮即可将选区存储为Alpha通道，如图10-41所示。

图10-40 创建选区　　　　图10-41 存储选区为通道

10.3.2 新建专色通道

新建专色通道可以在"通道"面板中操作。单击"通道"面板右上角的按钮，在弹出的快捷菜单中选择"新建专色通道"命令，即可打开"新建专色通道"对话框，如图10-42所示。在对话框中输入新通道名称后，单击"确定"按钮，即可得到新建的专色通道，如图10-43所示。

图10-42 "新建专色通道"对话框　　　　图10-43 专色通道

10.4 通道的基本操作

用户通常需要在"通道"面板中对通道进行一些必要的操作，才能创建出更具有立体感、更加丰富的图像效果。

10.4.1 隐藏与显示通道

在编辑图像时，为了便于观察当前图像的操作状态，常常需要对部分通道进行隐藏。单击需要隐藏的通道前的 ◉ 图标，即可隐藏该通道，再次单击 ▣ 图标，则可显示该通道。

练习10-5：在"通道"面板中隐藏和显示通道

01 打开一幅图像文件，使用快速蒙版获取图像选区，如图10-44所示。然后单击"通道"面板底部的"将选区存储为通道"按钮 ▣，创建一个Alpha通道，如图10-45所示。

图10-44 获取图像选区

图10-45 创建Alpha通道

02 单击Alpha通道前面的眼睛图标，显示Alpha通道，然后再单击红、蓝通道前面的眼睛图标，将其隐藏，如图10-46所示。

03 这时图像中将只显示绿色通道和Alpha通道的图像，如图10-47所示。

图10-46 隐藏/显示通道

图10-47 图像效果

10.4.2 复制通道

通道与图层一样，都可以在面板中进行复制，不但可以在同一个文档中复制，还可以在不同文档中相互复制。

练习10-6：在"通道"面板中复制通道

01 选择需要复制的通道，单击"通道"面板右上方的三角形按钮 ▤，在弹出的快捷菜单中选择"复制通道"命令，如图10-48所示。

02 选择"复制通道"命令后，即可弹出"复制通道"对话框，如图10-49所示。

03 在对话框中设置各选项后，单击"确定"按钮即可在"通道"面板中得到复制的通道，如图10-50所示。

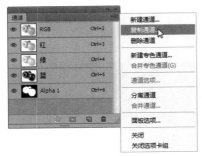

图10-48 弹出快捷菜单

图10-49 "复制通道"对话框

图10-50 复制红色通道

10.4.3 删除通道

在完成图像的处理后，对多余的通道可以将其删除，因为多余的通道会改变图像文件大小，并且还影响电脑运行速度。删除通道的方法有以下3种。

⊙ 选择需要删除的通道，在通道上右击，在弹出的快捷菜单中选择"删除通道"命令。

⊙ 选择需要删除的通道，单击面板右上方的三角形按钮，在弹出的菜单中选择"删除通道"命令。

⊙ 选择需要删除的通道，按住鼠标左键将其拖动到面板底部的"删除当前通道"按钮 🗑 上即可。

10.4.4 载入通道选区

在通道可以载入和存储选区，而在通道中载入选区是通道应用最广泛的操作，在处理一个较复杂的图像时常常要运用多次。

在"通道"面板中选择要产生选区的通道，然后单击面板底部的"将通道作为选区载入"按钮 ◎ 即可，如图10-51所示，载入通道选区后的效果如图10-52所示。

图10-51 载入通道选区

图10-52 载入选区效果

10.4.5 通道的分离与合并

在Photoshop中，用户可以将一个图像文件的各个通道分开，各自成为一个拥有独立图像窗口和"通道"面板的独立文件，可以对各个通道文件进行独立编辑。当编辑完成后，再将各个独立的通道文件合成到一个图像文件中，这就是通道的分离与合并。

图10-53 打开后图像及对应的通道

练习10-7：分离与合并通道

01 打开一幅素材图像，可在"通道"面板中查看图像通道信息，如图10-53所示。

02 单击通道快捷菜单按钮，在弹出的快捷菜单中选择"分离通道"命令，系统会自动将图像按原图像中的分色通道数目分解为3个独立的灰度图像，如图10-54所示。

(a) 红色通道图像

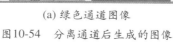

(a) 绿色通道图像

(c) 蓝色通道图像

图10-54 分离通道后生成的图像

03 选择分离出来的绿色通道图像，选择"滤镜→风格化→凸出"命令，在打开的对话框中直接单击"确定"按钮，如图10-55所示，这时当前图像显示效果如图10-56所示。

图10-55 "凸出"对话框

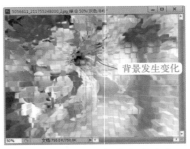

图10-56 应用滤镜后的效果

04 单击通道快捷菜单按钮，在弹出的快捷菜单中选择"合并通道"命令，在打开的"合并通道"对话框中设置合并后图像的颜色模式为RGB颜色，如图10-57所示。

05 单击"确定"按钮，然后在打开的"合并RGB通道"对话框中直接单击"确定"按钮，这样就为原图像添加了背景纹理，如图10-58所示。

图10-57 "合并通道"对话框

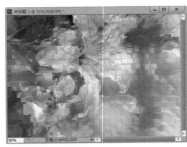

图10-58 合并后的效果

实例2：制作个性边框

实例文件：	实例文件\第10章\个性边框.psd	
素材文件：	素材文件\第10章\小女孩.jpg	
视频教程：	视频文件\第10章\个性边框.avi	

本实例将制作一个个性边框图像，首先使用了一张较为漂亮的素材图像，再通过新建通道，并在通道中应用滤镜命令，得到边框的喷溅效果，然后填充颜色，再添加投影即可。实例效果如图10-59所示。

本实例的具体操作如下。

01 选择"文件→打开"命令，打开"小女孩.jpg"素材图像，如图10-60所示。切换到"通道"面板中，单击面板下方的创建新通道按钮，新建"Alpha 1"通道。

02 选择套索工具，在图像四周手动绘制选区，并填充为白色，如图10-61所示。

图10-59 实例效果

图10-60 素材图像

图10-61 填充通道选区

03 取消选区，选择"滤镜→滤镜库"命令，在打开的对话框中选择"画笔描边→喷溅"命令，设置参数如图10-62所示。

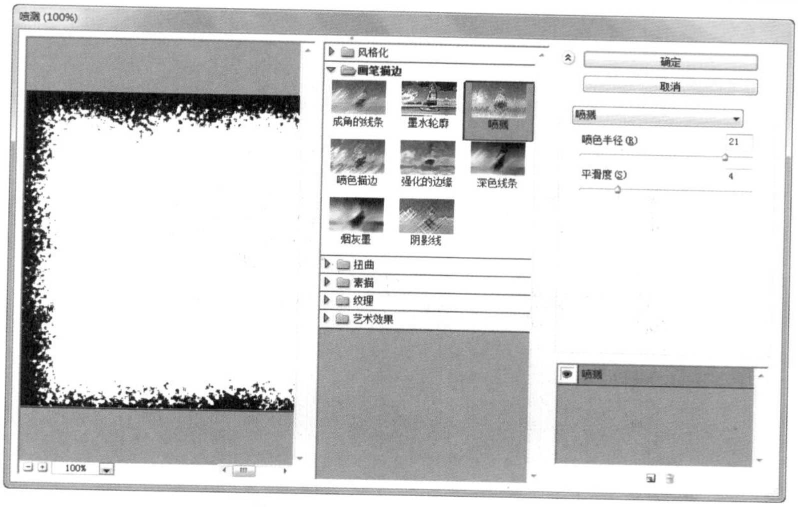

图10-62　设置喷溅滤镜参数

04 单击“确定”按钮，按住Ctrl键单击Alpha 1通道，载入Alpha 1通道选区，切换到“图层”面板，按下Shift+Ctrl+I组合键反选选区，如图10-63所示。

05 将选区填充为白色，然后双击该图层，在打开的对话框中默认设置后，单击“确定”按钮，将背景图层转换为普通图层，如图10-64所示。

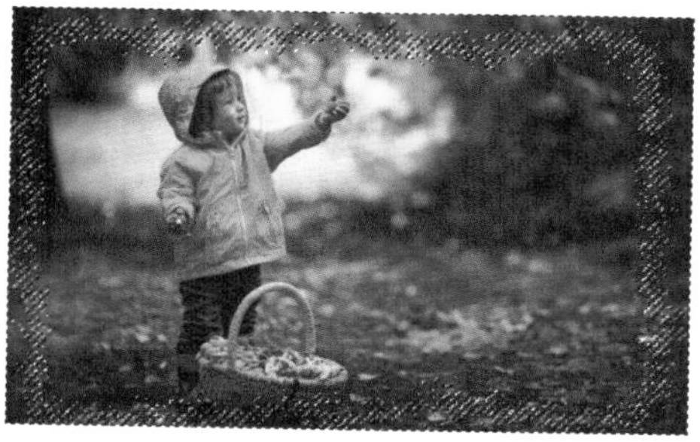

图10-63　获取选区

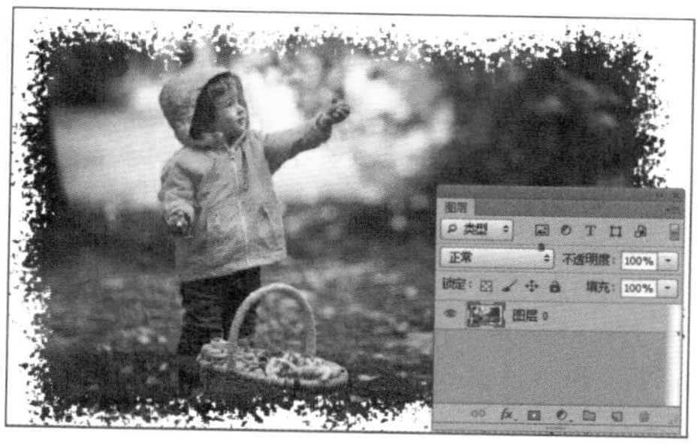

图10-64　转换图层

06 新建一个图层，将其放到图层0的下方，并填充为白色。选择“图层0”，再选择“图层→图层样式→外发光”命令，在打开的“图层样式”对话框中设置外发光颜色为黑色，其余参数如图10-65所示。

07 单击“确定”按钮，得到图像外发光效果。按下Ctrl+T组合键适当缩小图像，如图10-66所示。

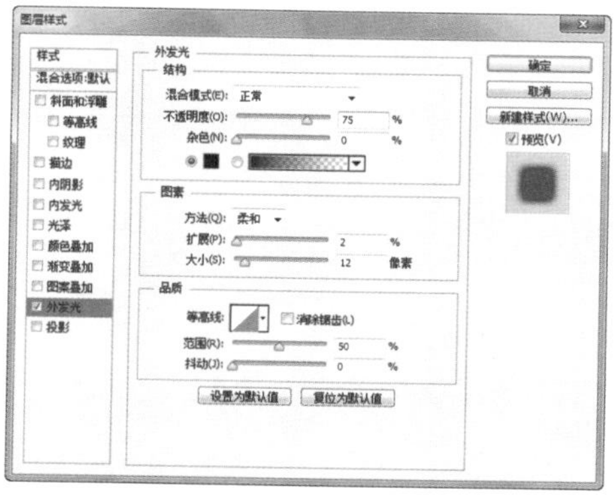

图10-65　设置外发光参数

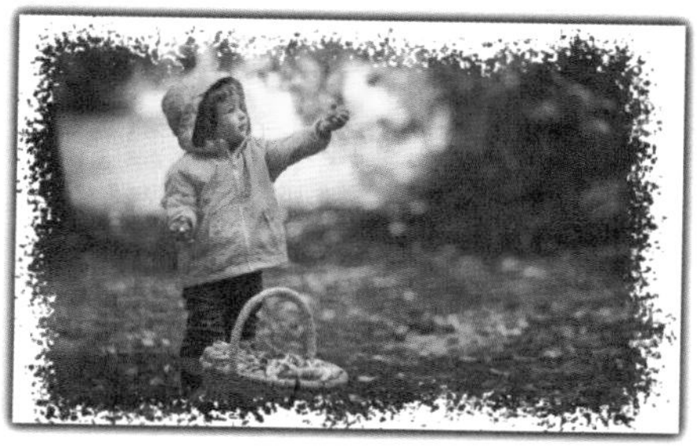

图10-66　缩小图像

08 选择横排文字工具在画面右下方输入文字，在属性栏中设置字体为Palace Script MT，文字大小为55点，如图10-67所示。

图10-67　完成效果

10.5　学习总结

　　本章主要学习了在Photoshop CS6中蒙版和通道的运用，首先介绍了添加快速蒙版、图层蒙版和矢量蒙版的具体操作方法，接着再介绍通道的各种属性和操作方法，其中包括通道的类型、"通道"面板的使用、如何新建各种通道，以及通道的基本操作方法等。

　　学习本章后，需要重点掌握几个功能，其中包括快速蒙版和图层蒙版的使用方法、"通道"面板的操作，以及在复制通道、载入通道选区等，对于其他不常用的功能只需了解即可。

10.6　疑难解答

　　在本章的学习中，主要讲解了Photoshop CS6中蒙版和通道的应用，下面通过对前面的学习列出一些常见的问题和解答供读者参考。

　　问：复制通道还有其他方法吗？

　　答：当然有了。选择需要复制的通道，在通道上右击，选择"复制通道"命令即可；或者按住鼠标左键将其拖动到面板底部的"创建新通道"按钮 上，当鼠标指针变成 形状时释放鼠标即可。

　　问：是不是每个通道显示的图像颜色都不一样呢？

　　答：是的。用户可以根据需要调整的图像内容，选择所需的通道，这样操作起来也比较方便。

第11章　滤镜基础应用

本章导读

本章将主要介绍滤镜的初级应用，包括滤镜菜单的介绍、滤镜的一般使用方法，以及几个常用滤镜的功能及操作。其中重点介绍了"液化"和"消失点"滤镜，特别是"消失点"滤镜，它在平衡图像间的透视关系时非常有用。

本章主要内容如下：

- 滤镜的相关知识
- 常用滤镜的设置
- 滤镜库的应用
- 智能滤镜的应用

11.1 滤镜的相关知识

Photoshop中的滤镜功能十分强大,可以创建出各种各样的图像特效。Photoshop CS6提供了近100种滤镜,可以完成纹理、杂色、扭曲和模糊等多种操作。

11.1.1 了解什么是滤镜

Photoshop的滤镜主要分为两部分,一部分是Photoshop程序内部自带的内置滤镜;另一部分是第三方厂商为 Photoshop所生产的滤镜,外挂滤镜数量较多,而且有各种种类、功能不同,版本和种类都不断地升级和更新,用户可以使用不同的滤镜,轻松地达到创作的意图。

用户可以通过Photoshop中的滤镜菜单命令为图像制作出各种特殊效果,在"滤镜"菜单中可以找到所有Photoshop内置滤镜。单击"滤镜"菜单,在弹出的"滤镜"菜单中包括了多种滤镜组,在滤镜组中还包含了多种不同的滤镜效果,如图11-1所示。

Photoshop的滤镜中,大部分滤镜都拥有对话框,选择"滤镜"菜单下相应的滤镜命令,可以在弹出的对话框中设置各项参数设置,然后单击"确定"按钮即可,如选择"滤镜→风格化→等高线"命令,即可打开"等高线"对话框进行各项设置,如图11-2所示。

图11-1 "滤镜"子菜单   图11-2 "等高线"对话框

11.1.2 滤镜的基本操作

在Photoshop CS6中系统默认为每个滤镜都设置了效果,当应用该滤镜时,自带的滤镜效果就会应用到图像中,用户可通过滤镜提供的参数对图像效果进行调整。

1. 预览滤镜

当用户在"滤镜"菜单下选择一种滤镜时,系统将打开对应的参数设置对话框,在其中用户可以预览到图像应用滤镜的效果,如图11-3和图11-4所示。

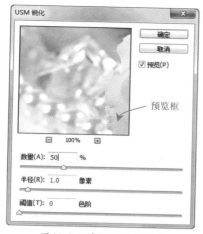

图11-3 普通滤镜预览框

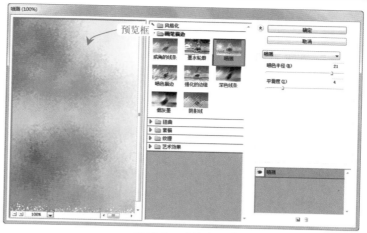

图11-4 滤镜库预览框

在普通滤镜对话框中单击预览框底部的 ⊟ 或 ⊞ 按钮，可缩小或放大预览图，如图11-5所示。当预览图放大到超过预览框大小时，可在预览图中拖动显示图像特定区域，如图11-6所示。

2. 应用滤镜

设置不同的滤镜参数可以得到不同变化的图像效果，应用滤镜的具体操作如下。

01 选择要应用滤镜的图层，如果要将滤镜应用到图像中某个区域，使用选区工具选取该区域。

图11-5 放大预览图

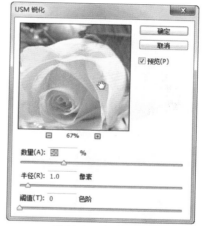

图11-6 移动预览图

02 从"滤镜"菜单的子菜单中选取一个滤镜。

03 选取滤镜后，如果不出现任何对话框，则说明已应用该滤镜效果，如果出现对话框，则可在对话框中调整参数，然后单击"确定"按钮即可。

技巧提示 -

对图像应用滤镜后，如果发现效果不明显，可按下Ctrl+F组合键再次应用该滤镜。

11.2 常用滤镜的设置与应用

在Photoshop CS6中，液化滤镜和消失点滤镜对用户修图的帮助很大，下面分别介绍这两种滤镜的具体使用方法。

11.2.1 镜头校正滤镜

"镜头校正"滤镜可以修复常见的镜头瑕疵，如桶形和枕形失真、晕影和色差，该滤镜在 RGB 或灰度模式下只能用于 8 位/通道和 16 位/通道的图像。

练习11-1：校正球面化图像

01 打开光盘中的"素材文件\第11章\小女孩.jpg"图像文件，可以看到图像有球面化效果，如图11-7所示。

02 选择"滤镜→镜头矫正"命令，打开"镜头矫正"对话框，如图11-8所示。

图11-7 素材图像

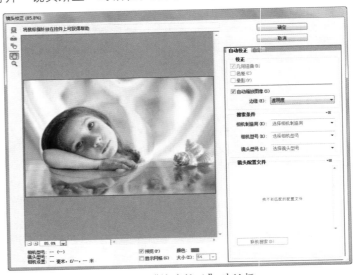

图11-8 "镜头校正"对话框

03 选择对话框右侧的"自动校正"选项卡，用户可以设置矫正选项，在"边缘"下拉菜单中可以选择相应的命令，如图11-9所示。

04 在"搜索条件"下拉菜单中，可以设置相机的品牌、型号和镜头型号，如图11-10所示。

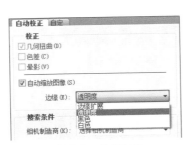

图11-9 素材图像

图11-10 "镜头校正"对话框

05 选择对话框中的"自定"选项卡，可以精确的校正扭曲。这里设置几何扭曲为40、中点为40、数量为10、比例为100，如图11-11所示。

06 单击"确定"按钮，得到矫正后的图像效果，如图11-12所示。

图11-11　设置参数

图11-12　校正效果

11.2.2 液化滤镜

液化滤镜可以使图像产生扭曲效果，用户可以通过"液化"对话框自定义图像扭曲的范围和强度，还可以将调整好的变形效果存储起来，以便于以后使用。

练习11-2：液化图像

01 选择"滤镜→液化"命令打开"液化"对话框，选择"高级模式"复选框，可以显示所有选项，如图11-13所示，对话框左侧为工具箱，中间为预览图像窗口，右侧为参数设置区。

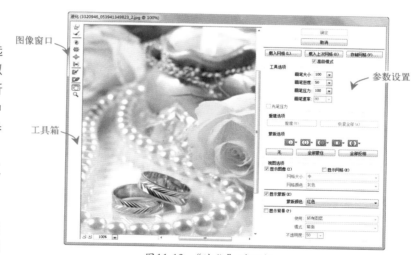

图11-13　"液化"对话框

"液化"对话框中常用工具功能解释如下。

⊙　"向前变形工具" ：在预览框中单击并拖动鼠标可以使图像中的颜色产生流动效果。在对话框右侧的"画笔大小"、"画笔密度"和"画笔压力"下拉列表中可以设置笔头样式。

⊙　重建工具 ：可以对图像中的变形效果进行还原操作。

⊙　顺时针旋转扭曲工具 ：在图像中按住鼠标左键不放，可以使图像产生顺时针旋转效果。

⊙　褶皱工具 ：拖动图像将产生向内压缩变形的效果。

⊙　膨胀工具 ：拖动图像将产生向外膨胀放大的效果。

⊙　左推工具 ：拖动图像中的像素将发生位移变形效果。

⊙　镜像工具 ：用于复制图像并使复制后的图像产生与原图像对称的效果。

⊙　湍流工具 ：拖动图像将产生波纹效果。

- ◉ 冻结蒙版工具[图]：用于将图像中不需要变形的部分保护起来，被冻结区域将不会受到变形的处理。
- ◉ 解冻蒙版工具[图]：用于解除图像中的冻结部分。
- ◉ 抓手工具[图]：当图像大于预览框区域显示时，可以使用该工具拖动图像进行查看。
- ◉ 缩放工具[图]：用户对图像的放大或缩小操作，直接在预览框中单击可以放大图像，按住Alt键在图像中单击可以缩小图像。

02 选择向前变形工具，然后将鼠标指针放到戒指图像中，进行拖动，将得到图像的变形效果，如图11-14所示。

03 使用重建工具在扭曲的图像上涂抹，可以将其恢复原状，如图11-15所示。

图11-14　变形图像　　　　　　图11-15　恢复图像

04 使用不同的液化工具可以应用不同的变形效果，这里就不再逐一介绍了。选择冻结蒙版工具[图]在图像中涂抹，将部分图像进行保护，受保护的图像将以透明红色显示，如图11-16所示。

05 使用左推工具在图像中拖动，可以看到使用了冻结蒙版的图像效果并不能被改变，如图11-17所示。

图11-16　使用冻结蒙版　　　　图11-17　左推图像效果

技巧提示

当用户在"液化"对话框中使用工具应用变形效果后，单击右侧的"恢复全部"按钮，可以将图像恢复到原始状态。

实例1：塑造身材

实例文件：	实例文件\第11章\瘦身效果.psd
素材文件：	素材文件\第11章\美女.psd
视频教程：	视频文件\第11章\瘦身效果.avi

本实例将使用"液化"滤镜为人物进行瘦身操作，从图11-18中可以看到人物的腰部、手臂和大

腿都有明显的赘肉，在"液化"滤镜中将主要
针对这些部位进行调整。实例的对比效果如图
11-18和图11-19所示。

本实例的具体操作如下。

01 打开光盘中的"素材文件\第11章\美
女.psd"图像文件，选择"滤镜→液化"命令，
打开"液化"对话框，选择向前变形工具，
在左腰部从上向下拖动，收缩腰部图像，如图
11-20所示。

02 选择向前变形工具，在人物两只大腿
两边向内拖动鼠标，得到大腿收缩效果，如图
11-21所示。

图11-18 瘦身前的效果　　图11-19 瘦身后的效果

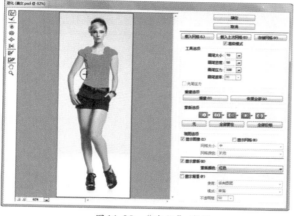

图11-20 "液化"滤镜

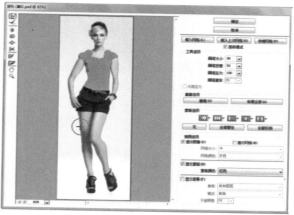

图11-21 收缩大腿图像

03 使用向前变形工具对人物两只手臂外侧进行操作，如图11-22所示，单击"确定"按钮，完成
人物瘦身操作，如图11-23所示。

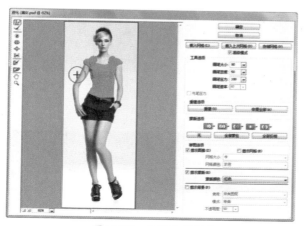

图11-22 收缩手臂图像

图11-23 图像效果

11.2.3 消失点滤镜

使用消失点滤镜可以在图像中自动应用透视原理，按照透视的角度和比例来自动适应图像的修改，从而大大节约精确设计和修饰照片所需的时间。

选择"滤镜→消失点"命令，可以打开"消失点"对话框，如图11-24所示。

"消失点"对话框中常用工具功能解释如下。

图11-24 "消失点"对话框

- ◉ "创建平面工具" ：打开"消失点"对话框时，该工具为默认选择工具，在预览框中不同的位置单击4次，可创建一个透视平面，如图11-25所示。在对话框顶部的"网格大小"下拉列表框中可设置显示的密度。

- ◉ "编辑平面工具" ：选择该工具可以调整绘制的透视平面，调整时拖动平面边缘的控制点即可，如图11-26所示。

- ◉ "图章工具" ：该工具与工具箱中的仿制图章工具一样，在透视平面内按住Alt键并单击图像可以对图像取样，然后在透视平面其他地方单击，可以将取样图像进行复制，复制后的图像与透视平面保持一样的透视关系，如图11-27所示。

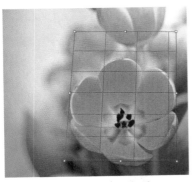

图11-25 创建透视平面

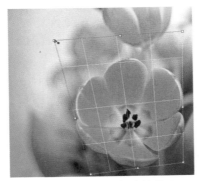

图11-26 调整透视平面

图11-27 单击复制

11.3 使用滤镜库

在Photoshop CS6中滤镜菜单有所调整，对于存在于"滤镜库"中的滤镜将不再菜单中显示，需要打开"滤镜库"后才能进行查看、操作。用户通过"滤镜库"可以查看到各滤镜的应用效果，滤镜库整合了"扭曲"、"画笔描边"、"素描"、"纹理"、"艺术效果"和"风格化"6种滤镜功能，通过该滤镜库，可预览同一图像应用多种滤镜的效果。

练习11-3：在滤镜库中添加滤镜

01 打开一幅素材图像，选择"滤镜→滤镜库"命令，打开滤镜库的对话框，如图11-28所示。

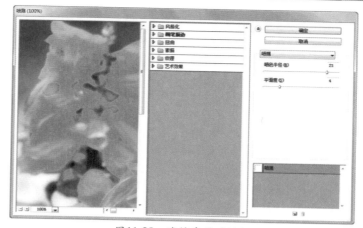

图11-28　滤镜库的对话框

02 在滤镜库中有六组滤镜，单击其中一组滤镜，即可打开该组中的其他滤镜，然后选择其中一种滤镜，可以为图像添加滤镜效果，在左侧的预览窗口中可以查看到图像滤镜效果，如图11-29所示。

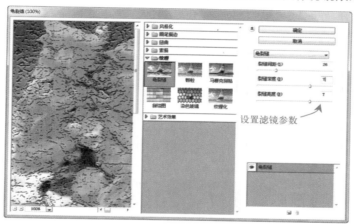

图11-29　添加滤镜

03 单击对话框右下角的"新建效果图层"按钮，可以将该滤镜效果保存，然后在单击其他滤镜效果，可以得到两种滤镜叠加的效果，如图11-30所示。

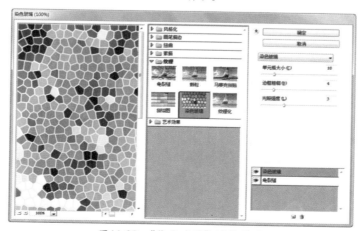

图11-30　"染色玻璃"滤镜效果

11.4 使用智能滤镜

从Photoshop CS3开始，滤镜菜单中增加了一个智能滤镜，应用于智能对象的任何滤镜都是智能滤镜，使用智能滤镜可以将已经设置好的滤镜效果重新编辑。

首先需要选择"滤镜→转换为智能滤镜"命令，将图层中的图像转换为智能对象，如图11-31所示，然后对该图层应用滤镜，此时"图层"面板如图11-32所示。单击"图层"面板中添加的滤镜效果，可以开启对应的滤镜对话框，对其进行重新编辑。

图11-31 转换为智能滤镜

图11-32 应用滤镜

11.5 学习总结

本章主要学习了Photoshop CS6中滤镜的初级应用知识，主要包括了解滤镜、滤镜的基本操作、液化滤镜、消失点滤镜，以及滤镜库和智能滤镜的操作。通过掌握这些滤镜基础知识的操作，读者可以在学习滤镜各种菜单命令的基础上，对滤镜进行更好的、更灵活的运用。

11.6 疑难解答

在本章的学习中，主要讲解了Photoshop CS6滤镜的基本知识和应用，下面通过对前面的学习列出一些常见的问题和解答供读者参考。

问：滤镜在Photoshop中的作用重要吗？

答：当然重要，滤镜是使用Photoshop进行图像处理时最为常用的一种手段，它被称为Photoshop图像处理的"灵魂"，通过滤镜可以对图像进行各种特效处理，包括图像扭曲变形、背景纹理制作、涂抹模糊处理，以及艺术绘画等多种特效，从而使平淡无奇的图片产生奇妙的效果，这些滤镜都可以在滤镜菜单中找到。

问：什么是外挂滤镜？它的作用是什么？

答：外挂滤镜是指由第三方软件生产商开发的，不能独立运行，必须依附在Photoshop中运行的滤镜。外挂滤镜在很大程度上弥补了Photoshop自身滤镜的部分缺陷，并且功能强大，可以轻而易举的制作出非常漂亮的图像效果。

问：为什么有些图像打开后大多数滤镜菜单呈灰色状态不能应用呢？

答：这是因为该图像不是RGB模式，可以选择"图像→模式→RGB颜色"命令将其转换为RGB模式后再应用滤镜效果。

第12章　滤镜的深化应用

本章导读

本章将学习Photoshop中滤镜菜单中各种命令的使用方法,在Photoshop中滤镜可以制作出许多不同的效果,而且还可以制作出各种效果的图片设计。在使用滤镜时,参数的设置是非常重要的,用户在学习的过程中可以大胆地尝试,从而了解各种滤镜的效果特点。

本章主要内容如下:

- 滤镜库中各滤镜的使用
- 其他滤镜的使用

12.1 滤镜库中的滤镜

在第11章中学习了滤镜库的使用方法，其中有6个滤镜组，下面将分别介绍滤镜库中各个滤镜的操作效果。

12.1.1 风格化类滤镜

风格化滤镜组主要通过置换像素和查找增加图像的对比度，使图像产生印象派及其他风格化效果。该组滤镜提供了9种滤镜效果，只有照亮边缘滤镜位于滤镜库中。

1．照亮边缘

该滤镜是通过查找并标识颜色的边缘，为其增加类似霓虹灯的亮光效果。选择"滤镜→滤镜库"命令，在打开的对话框中选择"风格化→照亮边缘"命令，可以预览图像效果，如图12-1所示。

- "边缘宽度"：调整数值可以增加或减少被照亮边缘的宽度。
- "边缘亮度"：调整数值可以设置被照亮边缘的亮度。
- "平滑度"：调整数值可以设置被照亮边缘的平滑度。

图12-1 "照亮边缘"对话框

2．查找边缘

"查找边缘"滤镜可以找出图像主要色彩的变化区域，使之产生用铅笔勾划过的轮廓效果，打开素材图像如图12-2所示，选择"滤镜→风格化→查找边缘"命令，得到如图12-3所示的效果。

图12-2 原图

图12-3 查找边缘滤镜效果

3．等高线

使用"等高线"滤镜可以查找图像的亮区和暗区边界，并对边缘绘制出线条比较细、颜色比较浅的线条效果。选择"滤镜→风格化→等高线"命令，打开其参数设置对话框，如图12-4所示，设置好参数后单击"确定"按钮可以得到如图12-5所示的图像效果。

图12-4 "等高线"对话框

图12-5 图像效果

4. 风

使用"风"滤镜可以模拟风吹效果，为图像添加一些短而细的水平线。选择"滤镜→风格化→风"命令，打开参数设置对话框，如图12-6所示，效果如图12-7所示。

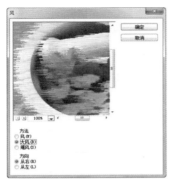 

图12-6　"风"对话框　　　　　　　图12-7　风吹效果

5. 浮雕效果

使用"浮雕效果"滤镜可以描边图像，使图像显现出凸起或凹陷效果，能将图像的填充色转换为灰色。选择"滤镜→风格化→浮雕"命令，打开其对话框，如图12-8所示，使用浮雕的效果如图12-9所示。

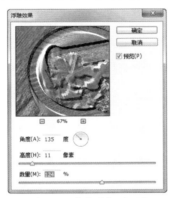 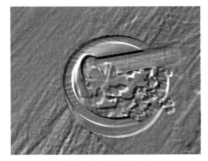

图12-8　"浮雕"对话框　　　　　　图12-9　浮雕效果

6. 扩散效果

使用"扩散"滤镜可以产生透过磨砂玻璃观察图片一样的分离模糊效果。选择"滤镜→风格化→扩散"命令，打开参数设置对话框，如图12-10所示，效果如图12-11所示。

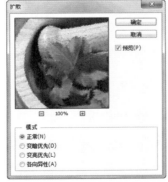 

图12-10　"扩散"对话框　　　　　图12-11　扩散效果

7．拼贴效果

使用"拼贴"滤镜可以将图像分解为指定数目的方块，并且将这些方块从原来的位置移动一定的距离。选择"滤镜→风格化→拼贴"命令，打开参数设置对话框，如图12-12所示，效果如图12-13所示。

图12-12　"拼贴"对话框　　　　　　图12-13　拼贴效果

8．曝光过度

使用"曝光过度"滤镜可以使图像产生正片和负片混合的效果，类似于摄影中增加光线强度产生的曝光过度效果。选择"滤镜→风格化→曝光过度"命令，效果如图12-14所示。

9．凸出

"凸出"滤镜效果可使选择区域或图层产生一系列块状或金字塔状的三维纹理。选择"滤镜→风格化→凸出"命令，打开"凸出"对话框，如图12-15所示，使用凸出的效果如图12-16所示。

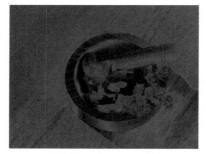

图12-14　曝光过度效果　　　　图12-15　"凸出"对话框　　　　图12-16　凸出效果

- ◎　"类型"：设置三维块的形状。
- ◎　"大小"：输入数值可设置三维块大小。
- ◎　"深度"：输入数值可设置凸出深度。
- ◎　"立方体正面"：选中此项则对立方体的表面，而不是对整个图案填充物体的平均色。此项必须在"类型"选项中选取"块"类型才有效。
- ◎　"蒙版不完整块"：选中此项，则生成的图像中将不完全显示三维块。

12.1.2　画笔描边类滤镜

画笔描边滤镜组中的命令，主要用于模拟不同的画笔或油墨笔刷来勾画图像，产生绘画效果。该滤镜组中的图像都可以在"滤镜库"中操作。

1．成角的线条

使用"成角的线条"滤镜可以使图像中的颜色产生倾斜划痕效果，图像中较亮的区域用一个方向的线条，较暗的区域用相反方向的线条绘制。打开素材图像如图12-17所示，选择"滤镜→滤镜库"命令，在打开的对话框中选择"画笔描边→成角的线条"命令，设置各项参数得到如图12-18所示的效果。

图12-17 原图

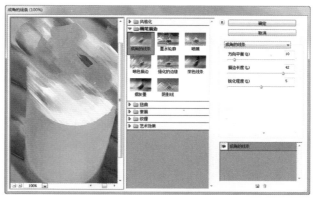

图12-18 设置参数效果

2．墨水轮廓

"墨水轮廓"滤镜可以产生类似钢笔绘图的风格，用细线条在原图细节上重绘图像。参数控制区如图12-19所示，对应的滤镜效果如图12-20所示。

图12-19 设置参数

图12-20 图像效果

3．喷溅

使用"喷溅"滤镜可以模拟喷枪绘图的工作原理使图像产生喷溅效果。参数控制区如图12-21所示，对应的滤镜效果如图12-22所示。

图12-21 设置参数

图12-22 喷溅图像效果

4．喷色描边

使用"喷色描边"滤镜采用图像的主导色，用成角的、喷溅的颜色增加斜纹飞溅效果。参数控制区如图12-23所示，对应的滤镜效果如图12-24所示。

图12-23 设置参数

图12-24 喷色图像效果

5．强化的边缘

"强化的边缘"滤镜的作用是强化勾勒图像的边缘。参数控制区如图12-25所示，对应的滤镜效果如图12-26所示。

6．深色线条

该滤镜是用粗短、绷紧的线条来绘制图像中接近深色的区域，再用细长的白色线条绘制图像中较浅的区域。参数控制区如图12-27所示，对应的滤镜效果如图12-28所示。

图12-25 设置参数

图12-26 强化的边缘图像效果

图12-27　设置参数　　　　图12-28　深色线条图像效果

7．烟灰墨

使用"烟灰墨"滤镜可以模拟饱含墨汁的湿画笔在宣纸上进行绘制的效果。参数控制区如图12-29所示，对应的滤镜效果如图12-30所示。

图12-29　设置参数　　　　图12-30　烟灰墨图像效果

8．阴影线

"阴影线"滤镜将保留原图像的细节和特征，但会使用模拟铅笔阴影线添加纹理，并且色彩区域的边缘会变粗糙。参数控制区如图12-31所示，对应的滤镜效果如图12-32所示。

图12-31　设置参数　　　　图12-32　阴影线图像效果

12.1.3　扭曲类滤镜

"扭曲"滤镜主要用于对当前图层或选区内的图像进行各种各样的扭曲变形处理，图像可以产生三维或其他变形效果。

1．玻璃

使用"玻璃"滤镜可以为图像添加一种玻璃效果，在对话框中可以设置玻璃的种类，使图像看起来像是透过不同类型的玻璃来观看。打开一幅素材图像，如图12-33所示，选择"滤镜→滤镜库"命令，在打开的对话框中选择"扭曲→玻璃"命令，在对话框中可以设置各项参数，如图12-34所示。

图12-33 原图

图12-34 设置玻璃效果

⊙ "扭曲度"：用于调节图像扭曲变形的程度，值越大，扭曲越严重。

⊙ "平滑度"：用于调整玻璃的平滑程度。

⊙ "纹理"：用于设置玻璃的纹理类型，有"块状"、"画布"、"磨砂"和"小镜头"4个选项。

2．海洋波纹

"海洋波纹"滤镜可以随机风格波纹，将其添加到图像表面。参数控制区如图12-35所示，对应的滤镜效果如图12-36所示。

图12-35 设置参数

图12-36 海洋波纹效果

3．扩散光亮

"扩散光亮"滤镜是将背景色的光晕加到图像中较亮的部分，让图像产生一种弥漫的光漫射效果。参数控制区如图12-37所示，对应的滤镜效果如图12-38所示。

图12-37 设置参数

图12-38 扩散光亮效果

4．波浪

"波浪"滤镜能模拟图像波动的效果，是一种较复杂、精确的扭曲滤镜，常用于制作一些不规则的扭曲效果。选择"滤镜→扭曲→波浪"命令，参数设置对话框如图12-39所示，使用波浪的效果如图12-40所示。

图12-39 设置参数

图12-40 扩散光亮效果

5．波纹

　　"波纹"滤镜可以模拟水波皱纹效果，常用来制作一些水面倒影图像。选择"滤镜→扭曲→波纹"命令，参数设置对话框如图12-41所示，使用波纹的效果如图12-42所示。

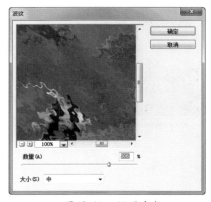
图12-41　设置参数

图12-42　波纹效果

6．极坐标

　　使用"极坐标"滤镜可以使图像产生一种极度变形的效果。选择"滤镜→扭曲→极坐标"命令，打开其对话框如图12-43所示，其中有两种设置，选择"平面坐标到极坐标"选项后，图像效果如图12-44所示，选择"极坐标到平面坐标"选项后，图像效果如图12-45所示。

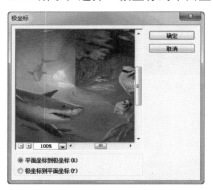
图12-43　设置参数

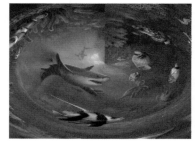
图12-44　极坐标效果

图12-45　平面坐标效果

7．挤压

　　使用"挤压"滤镜可以选择全部图像或部分图像，使选择的图像产生一个向外或向内挤压的变形效果。选择"滤镜→扭曲→挤压"命令，参数设置对话框如图12-46所示，图像效果如图12-47所示。

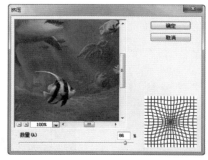
图12-46　设置参数

图12-47　挤压效果

8．切变

"切变"滤镜可以通过调节变形曲线，来控制图像的弯曲程度。选择"切变"命令后，在弹出的"滤镜→扭曲→切变"对话框中可调整切变曲线，如图12-48所示，单击"确定"按钮，效果如图12-49所示。

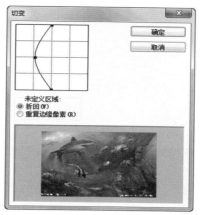

图12-48　设置参数

图12-49　切变效果

9．球面化

"球面化"滤镜可以通过立体化球形的镜头形态来扭曲图像，得到与挤压滤镜相似的图像效果。但它可以在垂直、水平方向上进行变形。选择"滤镜→扭曲→球面化"命令，参数设置对话框如图12-50所示，图像效果如图12-51所示。

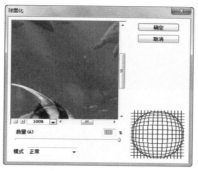

图12-50　设置参数

图12-51　球面化效果

10．水波

"水波"滤镜可以模拟水面上产生的漩涡波纹效果。选择"滤镜→扭曲→水波"命令，参数设置对话框如图12-52所示，图像效果如图12-53所示。

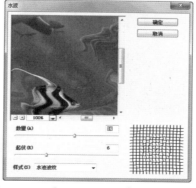

图12-52　设置参数

图12-53　水波效果

11．旋转扭曲

"旋转扭曲"滤镜可以使图像产生顺时针或逆时针旋转的效果。图像中心的旋转程度比边缘的旋转程度大，对话框的参数设置如图12-54所示，图像效果如图12-55所示。

12．置换

"置换"滤镜是根据另一个PSD格式文件的明暗度将当前图像的像素进行移动，使图像产生扭曲的效果。

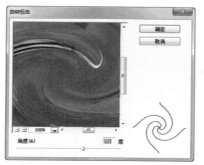

图12-54　设置参数

图12-55　旋转扭曲效果

实例1：制作炫光文字

实例文件：	实例文件\第12章\制作炫光文字.psd
素材文件：	无
视频教程：	视频文件\第12章\制作炫光文字.avi

本实例将使用滤镜制作一个炫光文字效果，首先结合渐变工具和羽化选区的功能，得到背景效果，然后为文字添加多种图层样式，最后为文字应用滤镜效果。实例效果如图12-56所示。

图12-56 图像效果

本实例的具体操作如下。

01 选择"文件→新建"命令，新建一个图像文件，将背景填充为黑色，如图12-57所示。

02 选择渐变工具，在属性栏中打开"渐变编辑器"对话框，设置颜色从蓝色(R6,G101,B177)到黑色，如图12-58所示。

03 单击"确定"按钮，回到画面中，单击属性栏中的"径向渐变"按钮，然后在图像中心向外拖动，得到填充效果，如图12-59所示。

04 选择矩形选框工具，在属性栏中设置羽化值为25，然后在图像下方绘制一个矩形选区，如图12-60所示。

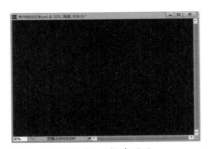

图12-57 新建图像

图12-58 设置渐变颜色

图12-59 填充颜色

图12-60 绘制矩形选区

05 选择渐变工具，打开"渐变编辑器"对话框，设置颜色从黑色到蓝色(R6,G101,B177)，并设置蓝色上方的色标不透明度为0，如图12-61所示。

06 在属性栏中设置渐变方式为"线性渐变"，然后对选区从下到上进行填充，得到的图像效果如图12-62所示。

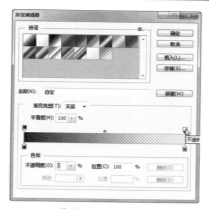

图12-61 设置颜色

图12-62 填充选区

07 选择横排文字工具，在图像中输入文字，然后在属性栏中设置字体为Stencil Std，如图12-63所示。

08 在"图层"面板中设置文字图层的填充为0，然后选择"图层→图层样式→斜面和浮雕"命令，打开"图层样式"对话框，设置样式为"内斜面"，再设置其他参数，如图12-64所示。

图12-63 输入文字

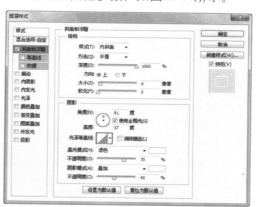

图12-64 设置斜面和浮雕参数

09 选择"外发光"选项，设置外发光颜色为白色，混合模式为"颜色减淡"，再设置各项参数，如图12-65所示。

10 选择"光泽"选项，设置光泽颜色为白色，混合模式为"线性减淡(添加)"，然后再选择等高线样式为"锥形"，如图12-66所示。

图12-65 设置外发光参数

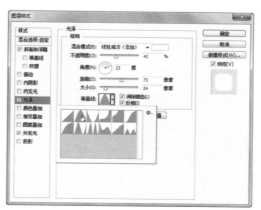

图12-66 设置光泽参数

11 设置好各项参数后单击"确定"按钮，得到的文字效果如图12-67所示。

12 新建一个图层，选择矩形选框工具在文字中绘制一个矩形选区，填充为白色，如图12-68所示。

图12-67　文字效果

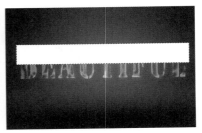

图I2-68　绘制矩形

13 在"图层"面板中设置白色矩形图层的填充为0，然后选择"图层→图层样式→渐变叠加"命令，打开"图层样式"对话框，设置混合模式为"线性减淡（添加）"，渐变颜色从白色到透明，如图12-69所示，单击"确定"按钮得到的图像效果如图12-70所示。

14 按住Ctrl键单击文字图层载入选区，然后确认选择的是白色矩形所在图层，单击"图层"面板底部的"添加图层蒙版"按钮■，得到的图像效果如图12-71所示。

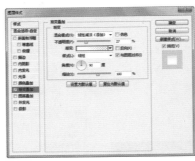

图12-69　设置参数

图12-70　图像效果

15 选择文字图层，按下Ctrl+J组合键复制一次图层，然后选择"编辑→变换→垂直翻转"命令，将文字向下移动，如图12-72所示。

图12-71　添加图层蒙版

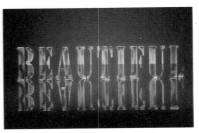

图12-72　复制文字

16 设置复制文字图层的不透明度为59%，再添加图层蒙版，使用画笔工具在图像下方进行涂抹，隐藏下部分图像，得到投影效果，如图12-73所示。

17 新建一个图层，并将其放到背景图层上方，选择椭圆形选框工具，在图像中绘制一个椭圆形选区，填充为蓝色（R8,G120,B204），如图12-74所示。

图12-73　得到投影效果

图12-74　绘制椭圆形

18 按下Ctrl+D组合键取消选区，选择"滤镜→模糊→高斯模糊"命令，打开"高斯模糊"对话框，设置"半径"为20像素，如图12-75所示，单击"确定"按钮完成操作。

19 再选择"滤镜→模糊→动感模糊"命令，打开"动感模糊"对话框，设置各项参数如图12-76所示。

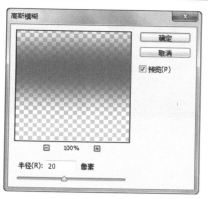

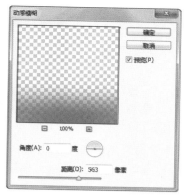

图12-75 设置高斯模糊 图12-76 设置动感模糊

20 单击"确定"按钮，得到的图像效果如图12-77所示。再使用椭圆选框工具在同样的位置绘制一个较小的椭圆选区，填充为白色，并为其应用"高斯模糊"和"动感模糊"命令，得到的效果如图12-78所示。

21 在"图层"面板中设置不透明度为80%，图层混合模式为"滤色"，得到的图像效果如图12-79所示。

图12-77 图像模糊效果 图12-78 再次绘制图像 图12-79 图像效果

22 新建一个图层，选择画笔工具，在属性栏中打开"画笔"面板，选择画笔样式为"尖角19"，然后再设置"间距"为547%，如图12-80所示。

23 选择"形状动态"选项，设置各项参数如图12-81所示，再选择"散布"选项，设置各项参数如图12-82所示。

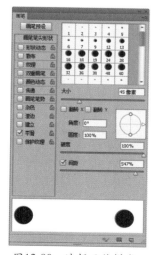

图12-80 选择画笔样式 图12-81 设置形状动态 图12-82 设置散布

24 设置好画笔样式后，设置前景色为白色，在图像中绘制出白色圆点图像，如图12-83所示。

图12-83　绘制圆点　　　　　　图12-84　图像效果

25 在"图层"面板中设置图层混合模式为"叠加"，图像效果如图12-84所示。

26 最后调整图像的整体明暗对比度，在"图层"面板中选择最顶层的图层，选择"图层→新建调整图层→曲线"命令，打开"属性"面板，在其中调整曲线，如图12-85所示，得到的图像效果如图12-86所示，完成本实例的操作。

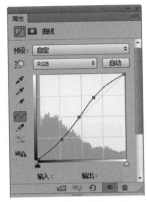

图12-85　调整曲线

图12-86　图像效果

12.1.4　素描类滤镜

素描滤镜组用于在图像中添加各种纹理，使图像产生素描、三维及速写的艺术效果。该滤镜组提供了14种滤镜效果，全部位于该滤镜库中。

1．半调图案

使用"半调图案"滤镜可以使用前景色显示凸显中的阴影部分，使用背景色显示高光部分，让图像产生一种网板图案效果。打开一幅素材图像，如图12-87所示，选择"滤镜→滤镜库"命令，在打开的对话框中选择"素描→半调图案"命令，在打开的对话框中可以设置各项参数，如图12-88所示，其图像效果可在左侧的预览框中查看。

图12-87　原图

图12-88　设置参数

2．便条纸

"便条纸"滤镜可以模拟出凹陷压印图案，使图像产生草纸画效果。其参数控制区如图12-89所示，对应的滤镜效果如图12-90所示。

3．粉笔和炭笔

"粉笔和炭笔"滤镜主要是使用前景色和背景色来重绘图像，使图像产生被粉笔和炭笔涂抹的草图效果。在处理过程中，使用粗糙的粉笔绘制中间调背景色，处理图像较亮的区域，而炭笔将使用前景色来处理图像较暗的区域。该滤镜的参数控制区如图12-91所示，对应的滤镜效果如图12-92所示。

4．铬黄渐变

使用"铬黄渐变"滤镜可以使图像产生液态金属效果，原图像的颜色会完全丢失。该滤镜的参数控制区如图12-93所示，对应的滤镜效果如图12-94所示。

5．绘图笔

"绘图笔"滤镜使用精细的、具有一定方向的油墨线条重绘图像效果。该滤镜对油墨使用前景色，较亮的区域使用背景色。该滤镜的参数控制区如图12-95所示，对应的滤镜效果如图12-96所示。

6．基底凸现

"基底凸现"滤镜可以使图像产生一种粗糙的浮雕效果。该滤镜的参数控制区如图12-97所示，对应的滤镜效果如图12-98所示。

图12-89　设置参数

图12-90　便条纸效果

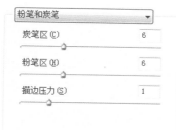

图12-91　设置参数

图12-92　粉笔和炭笔效果

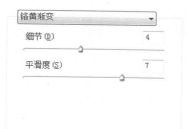

图12-93　设置参数

图12-94　铬黄效果

图12-95　设置参数

图12-96　绘图笔效果

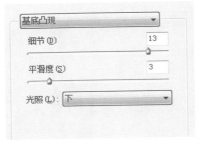

图12-97　设置参数　　　　　　图12-98　基底凸现效果

7．石膏效果

使用"石膏效果"滤镜可以在图像上产生黑白浮雕图像效果，该滤镜效果黑白对比较明显。该滤镜的参数控制区如图12-99所示，在对话框中可以设置纸张湿润的程度及笔触的长度、亮度和对比度，其对应的滤镜效果如图12-100所示。

图12-99　设置参数　　　　　　图12-100　石膏效果

8．水彩画纸

使用"水彩画纸"滤镜可以在图像上产生水彩效果，就好像是绘制在潮湿的纤维纸上，颜色溢出、混合的渗透效果。该滤镜的参数控制区如图12-101所示，在对话框中可以设置纸张湿润的程度及笔触的长度、亮度和对比度，其对应的滤镜效果如图12-102所示。

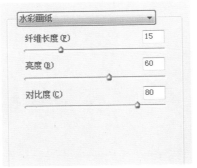

图12-101　设置参数　　　　　　图12-102　水彩画纸效果

9．撕边

"撕边"滤镜适用于高对比度图像，它可以模拟出撕破的纸片效果。该滤镜的参数控制区如图12-103所示，其对应的滤镜效果如图12-104所示。

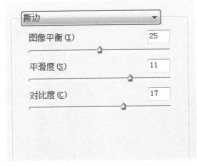

图12-103　设置参数　　　　　　图12-104　撕边效果

10. 炭精笔

"炭精笔"滤镜可以模拟使用炭精笔绘制图像的效果，在暗区使用前景色绘制，在亮区使用背景色绘制。该滤镜的参数控制区如图12-105所示，其对应的滤镜效果如图12-106所示。

11. 炭笔

"炭笔"滤镜在图像中创建海报化、涂抹的效果。图像中主要的边缘用粗线绘制，中间色调用对角线素描，其中炭笔使用前景色，纸张使用背景色。该滤镜的参数控制区如图12-107所示，其对应的滤镜效果如图12-108所示。

12. 图章

"图章"滤镜可以使图像简化、突出主体，看起来好像用橡皮和木制图章盖上去一样。该滤镜最好用于黑白图像。该滤镜的参数控制区如图12-109所示，其对应的滤镜效果如图12-110所示。

13. 网状

"网状"滤镜可以模拟胶片感光乳剂的受控收缩和扭曲的效果，使图像的暗色调区域好像被结块，高光区域好像被颗粒化。该滤镜的参数控制区如图12-111所示，其对应的滤镜效果如图12-112所示。

14. "影印"滤镜

"影印"滤镜用于模拟图像影印的效果。该滤镜的参数控制区如图12-113所示，其对应的滤镜效果如图12-114所示。

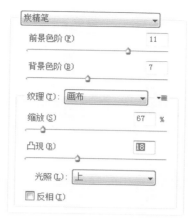

图12-105　设置参数

图12-106　炭精笔效果

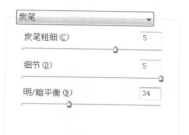

图12-107　设置参数

图12-108　炭笔效果

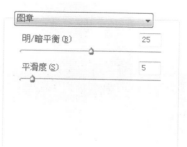

图12-109　设置参数

图12-110　图章效果

图12-111　设置参数

图12-112　网状效果

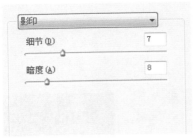

图12-113 设置参数

图12-114 影印效果

12.1.5 纹理类滤镜

使用纹理滤镜组可以为图像添加各种纹理效果,造成图像的深度感和材质感。该组滤镜提供了6种滤镜效果,全部位于该滤镜库中。选择"滤镜→滤镜库"命令,在打开的对话框中可以直接打开纹理组滤镜。

1. 龟裂缝

"龟裂缝"滤镜可以在图像中随机绘制出一个高凸现的龟裂纹理,并且产生浮雕效果。打开一幅素材图像,如图12-115所示,选择"龟裂缝"命令,在打开的对话框中可以设置各项参数,如图12-116所示,其图像效果可在左侧的预览框中查看。

图12-115 原图

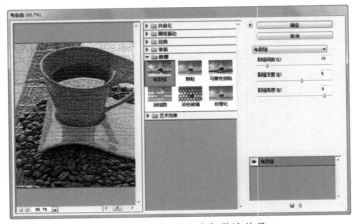

图12-116 设置龟裂缝效果

2. 颗粒

"颗粒"滤镜可以模拟不同种类的颗粒纹理,并将其添加到图像中。选择"颗粒"命令,该滤镜的参数控制区如图12-117所示,在"颗粒类型"下拉列表框中可以选择各种颗粒类型,如选择"强反差"命令,对应的滤镜效果如图12-118所示。

图12-117 设置参数

图12-118 颗粒效果

3. 马赛克拼贴

使用"马赛克拼贴"滤镜可以在图像表面产生不规则、类似马赛克的拼贴效果。该滤镜的参数控制区如图12-119所示，对应的滤镜效果如图12-120所示。

图12-119 设置参数　　　　　　　图12-120 马赛克效果

4. 拼缀图

使用"拼缀图"滤镜可以自动将图像分割成多个规则的矩形块，并且每个矩形块内填充单一的颜色，模拟出瓷砖拼贴的图像效果。该滤镜的参数控制区如图12-121所示，其对应的滤镜效果如图12-122所示。

图12-121 设置参数　　　　　　　图12-122 拼缀图效果

5. 染色玻璃

"染色玻璃"滤镜可以模拟出透过花玻璃看图像的效果，并且使用前景色勾画单色的相邻单元格。该滤镜的参数控制区如图12-123所示，对应的滤镜效果如图12-124所示。

图12-123 设置参数　　　　　　　图12-124 染色玻璃效果

6. 纹理化

使用"纹理化"滤镜可以为图像添加预设的纹理或者自己创建的纹理效果。该滤镜的参数控制区如图12-125所示，在"光照"下拉列表框中可以选择光照的方向，其对应的滤镜效果如图12-126所示。

图12-125 设置参数　　　　　　　图12-126 纹理化效果

12.1.6 艺术效果类滤镜

艺术效果滤镜组模仿自然或传统绘画手法的途径，将图像制作成天然或传统的艺术图像效果。该组滤镜提供了15种滤镜效果，全部位于该滤镜库中。选择"滤镜→滤镜库"命令，在打开的对话框中可以直接打开艺术效果组滤镜。

1．壁画

"壁画"滤镜主要通过短、圆和潦草的斑点来模拟粗糙的绘画风格。打开一幅素材图像，如图12-127所示，选择"壁画"命令，打开其对话框，设置各项参数后图像效果将显示在左侧预览框中，如图12-128所示。

图12-127 原图

图12-128 设置滤镜参数

2．彩色铅笔

使用"彩色铅笔"滤镜可以在图像上模拟彩色铅笔在图纸上绘图的效果。其参数控制区如图12-129所示，对应的滤镜效果如图12-130所示。

图12-129 设置参数

图12-130 彩色铅笔效果

3．粗糙蜡笔

使用"粗糙蜡笔"滤镜可以模拟蜡笔在纹理背景上绘图时的效果，从而生成一种纹理浮雕效果。参数控制区如图12-131所示，对应的滤镜效果如图12-132所示。

图12-131 设置参数

图12-132 粗糙蜡笔效果

4．底纹效果

使用"底纹效果"滤镜可以模拟在带纹理的底图上绘画的效果，从而让整个图像产生一层底纹效果。参数控制区如图12-133所示，对应的滤镜效果如图12-134所示。

5．干画笔

使用"干画笔"滤镜可以模拟使用干画笔绘制图像边缘的效果，该滤镜通过将图像的颜色范围减少为常用颜色区来简化图像。参数控制区如图12-135所示，对应的滤镜效果如图12-136所示。

6．海报边缘

使用"海报边缘"滤镜将减少图像中的颜色复杂度，在颜色变化大区域边界填上黑色，使图像产生海报画的效果。参数控制区如图12-137所示，对应的滤镜效果如图12-138所示。

7．海绵

使用"海绵"滤镜可以模拟海绵在图像上画过的效果，使图像带有强烈对比色纹理。参数控制区如图12-139所示，对应的滤镜效果如图12-140所示。

8．绘画涂抹

"绘画涂抹"滤镜可以选取各种大小和各种类型的画笔来创建画笔涂抹效果。参数控制区如图12-141所示，在"画笔类型"下拉列表框中有多种画笔类型，选择"简单"选项后效果如图12-142所示。

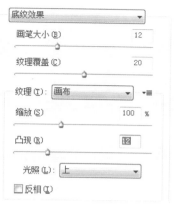

图12-133　设置参数

图12-134　底纹效果

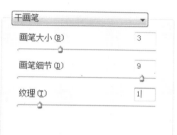

图12-135　设置参数

图12-136　干画笔效果

图12-137　设置参数

图12-138　海报边缘效果

图12-139　设置参数

图12-140　海绵效果

9. 胶片颗粒

使用"胶片颗粒"滤镜在图像表面产生胶片颗粒状纹理效果。参数控制区如图12-143所示,对应的滤镜效果如图12-144所示。

10. 木刻

使用"木刻"滤镜可以使图像产生木雕画效果。对比度较强的图像运用该滤镜将呈剪影状,而一般彩色图像使用该滤镜则呈现彩色剪纸状。例如,选择"木刻"选项,然后设置其参数,如图12-145所示,得到的图像效果如图12-146所示。

11. 霓虹灯光

使用"霓虹灯光"滤镜将在图像中颜色对比反差较大的边缘处产生类似霓虹灯发光效果,单击发光颜色后面的色块可以在打开的对话框中设置霓虹灯颜色。参数控制区如图12-147所示,对应的滤镜效果如图12-148所示。

12. 水彩

使用"水彩"滤镜将简化图像细节,并模拟使用水彩笔在图纸上绘画的效果。参数控制区如图12-149所示,对应的滤镜效果如图12-150所示。

13. 塑料包装

"塑料包装"滤镜可以使图像表面产生类似透明塑料袋包裹物体时的效果,表面细节很突出。参数控制区如图12-151所示,对应的滤镜效果如图12-152所示。

图12-141 设置参数

图12-142 绘画涂抹效果

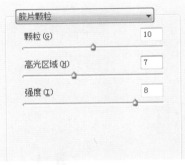

图12-143 设置参数

图12-144 胶片颗粒效果

图12-145 设置参数

图12-146 木刻效果

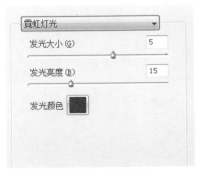

图12-147 设置参数

图12-148 霓虹灯光效果

图12-149　设置参数

图12-150　水彩效果

图12-151　设置参数

图12-152　塑料包装效果

14．调色刀

　　使用"调色刀"滤镜可以使图像中的细节减少，图像产生薄薄的画布效果，露出下面的纹理。参数控制区如图12-153所示，对应的滤镜效果如图12-154所示。

图12-153　设置参数

图12-154　调色刀效果

15．涂抹棒

　　"涂抹棒"滤镜使用短的对角线涂抹图像的较暗区域来柔和图像，可增大图像的对比度。参数控制区如图12-155所示，对应的滤镜效果如图12-156所示。

图12-155　设置参数

图12-156　涂抹棒效果

12.2 其他滤镜的设置与应用

除了滤镜库中的滤镜外，在Photoshop CS6中还有很多使用单独对话设置参数的滤镜，以及无对话框滤镜，下面分别作介绍。

12.2.1 像素化类滤镜

像素化滤镜组会将图像转换成平面色块组成的图案，使图像分块或平面化，通过不同的设置达到截然不同的效果。

1. 彩块化

使用"彩块化"滤镜可以让图像中纯色或相似颜色的像素结成相近颜色的像素块，从而使图像产生类似宝石刻画的效果，该滤镜没有参数设置对话框，直接使用即可，使用后的凸显效果后比原图像更模糊。

2. 彩色半调

"彩色半调"滤镜可以将图像分成矩形栅格，从而使图像产生彩色半色调的网点。对于图像中的每个通道，该滤镜用小矩形将图像分割，并用圆形图像替换矩形图像，圆形的大小与矩形的亮度成正比。打开一幅素材图像，如图12-157所示，选择"彩色半调"命令可以打开其对话框如图12-158所示，设置各项参数后得到的滤镜效果如图12-159所示。

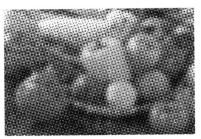

图12-157 原图　　　　图12-158 设置参数　　　　图12-159 图像效果

3. 点状化

"点状化"滤镜将图像中的颜色分解为随机分布的网点，并使用背景色填充空白处。打开其参数对话框，如图12-160所示，设置各项参数后得到的滤镜效果如图12-161所示。

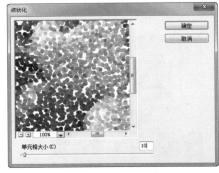

图12-160 设置参数　　　　图12-161 图像效果

4．晶格化

"晶格化"滤镜可以将图像中的像素结块为纯色的多边形。选择"晶格化"命令打开其参数对话框，如图12-162所示，设置各项参数后得到的滤镜效果如图12-163所示。

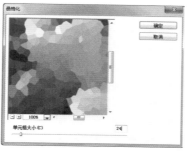

图12-162　设置参数

图12-163　图像效果

5．马赛克

"马赛克"滤镜可以使图像中的像素形成方形块，并且使方形块中的颜色统一。选择"马赛克"命令打开其对话框，如图12-164所示，设置各项参数后得到的滤镜效果如图12-165所示。

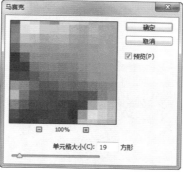

图12-164　"马赛克"对话框

图12-165　图像效果

6．碎片

使用"碎片"滤镜可以使图像的像素复制4倍，然后将它们平均移位并降低不透明度，从而产生模糊效果，该滤镜无参数设置对话框。

7．铜版雕刻

"铜版雕刻"滤镜可以在图像中随机分布各种不规则的线条和斑点，在图像中产生镂刻的版画效果，选择"铜版雕刻"命令打开其对话框，如图12-166所示，在"类型"下拉菜单中选择"精细点"选项后得到的滤镜效果如图12-167所示。

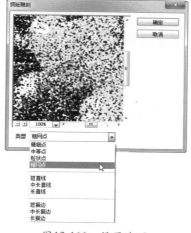

图12-166　设置选项

图12-167　图像效果

12.2.2　模糊类滤镜

对图像使用模糊滤镜，可以让图像相邻像素间过渡平滑，从而使图像变得更加柔和。模糊滤镜组都不在滤镜库中显示，大部分都有独立的对话框。

1．新增的模糊滤镜

在Photoshop CS6中新增了3种模糊滤镜："场景模糊"、"光圈模糊"和"倾斜偏移"。使用这3种滤镜能够模拟相机浅景深效果，给照片添加背景虚化，用户可在画面中设置保持清晰的位置，以及虚化范围和程度等参数。

　　这3种滤镜的参数设置和使用方法都一致，这里以"倾斜偏移"滤镜为例，详细介绍滤镜的使用方法。

练习12-1：制作景深图像

　　01 打开一幅素材图像，如图12-168所示，选择"滤镜→模糊→倾斜偏移"命令，图像中即可显示图钉和范围控制点，如图12-169所示。

　　02 在图像底部单击，增加一个图钉，使图像前方并不显示模糊效果，如图12-170所示，然后再在打开的"模糊工具"面板中设置模糊参数，如图12-171所示。在"模糊效果"面板中设置散景参数，如图12-172所示。

　　03 按下Enter键即可完成操作，得到景深图像效果，如图12-173所示。

图12-168　原图

图12-169　使用滤镜

图12-170　增加图钉

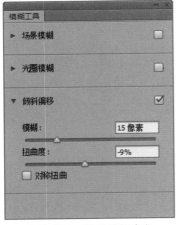

图12-171　设置模糊参数

图12-172　设置散景参数

图12-173　图像效果

　　在"模糊"滤镜菜单中可以选择其他两个新的模糊滤镜，还可以在"模糊工具"面板中同时切换到"场景模糊"和"光圈模糊"滤镜中。

　　选择"场景模糊"滤镜后的图像如图12-174所示，用户同样可以在图像中添加图钉，"模糊工具"面板如图12-175所示。

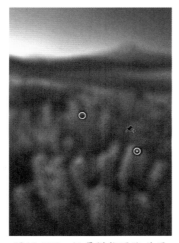

图12-174　场景模糊图像效果

图12-175　设置场景模糊参数

　　选择"光圈模糊"滤镜后的图像如图12-176所示，用户可以在图像中调整光圈的大小，用以控制模糊图像的范围，"模糊工具"面板如图12-177所示。

图12-176　光圈模糊图像效果

图12-177　设置光圈模糊参数

2．模糊和进一步模糊

　　使用模糊滤镜可以对图像边缘进行模糊处理；使用进一步模糊滤镜的模糊效果与模糊滤镜的效果相似，但要比模糊滤镜的效果强3~4倍。这两个滤镜都没有参数设置对话框。打开一幅素材图像，如图12-178所示，对其进行模糊和进一步模糊操作后效果如图12-179所示，可以看到效果并不明显。

图12-178　原图

图12-179　图像模糊效果

2．表面模糊

表面模糊滤镜在模糊图像的同时还会保留原图像边缘。选择"滤镜→模糊→表面模糊"命令，打开其参数对话框，如图12-180所示，设置各项参数后得到的滤镜效果如图12-181所示。

3．动感模糊

动感模糊滤镜可以让静态图像产生运动的模糊效果，其实就是通过对某一方向上的像素进行线性位移来产生运动的模糊效果。参数设置对话框如图12-182所示，得到的滤镜效果如图12-183所示。

4．方框模糊

使用方框模糊滤镜可在图像中使用邻近像素颜色的平均值来模糊图像。选择该命令后参数设置对话框如图12-184所示，得到的滤镜效果如图12-185所示。

5．径向模糊

径向模糊滤镜可以模拟出前后移动图像或旋转图像产生的模糊效果，制作出的模糊效果很柔和。"径向模糊"对话框如图12-186所示。在对话框中可以设置模糊的"数量"、"模糊方法"和"品质"，设置其参数后得到的滤镜效果如图12-187所示。

6．镜头模糊

使用镜头模糊滤镜可以使图像模拟摄像时镜头抖动产生的模糊效果。选择"镜头模糊"命令后，其对话框如图12-188所示，在对话框左侧为图像预览图，右侧为参数设置区。

图12-180　设置参数

图12-181　表面模糊效果

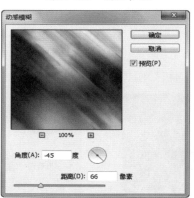

图12-182　设置参数

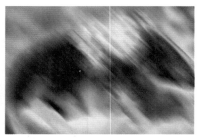

图12-183　动感模糊效果

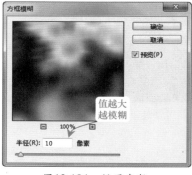

图12-184　设置参数

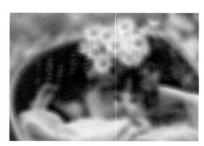

图12-185　方框模糊效果

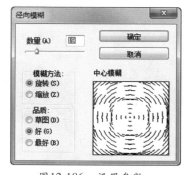

图12-186　设置参数

图12-187　径向模糊效果

图12-188 "镜头模糊"对话框

- "预览"：选中该选项后可以预览滤镜效果。其下方的单选按钮用于设置预览方式，选中"更快"可以快速预览调整参数后的效果，选中"更加准确"可以精确计算模糊的效果，但会增加预览的时间。
- "深度映射"：通过设置"模糊焦距"数值可以改变模糊镜头的焦距。
- "光圈"：用于对图像的模糊进行设置。
- "镜面高光"：用于调整模糊镜面亮度的强弱程度。
- "杂色"：在模糊过程中为图像添加杂色。

7．高斯模糊

高斯模糊滤镜可以对图像总体进行模糊处理，根据高斯曲线调节图像像素色值。参数设置对话框如图12-189所示，得到的滤镜效果如图12-190所示。

8．平均模糊

选择"平均模糊"命令后，系统自动查找图像或选区的平均颜色进行模糊处理。一般情况下将会得到一片单一的颜色

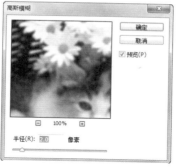

图12-189 设置参数

图12-190 高斯模糊效果

9．特殊模糊

特殊模糊主要用于对图像进行精确模糊，是唯一不模糊图像轮廓的模糊方式。其参数设置对话框如图12-191所示，在其"模式"下拉列表框中可以选择模糊的模式，得到的滤镜效果如图12-192所示。

图12-191 设置参数

图12-192 特殊模糊效果

10．形状模糊

形状模糊滤镜是根据对话框中预设的形状来创建模糊效果。参数设置对话框如图12-193所示，在对话框中可以选择模糊的形状，模糊后的图像效果如图12-194所示。

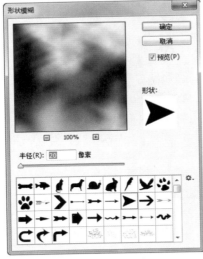

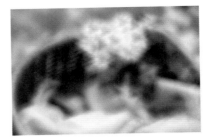

图12-193　设置参数　　　　　　图12-194　形状模糊效果

12.2.3　杂色类滤镜

杂色滤镜组可以在图像中添加彩色或单色杂点效果，或者将图像中的杂色移去。该组滤镜对图像有优化的作用，因此在输出图像的时候经常使用。

1．去斑

去斑滤镜可以检测图像边缘并模糊其他图像区域，从而达到掩饰图像中细小斑点、消除轻微折痕的效果。该滤镜无参数设置对话框，执行滤镜效果并不明显。

2．蒙尘与划痕

蒙尘与划痕滤镜是通过将图像中有缺陷的像素融入周围的像素，使图像产生柔和的效果。打开一幅素材图像，如图12-195所示，选择"蒙尘和划痕"命令即可打开其对话框，如图12-196所示，设置各项参数后得到的滤镜效果如图12-197所示。

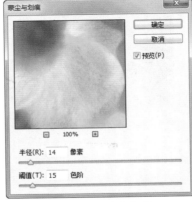

图12-195　原图　　　　　　图12-196　设置参数　　　　　　图12-197　图像效果

3．减少杂色

减少杂色滤镜可以在保留图像边缘的同时减少图像中各个通道中的杂色，它具有比较智能化的减少杂色的功能。选择"减少杂色"命令，打开其对话框，如图12-198所示，设置参数后可以在预览框中查看图像效果。

图12-198 设置减少杂色选项

4．添加杂色

添加杂色滤镜可以在图像上添加随机像素，在对话框中可以设置添加杂色为单色或彩色。选择"添加杂色"命令，打开其对话框，如图12-199所示，设置其参数后得到的滤镜效果如图12-200所示。

5．中间值

中间值滤镜主要是混合图像中像素的亮度，以减少图像中的杂色。该滤镜对于消除或减少图像中的动感效果非常有用。选择"中间值"命令，打开其对话框，如图12-201所示，设置其参数后得到的滤镜效果如图12-202所示。

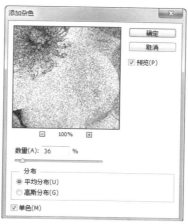

图12-199 设置参数

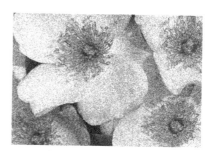

图12-200 添加杂色效果

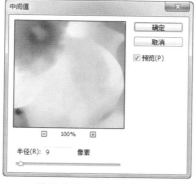

图12-201 设置参数

图12-202 中间值效果

12.2.4 渲染类滤镜

渲染滤镜组提供了5种滤镜，主要用于模拟不同的光源照明效果，创建出云彩图案、折射图案等。

1．云彩和分层云彩

该滤镜使用前景色和背景色相融合，随机生成云彩状图案，并填充到当前图层或选区中。分层云彩滤镜和云彩滤镜类似，是使用前景色和背景色随机产生云彩图案，不同的是"分层云彩"生成的云彩图案不会替换原图，而是按差值模式与原图混合。打开一幅素材图像，如图12-203所示，设置前景色为黄色，背景色为白色，使用"分成云彩"命令后的效果如图12-204所示。

 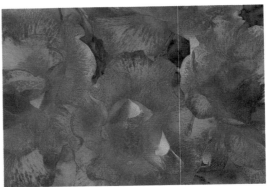

图12-203　原图　　　　　　　　　　　　　图12-204　分层云彩效果

2．光照效果

使用光照效果滤镜可以对平面图像产生类似三维光照的效果，参数设置对话框如图12-205所示，设置各项参数后单击"确定"按钮，得到的滤镜效果如图12-206所示。

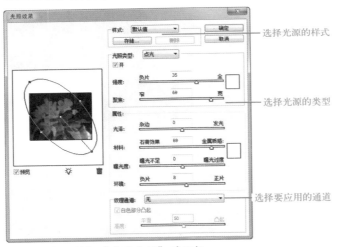 

图12-205　"光照效果"对话框　　　　　　　　　图12-206　光照效果

3．镜头光晕

镜头光晕滤镜可以模拟出照相机镜头产生的折射光效果。选择"镜头光晕"命令打开其对话框，如图12-207所示，选择"105毫米聚焦"选项，得到的滤镜效果如图12-208所示。

图12-207　设置镜头光晕选项　　　　　　图12-208　图像效果

4．纤维

纤维滤镜可以使用前景色和背景色创建出编辑纤维的图像效果。选择"纤维"命令打开其对话框，如图12-209所示，设置参数后得到的滤镜效果如图12-210所示。

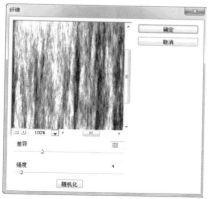

图12-209　设置参数

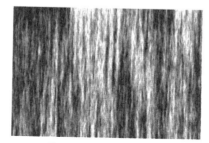

图12-210　图像效果

实例2：制作炫丽星空

实例文件：	实例文件\第12章\制作炫丽星空.psd
素材文件：	无
视频教程：	视频文件\第12章\制作炫丽星空.avi

本案例将使用滤镜制作一个色彩斑斓的星空图像，主要使用"镜头光晕"滤镜得到多个光晕图像，然后在为其添加"极坐标"滤镜效果，最后对图像填充渐变颜色。实例效果如图12-211所示。

图12-211　图像效果

本实例的具体操作如下。

01 选择"文件→新建"命令，新建一个图像文件，将背景填充为黑色，如图12-212所示。

02 选择"滤镜→渲染→镜头光晕"命令，打开"镜头光晕"对话框，在其中设置"镜头类型"为"电影镜头"，亮度为120%，再单击预览框中图像的中心点，如图12-213所示。

图12-212　新建图像

图12-213　设置"镜头光晕"滤镜

03 单击"确定"按钮，得到的图像效果如图12-214所示，再执行两次"镜头光晕"命令，分别在同一斜线上选择其他两个光亮点，效果如图12-215所示。

04 选择"滤镜→扭曲
→极坐标"命令,打开"极坐
标"对话框,选择"平面坐标
到极坐标"选项,如图12-216所
示,单击"确定"按钮,得到
的图像效果如图12-217所示。

图12-214　图像效果

图12-215　再执行两次滤镜效果

05 按下Ctrl+J组合键复制
一次背景图层,得到图层1,并
将其图层混合模式设置为"滤
色",这时"图层"面板如图
12-218所示。

06 选择"编辑→变换→旋
转180度"命令,将图像旋转后,
得到的效果如图12-219所示。

07 按下Ctrl+E组合键向下
合并图层,选择"滤镜→扭曲→
水波"命令,打开"水波"对话
框,设置参数如图12-220所示。

08 单击"确定"按钮,得
到的图像效果如图12-221所示。

图12-216　"极坐标"对话框

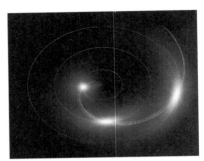

图12-217　图像效果

图12-218　设置图层属性

图12-219　旋转图像效果

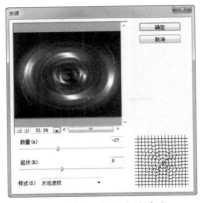

图12-220　设置水波参数

图12-221　图像效果

09 新建一个图层, 选择渐变工具, 在属性栏中打开"渐变编辑器"对话框, 设置渐变颜色为"色谱", 如图12-222所示。

10 在属性栏中设置渐变颜色为"线性渐变", 然后在图像中拖动进行填充, 再设置该图层的混合模式为"叠加", 得到的图像效果如图12-223所示。

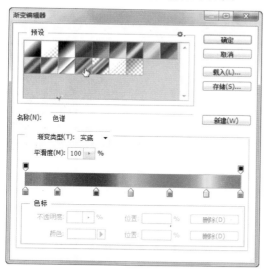

图12-222 选择渐变颜色

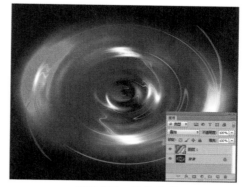

图12-223 图像效果

11 新建一个图层, 选择画笔工具, 在属性栏中单击"切换到画笔面板"按钮, 打开"画笔"面板, 选择画笔样式为"柔角35", 然后设置各项参数, 如图12-224所示。

12 选择"形状动态"选项, 设置"大小抖动"为100%, 如图12-225所示; 再选择"散布"选项, 选择"两轴"复选框, 再设置各项参数, 如图12-226所示。

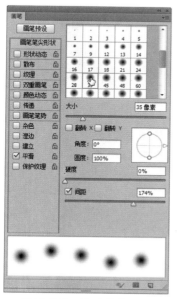

图12-224 设置笔尖形状

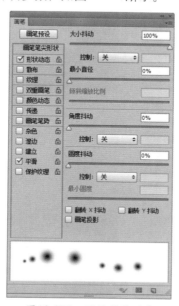

图12-225 设置形状动态

图12-226 设置散布参数

13 设置前景色为白色, 使用设置好的画笔在图像中拖动, 绘制出白色圆点图像, 如图12-227所示。

[14] 设置该图层的图层混合模式为"颜色减淡",不透明度为80%,得到的图像效果如图12-228所示。

[15] 选择横排文字工具在图像左下方输入英文文字,并在属性栏中设置合适的字体,效果如图12-229所示,完成本实例的制作。

图12-227 绘制白色圆点

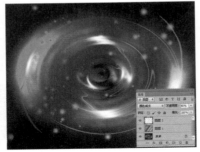
图12-228 图像效果

图12-229 输入文字

12.2.5 锐化类滤镜

锐化滤镜组是通过增加相邻图像像素的对比度,让模糊的图像变得清晰,画面更加鲜明、细腻。

1. USM锐化

使用USM锐化滤镜将在图像中相邻像素之间增大对比度,使图像边缘清晰。打开一幅素材图像,如图12-230所示,选择"USM锐化"命令,打开其对话框,如图12-231所示,设置参数后得到的滤镜效果如图12-232所示。

图12-230 原图

图12-231 设置参数

图12-232 图像效果

2．智能锐化

智能锐化滤镜比USM锐化滤镜更加智能化。可以设置锐化算法或控制在阴影和高光区域中进行的锐化量，以获得更好的边缘检测并减少锐化晕圈。选择"智能锐化"命令，打开其对话框，如图12-233所示，设置参数后可以在左侧的预览框中查看图像效果。选择"高级"单选项，可以设置锐化、阴影和高光参数，如图12-234所示。

图12-233　智能锐化滤镜

图12-234　高级选项

3．锐化边缘、锐化和进一步锐化

锐化边缘滤镜通过查找图像中颜色发生显著变化的区域进行锐化；锐化滤镜可增加图像像素间的对比度，使图像更清晰；而进一步锐化滤镜和锐化滤镜功效相似，只是锐化效果更加强烈。这三种滤镜都没有对话框。

12.3　学习总结

滤镜是制作特效最直接的功能之一，用户通过对图像应用多种滤镜可以得到许多意想不到的特殊效果。本章主要学习了在Photoshop CS6中滤镜中的各种命令设置与运用，首先介绍了智能滤镜、滤镜库、液化滤镜以及消失点滤镜的具体操作方法，接着再详细介绍了滤镜子菜单中多种滤镜命令的功能和使用方法。

通过本章的学习，用户可以全面了解滤镜菜单中的各项命令，并且对每种滤镜效果有清晰的认识，在学习后需要重点掌握的是智能滤镜、滤镜库的应用，对于其他滤镜命令做到了解即可，在需要的时候可以调出其对话框进行详细操作。

12.4　疑难解答

在本章内容中，深入学习了Photoshop CS6的滤镜知识和应用，下面通过对前面的学习列出一些常见的问题和解答供读者参考。

问：在Photoshop CS6的滤镜菜单中不是还有一个"视频"滤镜组吗？

答：是的。该滤镜组中包括"NTSC颜色"和"逐行"两个滤镜。这两个滤镜只有在图像要用于视频播放时才会使用。

问：使用"纤维"滤镜时，图像中纤维的颜色是根据什么来设定的呢？

答：使用"纤维"滤镜后，不管原始图像是什么，都会融合当前前景色和背景色，将其变成两色相见的纤维图像。

问：锐化组滤镜在什么地方能发挥最大作用呢？

答：锐化组滤镜在效果图处理方面运用十分频繁，因为使用3ds Max等三维软件渲染后的图像都具有模糊感，需要使用该类滤镜来消除这些错误。

问："波纹"滤镜和"波浪"滤镜有什么不一样？

答："波纹"滤镜和"波浪"滤镜都用于设置图像产生水波涌效果，只不过"波浪"滤镜比"水波"具有更多的控制参数。

第13章 使用动作和批处理图像

本章导读

本章将学习动作及其应用范围的相关知识，以及批处理图像的操作方法。通过对"动作"面板的详细介绍让读者掌握其操作方式，并且和批处理图像结合起来使用，充分运用快捷方式提高工作效率。

本章主要内容如下：

- 认识"动作"面板
- 动作的编辑
- 执行默认动作
- 批处理图像

13.1 "动作"面板

动作就是对单个文件或一批文件回放一系列命令的操作。大多数命令和工具操作都可以记录在动作中。

13.1.1 认识"动作"面板

在"动作"面板中可以快速地使用一些已经设定的动作，也可以设置一些自己的动作，存储起来以方便今后使用。通过"动作"功能的应用，可以对图像进行自动化地操作，从而大大提高工作效率。

选择"窗口→动作"命令，打开"动作"面板，如图13-1所示，可以看到"动作"面板中默认的动作设置。

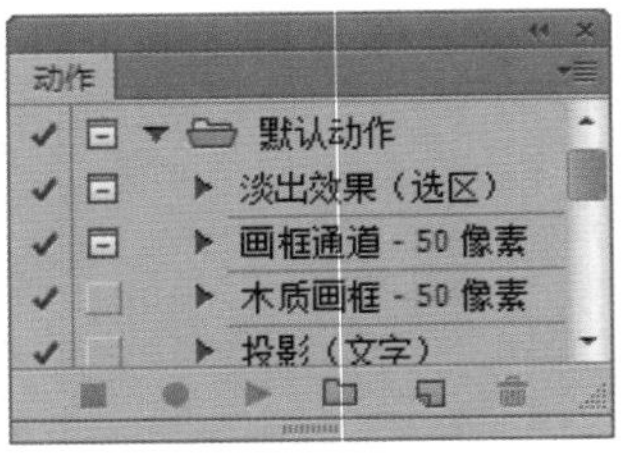

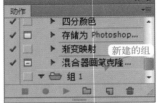
图13-1 "动作"面板

- ⊙ 单击 ● 按钮，开始录制动作。
- ⊙ 单击 ■ 按钮，停止录制动作。
- ⊙ 单击 ▶ 按钮，可以播放所选的动作。
- ⊙ 单击 ▣ 按钮，可以创建新动作。
- ⊙ 单击 ▥ 按钮，将弹出一个提示对话框，单击"确定"按钮可删除所选的动作。
- ⊙ 单击 ▭ 按钮，可以新建一个动作组。
- ⊙ ☑ 按钮，用于切换项目开关。
- ⊙ ▣ 图标，用于控制当前所执行的命令是否需要弹出对话框。

13.1.2 创建动作组

为了方便对动作进行管理，用户可以创建一个动作组来对动作进行分类管理。下面介绍创建动作组的方法。

练习13-1：在"动作"面板中新建动作组

01 打开一个需要处理的图像文件，选择"窗口→动作"命令，打开"动作"面板，单击"动作"面板底部的"创建新组"按钮 ▭，弹出"新建组"对话框，如图13-2所示。

02 单击"确定"按钮即可在"动作"面板中创建一个新动作组，如图13-3所示。

图13-2 "新建组"对话框

图13-3 新建动作组

13.1.3 录制新动作

在"动作"面板中创建组后，用户可以在动作组中创建新动作，以便记录操作的步骤。

练习13-2：创建动作

01 打开一幅素材图像，如图13-4所示，单击"动作"面板右上方的 ▤ 按钮，在弹出的菜单中选择"新建动作"命令，即可打开"新建动作"对话框，如图13-5所示。

图13-4 素材图像

图13-5 "新建动作"对话框

02 单击"记录"按钮，即可在组1中得到新建的动作，如图13-6所示，这时操作将被录制下来。

03 选择"图像→调整→曲线"命令，打开"曲线"对话框，适当调整图像颜色，如图13-7所示。

图13-6 创建新动作

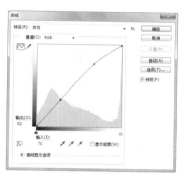

图13-7 调整曲线

04 单击"确定"按钮，得到的图像效果如图13-8所示，这时"动作"面板中将记录下颜色调整，如图13-9所示。

05 如果对图像的处理已经完成时，可以单击"停止播放/记录"按钮 ▣，完成操作的录制。

图13-8 图像效果

图13-9 记录动作

13.1.4 播放动作

在录制并保存对图像进行处理的操作过程后，即可将该动作应用到其他的图像中。

练习13-3：选择动作进行播放

01 打开一个需要应用动作的图像文件，如图13-10所示。

02 在"动作"面板中选择需要应用到该图像上的动作，如选择"木质画框"动作，单击"播放选定的动作"按钮 ▶，如图13-11所示，即可将该动作应用到该图像上，如图13-12所示。

图13-10 素材图像

图13-11 选择动作播放

图13-12 图像效果

Photoshop CS6

13.2 动作的编辑

用户对操作进行记录后，该记录都保存在"动作"面板中，用户可根据处理图像的需要，对这些动作进行一系列的编辑。

13.2.1 插入菜单项目

插入菜单项目就是在动作中插入菜单命令。下面以"练习13-2"中所记录的动作为例，介绍插入菜单项目的操作方法。

练习13-4：在动作中插入菜单项目

01 紧接"练习13-2"中的操作步骤，在"动作"面板选择"动作1→曲线"选项，然后单击"动作"面板右上角的按钮，在弹出的菜单中选择"插入菜单项目"命令，打开"插入菜单项目"对话框，如图13-13所示。

图13-13 "插入菜单项目"对话框

02 保持对话框的显示状态，然后选择"图像→调整→曲线"命令，此时"插入菜单项目"对话框中的"菜单项"中即可显示该菜单命令，如图13-14所示。

图13-14 对话框的显示

03 单击"确定"按钮，即可将该命令插入到当前动作中，如图13-15所示。

图13-15 插入命令

13.2.2 插入停止命令

在实际录制动作的过程中，有很多命令是无法被记录下来的，如使用画笔工具涂抹图像，为了使操作完整，用户可以暂停动作的录制。

练习13-5：在动作中插入停止命令

01 确认在录制操作的情况下，使用画笔工具涂抹图像，可以看到在"动作"面板中没有任何记录，如图13-16所示。

02 单击在"动作"面板右上方的按钮，在弹出的菜单中选择"插入停止"命令，将打开"记录停止"对话框，在其中输入停止的提示和要求，如图13-17所示。

03 设置完成后单击"确定"按钮，可以将"停止"命令插入到"动作"面板中，如图13-18所示。

图13-16 "动作"面板

图13-17 输入文字

图13-18 插入"停止"命令

技巧提示

在"记录停止"对话框中，用户还可以通过选中"允许继续"选项，来设置是否允许动作的继续。

13.2.3 复制/删除动作

当用户对个操作过程录制完成后，还可以在"动作"面板中对动作进行复制和删除操作。

练习13-6：复制和删除动作

01 选择需要复制的动作，将该动作拖至"创建新动作"按钮 ◙ 中，如图13-19所示。

02 松开鼠标，即可在"动作"面板中得到复制的动作，如图13-20所示。

图13-19 拖动需要复制的动作

图13-20 复制的动作

03 选择需要删除的动作，如"曲线"命令，单击面板底部的"删除"按钮 ，将弹出一个提示对话框，如图13-21所示。

04 单击"确定"按钮即可将该动作删除，如图13-22所示。

图13-21 提示对话框

图13-22 删除动作

13.3 执行默认动作

在Photoshop CS6中，提供了很多默认的动作，选择这些动作可以制作出很多丰富的图像效果。

练习13-7：使用默认动作

01 选择"文件→打开"命令，打开一幅图像文件，如图13-23所示。

02 单击"动作"面板右上方的 按钮，在弹出的菜单中选择"图像效果"命令，如图13-24所示。

03 将"图像效果"组动作载入到面板中，如图13-25所示。选择"仿旧照片"命令，然后单击"播放选定的动作"按钮 ，将该动作播放，得到如图13-26所示的效果。

04 打开"动作"面板中的菜单，选择"画框"命令，即可将画框动作组载入到面板中，如图13-27所示。

05 选择"波形画框"动作，然后单击"播放选定的动作"按钮 播放动作，得到的图像效果如图13-28所示。

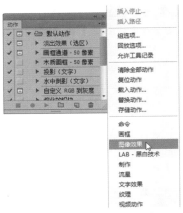

图13-23　素材图像　　　　图13-24　载入动作　　　　图13-25　"图像效果"组

图13-26　图像效果　　　　图13-27　载入"画框"动作组　　　　图13-28　添加画框图像

13.4　批处理图像

在Photoshop中使用动作批处理文件，让电脑自动完成设置的步骤，省时又省力，给用户带来了极大的方便。

13.4.1　批处理

Photoshop提供的批处理命令允许用户对一个文件夹的所有文件和子文件夹按批次输入并自动执行动作，从而大幅度地提高处理图像的效率。

练习13-8：快速为图像添加效果

01 在电脑中创建两个文件夹，一个用于放置存储批处理的图片，一个用于放置需要处理的图像，如图13-29所示。

02 选择需要处理的图片文件夹，打开"动作"面板，将"纹理"动作组载入到面板中，选择"再生纸"动作，如图13-30所示。

03 选择"文件→自动→批处理"命令，打开"批处理"对话框，如图13-31所示。

"批处理"对话框中常用选项的含义如下。

- "组"：在该下来列表框中可以选择所要执行的动作所在的组。
- "动作"：选择所要应用的动作。
- "源"：用于选择批处理图像文件的来源。
- "目标"：用于选择处理文件的目标。选择"无"选项，表示不对处理后的文件做任何操作；选择"存储并关闭"选项，可将文件保存到原来的位置，并覆盖原文件；选择"文件夹"选项，并单击下面的"选择"按钮，可选择目标文件所保存的位置。
- "文件命名"：在"文件命名"选项区域中的6个下拉列表框中，可以指定目标文件生成的命名规则。
- "错误"：在该下拉列表框中可指定出操作错误时的处理方式。

图13-29 创建文件夹

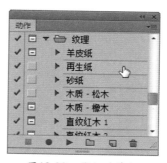

图13-30 载入动作组

图13-31 "批处理"对话框

04 单击"源"右侧的三角形按钮，在其下拉列表框中选择"文件夹"，然后单击"选择"按钮，在弹出的对话框中选择需要处理的图片文件夹，如图13-32所示。

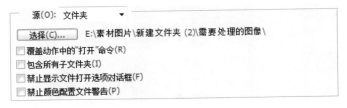

图13-32 设置"源"文件

05 单击"目标"右侧的三角形按钮，在其下拉列表框中选择"文件夹"，然后单击"选择"按钮，在弹出的对话框中选择存储批处理图片文件夹，如图13-33所示。

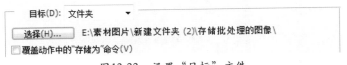

图13-33 设置"目标"文件

06 设置好选项后，单击"确定"按钮，逐一将处理的文件进行保存，打开用于存储批处理的图像文件夹，即可查看批处理后的文件，如图13-34所示。

图13-34 批处理后的文件

13.4.2 创建快捷批处理方式

"创建快捷批处理"命令是一个小应用程序，其操作方法与"批处理"命令相似，只是在创建快捷批处理方式后，在相应的位置会创建一个快捷图标。

练习13-9：使用快捷批处理方式

01 选择"文件→自动→创建快捷批处理"命令，打开"创建快捷批处理"对话框，在该对话框中设置好快捷批处理，以及目标文件的存储位置和需要应用的动作，如图13-35所示。

图13-35　"创建快捷批处理"对话框

02 单击"确定"按钮。打开存储快捷批处理的文件夹，即可在其中看到一个快捷图标，如图13-36所示。然后将需要处理的文件拖至该图标上即可自动对图像进行处理。

图13-36　创建快捷图标

13.5　学习总结

本章主要学习了"动作"面板和"批处理"命令的操作，在学习的过程中，用户应该了解动作及其应用范围、创建、录制和播放动作的操作方法、对记录的动作进行编辑、应用默认动作的方法，以及批处理图像的操作。

　　"动作"和"批处理"命令都是Photoshop CS6趋向于智能化的一种体现，利用这些功能，可以使用户能根据处理图像的需要，快速完成对多个文件的批处理操作。通过本章的学习，能帮助用户迅速提高工作效率，轻松完成多个图像的处理操作。

13.6　疑难解答

　　在本章的学习中，主要讲解了Photoshop CS6动作和批处理的应用，下面通过对前面的学习列出一些常见的问题和解答供读者参考。

　　问：在Photoshop CS6的"动作"面板中有多少个默认的动作组？

　　答：一共有9个动作组，默认情况下，在"动作"面板只显示"默认动作"动作组，通过快捷菜单还可载入命令、LAB-黑白技术、制作、图像效果、流星、文字效果、画框、纹理和视频动作等，每个组内包含了若干个动作。

　　问：打开Photoshop CS6的工作界面后，怎样将"动作"面板显示出来呢？

　　答：按下Alt+F9组合键可快速显示或隐藏该面板，系统默认"动作"面板位于工作界面的右侧。

　　问：为什么需要创建动作组？

　　答：新建组是为了将接下来要创建的动作放置在该组内，如果不创建动作组，则创建的动作将放置在当前默认的动作组内，这样不便于管理。

　　问：什么情况下需要使用动作录制功能？

　　答：如果要在不同的作品制作类似的图像效果，可将这种图像效果的制作过程录制为动作，否则不必录制动作。

第14章　图像艺术设计

本章导读

　　本章将学习图像艺术设计的制作，主要通过多个图像合成，制作出美轮美奂的艺术图像效果。在制作过程中，采用了清爽的夏日题材、红酒题材和茶文化题材等，让读者充分体会到各种图像结合在一起的艺术效果。

　　本章主要内容如下：

- 舒适夏日生活
- 美酒佳肴
- 茶文化

14.1 舒适夏日生活

本实例将制作一个舒适夏日生活图像，巩固练习Photoshop的图层混合模式、图层样式、选区和滤镜等功能，本实例的效果如图14-1所示。

实例文件：	实例文件\第14章\舒适夏日生活.psd	
素材文件：	素材文件\第14章\水面.psd、天空.psd、水波.psd、荷叶.psd……	
视频教程：	视频文件\第14章\舒适夏日生活.avi	

图14-1　实例效果

14.1.1　制作蓝色背景

01 选择"文件→新建"命令，打开"新建"对话框，设置文件名称为"舒适夏日生活"，宽度和高度为34×22cm，分辨率为100像素/英寸，如图14-2所示。

图14-2　"新建"对话框

02 打开素材文件"水面.psd"，使用移动工具将图像移动到新建的图像中，放到画面上方，得到的效果如图14-3所示。

03 打开素材文件"天空.psd"，同样使用移动工具将图像移动到当前编辑的图像中，放到画面下方，这时"图层"面板中将自动生成图层1和图层2，如图14-4所示。

图14-3 添加水面图像

图14-4 添加天空图像

04 打开素材文件"水波.psd",如图14-5所示,使用移动工具将图像移动到当前编辑的图像中,放到画面下方,并在"图层"面板中设置图层混合模式为"叠加"、填充为73%,并将其放到图层2的下方,效果如图14-6所示。

图14-5 水波图像

图14-6 添加天空图像

14.1.2 制作飞翔泡泡

01 新建一个图层,选择椭圆选框工具在画面右上方绘制一个圆形选区,如图14-7所示。

02 设置前景色为白色,选择画笔工具,在属性栏中选择柔边画笔,并设置不透明度为20%,在选区中进行涂抹,得到透明的白色圆球,如图14-8所示。

图14-7 绘制椭圆选区

图14-8 添加天空图像

03 在属性栏中设置不透明度参数为80%,在选区边缘再绘制出高光图像,如图14-9所示。

04 分别打开"翅膀.psd"和"大树.psd"素材图像,使用移动工具将其拖动到画面中,与白色透明圆球组合在一起,得到的效果如图14-10所示。

图14-9　绘制高光图像

图14-10　添加翅膀和大树图像

05　制作好这一组飞翔的图像后，在"图层"面板中按住Ctrl键选择图像所在图层，如图14-11所示。

06　按下Ctrl+E组合键合并这三个图层，并将其改名为"翅膀"，如图14-12所示。

图14-11　选择图层

图14-12　添加翅膀和大树图像

07　按下Ctrl+J组合键复制一次翅膀图层，再按下Ctrl+T组合键适当缩小图像，放到如图14-13所示的位置。

08　再次复制改组图像，并缩小处理，得到的图像效果如图14-14所示。

图14-13　复制图像

图14-14　缩小图像

14.1.3　添加荷叶图像

01　打开素材文件"荷叶.psd"，使用移动工具将图像移动到当前编辑的图像中，放到如图14-15所示的位置。

02　选择"图层→图层样式→投影"命令，打开"图层样式"对话框，在其中设置投影颜色为黑色，其他参数设置如图14-16所示。

图14-15 添加荷叶图像

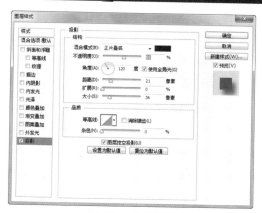

图14-16 设置投影参数

03 单击"等高线"右侧的图标,打开"等高线编辑器"对话框,编辑曲线形状如图14-17所示,单击"确定"按钮回到"图层样式"对话框中,再次单击"确定"按钮,得到的图像效果如图14-18所示。

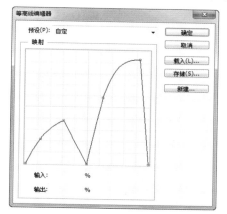

图14-17 编辑曲线

图14-18 图像投影效果

04 按下Ctrl+J组合键复制一次荷叶图像图层,并将得到的图层放到荷叶图层下方,删除图层样式,效果如图14-19所示。

05 选择"滤镜→扭曲→旋转扭曲"命令,打开"旋转扭曲"对话框,设置角度参数为999度,如图14-20所示。

图14-19 复制图层

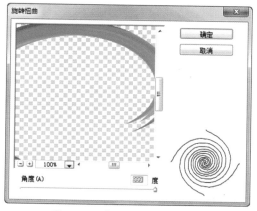

图14-20 "旋转扭曲"对话框

06 单击"确定"按钮，得到的图像效果如图14-21所示，按下Ctrl+J组合键复制两次图像，然后中心缩小，排列成如图14-22所示的样式。

图14-21 图像效果

图14-22 复制图像

07 按下两次Ctrl+E组合键向下合并图层，将旋转图像合并在一起，选择"滤镜→扭曲→水波"命令，打开"水波"对话框，设置"数量"为100、"起伏"为20，设置样式为"围绕中心"，如图14-23所示。单击"确定"按钮，得到如图14-24所示的图像效果。

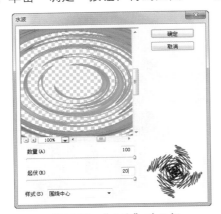

图14-23 "水波"对话框

图14-24 图像效果

08 选择"滤镜→模糊→径向模糊"滤命令，打开"径向模糊"对话框，设置"数量"为31，设置其他参数如图14-25所示。单击"确定"按钮，得到模糊图像的效果如图14-26所示。

图14-25 "径向模糊"对话框

图14-26 图像效果

09 按下Ctrl+T组合键适当缩小图像，并缩小图像高度，调整荷叶图像大小，在"图层"面板中"隐藏"荷叶图层，得到的图像效果如图14-27所示。

10 设置荷叶副本图层的不透明度为47%、图层混合模式为"正片叠底"，得到的图像效果如图14-28所示。

图14-27　缩小图像

图14-28　图像效果

11　显示荷叶图层，得到的图像效果如图14-29所示。

12　在荷叶图层上方新建一个图层，选择套索工具，按住Shift键在荷叶图像中绘制眼睛和嘴巴图像，填充为黑色，如图14-30所示。

图14-29　显示荷叶图层

图14-30　绘制图像

13　选择"图层→图层样式→混合选项"命令，打开"图层样式"对话框，设置"填充不透明度"为2%，如图14-31所示。

14　选择"斜面和浮雕"选项，设置样式为"内斜面"，再设置各项参数，并选择"光泽等高线"样式为"锥形-反转"，如图14-32所示。

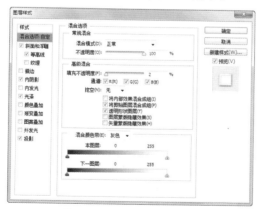

图14-31　设置填充不透明度

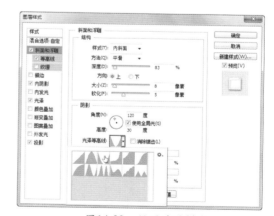

图14-32　设置浮雕样式

15　继续设置斜面和浮雕样式，设置"高光模式"为"滤色"，颜色为白色，"阴影模式"为"颜色减淡"，颜色为白色，如图14-33所示。

16　选择"等高线"选项，选择等高线样式为"锥形"，如图14-34所示。

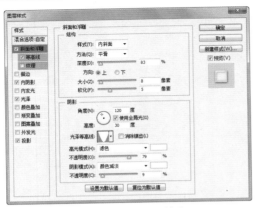 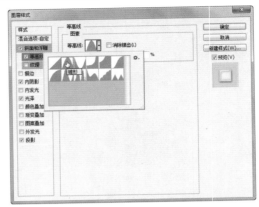

图14-33 设置浮雕样式　　　　图14-34 设置等高线样式

17 选择"内阴影"选项，设置内阴影颜色为黑色，然后设置各项参数，再选择等高线样式为"高斯"，如图14-35所示。

18 选择"光泽"选项，设置光泽颜色为白色，再设置各项参数如图14-36所示。

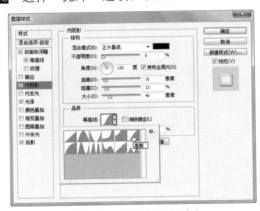 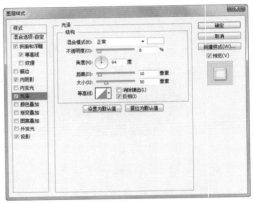

图14-35 设置内阴影样式　　　　图14-36 设置光泽样式

19 选择"投影"选项，设置投影颜色为黑色，其他参数设置如图14-37所示。单击"确定"按钮，得到的图像效果如图14-38所示。

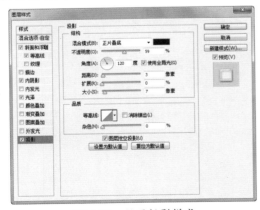 

图14-37 设置投影样式　　　　图14-38 图像立体效果

20 打开素材文件"蜻蜓.psd"，选择移动工具将其移动到当前编辑的图像中，放到荷叶图像左上方，如图14-39所示。

21　选择横排文字工具在图像左上方输入文字，并在属性栏中设置字体为细圆简体，适当调整文字大小后参照如图14-40所示的样式进行排列。

22　在中文文字上下两方再输入英文文字，设置字体为Bauhaus，适当调整大小后，效果如图14-41所示，完成本实例的操作。

图14-39　添加蜻蜓图像

图14-40　输入文字

图14-41　完成效果

14.2　美酒佳肴

本实例将制作一个酒杯合成图像，巩固练习Photoshop的选区、图层、蒙版、路径和文字等功能，本实例的效果如图14-42所示。

实例文件：	实例文件\第14章\美酒佳肴.psd
素材文件：	素材文件\第14章\风景.jpg、山脉.jpg、云层.psd、水珠.psd
视频教程：	视频文件\第14章\美酒佳肴.avi

图14-42　实例效果

14.2.1　制作红色背景

01　选择"文件→新建"命令，打开"新建"对话框，设置文件名称为"美酒佳肴"，宽度和高度为8×13cm，分辨率为300像素/英寸，如图14-43所示。

02　设置前景色为红色(R196,G42,B35)，然后按下Alt+Delete组合键填充背景颜色，如图14-44所示。

03　新建一个图层，设置前景色为黑色，选择画笔工具，在属性栏中设置画笔样式为柔边，大小为200像素，然后在画面底部进行涂抹，得到的图像效果如图14-45所示。

图14-43　"新建"对话框

图14-44　填充背景颜色

图14-45　涂抹图像边缘

04　新建一个图层，填充画面为黑色，然后选择椭圆选框工具在画面中绘制一个椭圆形选区，如图14-46所示。

05　按下Shift+6组合键打开"羽化选区"对话框，设置"羽化半径"为25像素，如图14-47所示，按下Delete键删除选区中的图像，效果如图14-48所示。

图14-46　绘制选区

图14-47　设置羽化值

图14-48　删除图像

06　选择"选择→反向"命令，单击"图层"面板底部的"添加图层蒙版"按钮，选择渐变工具，设置渐变颜色从黑色到白色，然后对图像从上到下应用线性渐变填充，效果如图14-49所示，这时得到的"图层"面板，如图14-50所示。

07　新建一个图层，选择椭圆选框工具，在属性栏中设置羽化值为50像素，在画面中绘制一个圆形选区，如图14-51所示。

08　设置前景色为黄色(R255,G241,B0)，然后按下Alt+Delete组合键填充选区，效果如图14-52所示。

图14-49　图像效果　　　　图14-50　"图层"面板　　　　图14-51　绘制选区　　　　图14-52　填充选区

14.2.2　合成酒杯图像

01　新建一个图层，命名为"酒杯"，选择钢笔工具绘制出一个酒杯图形，如图14-53所示。

02　按下Ctrl+Enter组合键将路径转换为选区，然后设置前景色为白色，选择画笔工具，在属性栏中设置画笔样式为柔边，大小为70像素，在选区中拖动绘制出酒杯边缘图像，如图14-54所示。

图14-53　绘制酒杯图形　　　　　　　图14-54　绘制图像

03　打开素材文件"风景.jpg"，选择移动工具将其拖动到当前文件中，放到酒杯图像中，如图14-55所示。

04　在"图层"面板中将会自动生成图层5，将其放到图层4的下方，并设置图层不透明度为77%，如图14-56所示。

图14-55　添加风景图像

图14-56　设置图层属性

[05]　单击"图层"面板底部的"添加图层蒙版"按钮，选择画笔工具对风景图像边缘进行涂抹，隐藏部分图像，得到的图像效果如图14-57所示。

[06]　打开素材文件"水珠.psd"，使用移动工具将其拖动到当前图像文件中，放到酒杯图像中，如图14-58所示。

图14-57　隐藏部分图像

图14-58　添加水珠图像

[07]　设置该图层混合模式为"叠加"，得到的图像效果如图14-59所示。

[08]　打开素材文件"云层.psd"，使用移动工具将其拖动到过来，放到酒杯图像中，如图14-60所示。

图14-59　图像效果

图14-60　添加云层图像

09 打开素材图像"山脉.jpg"，将其移动到当前编辑的图像中，放到画面下方，如图14-61所示，在"图层"面板中设置该图层混合模式为"叠加"，得到的图像效果如图14-62所示。

10 选择"图层→图层蒙版→显示全部"命令，为图层添加蒙版，选择画笔工具对山脉图像顶部进行涂抹，隐藏部分图像，效果如图14-63所示。

图14-61　添加山脉图像　　　图14-62　图像效果

11 选择横排文字工具，在画面左上方输入文字内容，并在属性栏中设置字体为楷体，颜色为黄色，如图14-64所示。

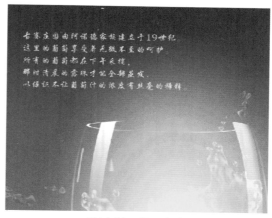

图14-63　隐藏图像　　　　图14-64　输入文字

12 选择"图层→图层样式→投影"命令，打开"图层样式"对话框，设置投影颜色为黑色，其他参数设置如图14-65所示。

13 单击"确定"按钮，得到的文字投影效果如图14-66所示，双击抓手工具显示所有图像，如图14-67所示，完成本实例的制作。

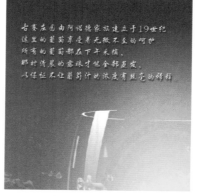

图14-65　隐藏图像　　　　图14-66　输入文字　　　图14-67　完成效果

14.3 茶文化

　　本实例将制作一个茶文化合成图像，巩固练习Photoshop的图层样式、画笔、填充和图层混合模式等功能，本实例的效果如图14-68所示。

实例文件：	实例文件\第14章\茶文化.psd
素材文件：	素材文件\第14章\条纹图像.jpg、花纹.jpg、栏杆.psd、荷花.psd、茶杯.psd ……
视频教程：	视频文件\第14章\茶文化.avi

图14-68　实例效果

14.3.1　制作复古背景

　　01　选择"文件→新建"命令，打开"新建"对话框，设置文件名称为"茶文化"，宽度和高度为19×13cm，分辨率为250像素/英寸，如图14-69所示。

　　02　选择渐变工具，单击属性栏左侧的渐变编辑条，打开"渐变编辑"对话框，设置颜色从淡绿色(R6,G75,B5)到绿色(R13,G164,B64)，如图14-70所示。

图14-69　"新建"对话框

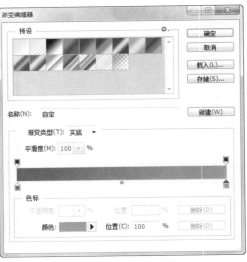

图14-70　设置渐变颜色

03 单击属性栏中的"径向渐变"按钮 ，然后在图像中间向外拖动，得到径向渐变填充效果，如图14-71所示。

04 打开素材文件"条纹图像.jpg"，选择移动工具将图像移动到背景图像中，铺满整个画面，如图14-72所示。

图14-71 渐变填充图像

图14-72 添加条纹图像

05 这时，"图层"面板将自动增加图层1，设置该图层混合模式为"叠加"，如图14-73所示，得到的图像效果如图14-74所示。

图14-73 设置图层混合模式

图14-74 图像效果

06 打开素材文件"花纹.jpg"，选择移动工具将图像移动到背景图像中，铺满整个画面，"图层"面板中将自定生成图层2，如图14-75所示。

07 设置图层混合模式为"叠加"，不透明度为69%，得到的图像效果如图14-76所示。

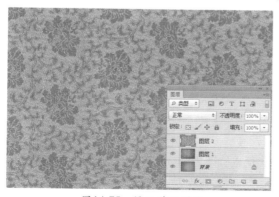

图14-75 添加花纹图像

图14-76 图像效果

08 打开素材文件"栏杆.psd"，使用移动工具将其拖动过来，放到画面底部，得到的图像效果如图14-77所示。

09 选择"图像→调整→色彩平衡"命令,打开"色彩平衡"对话框,设置各项参数如图14-78所示。

图14-77 添加栏杆图像

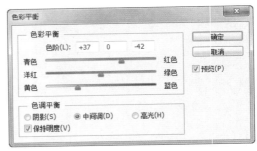

图14-78 设置色彩参数

10 单击"确定"按钮,得到的图像效果如图14-79所示。选择矩形选框工具在图像底部绘制一个矩形选区,填充为黑色,如图14-80所示。

图14-79 添加栏杆图像

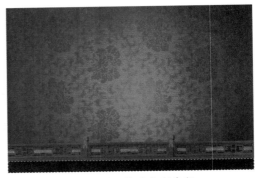

图14-80 设置色彩参数

11 单击"图层"面板底部的"添加图层蒙版"按钮 ,使用画笔工具对黑色图像上方进行涂抹,隐藏部分图像,如图14-81所示。

12 打开素材文件"屋顶.psd",使用移动工具将其拖动到当前编辑的图像中,放到画面上方,如图14-82所示。

图14-81 隐藏图像

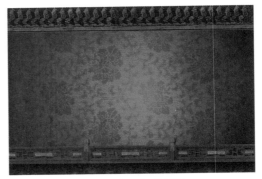

图14-82 添加屋顶图像

13 选择"图层→图层样式→投影"命令,打开"图层样式"对话框,设置投影颜色为黑色,其余参数设置如图14-83所示。单击"确定"按钮,得到屋顶图像的投影,效果如图14-84所示。

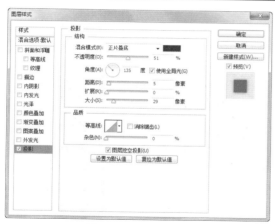

图14-83　设置投影参数

图14-84　图像效果

14.3.2　添加素材图像

01　打开素材文件"荷花.psd",使用移动工具将图像拖动到当前编辑的文件中,放到画面右侧,如图14-85所示。

02　打开素材文件"三片荷叶.psd",将其移动到当前编辑的图中,放到液化图像左侧,如图14-86所示。

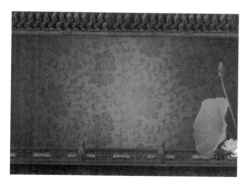

图14-85　添加荷花图像

图14-86　添加荷叶图像

03　设置该图层混合模式为"滤色",得到的图像效果如图14-87所示。

04　按下Ctrl+J组合键复制一次荷叶图层,移动到左侧,如图14-88所示。

图14-87　图像效果

图14-88　复制图像

05 设置该图层混合模式为"强光"，不透明度为50%，得到的图像效果如图14-89所示。

06 打开素材文件"茶杯.psd"，选择移动工具将其移动到当前编辑的图像中，放到画面左下方，如图14-90所示。

图14-89　图像效果　　　　　　　　　图14-90　添加茶杯图像

07 新建一个图层，设置前景色为白色，选择画笔工具，在属性栏中设置画笔样式为柔边，然后在茶杯图像上方绘制一条弯曲的白色图像，如图14-91所示。

08 选择涂抹工具 ，对白色图像进行涂抹，形成烟雾效果，如图14-92所示。

图14-91　绘制图像　　　　　　　　　图14-92　涂抹图像

技巧提示

在使用涂抹工具对图像进行涂抹时，可以调整画笔大小，使涂抹出来的图像更加具有烟雾特质。

09 使用画笔工具绘制几条白色曲线图像，如图14-93所示，使用涂抹工具对图像进行涂抹，得到如图14-94所示的效果。

图14-93　绘制白色图像　　　　　　　图14-94　图像效果

10 选择横排文字工具在画面右侧输入文字"茶"，填充为绿色(R17,G255,B31)，如图14-95所示。

11 选择"图层→图层样式→投影"命令，打开"图层样式"对话框，设置投影颜色为黑色，其他参数设置如图14-96所示。

图14-95 输入文字

图14-96 设置投影参数

12 单击"确定"按钮，得到文字的投影效果如图14-97所示。打开素材文件"文字.psd"，使用移动工具将其移动过来，得到的图像效果如图14-98所示。

图14-97 文字投影效果

图14-98 添加文字

13 单击"图层"面板底部的"添加图层蒙版"按钮 ，使用画笔工具在文字中间进行涂抹，隐藏部分图像，效果如图14-99所示。

14 在"图层"面板中设置该图层的混合模式为"亮光"，得到的图像效果如图14-100所示。

图14-99 隐藏部分文字

图14-100 文字效果

15　选择"图层→图层样式→投影"命令，打开"图层样式"对话框，设置投影颜色为黑色，其他参数设置如图14-101所示，单击"确定"按钮，文字效果如图14-102所示，完成本实例的操作。

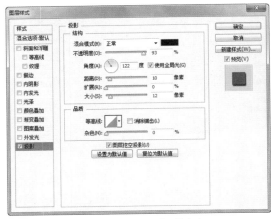

图14-101　设置投影参数

图14-102　完成效果

14.4　疑难解答

在本章的学习中，主要讲解了Photoshop CS6在图像艺术设计中的应用，下面通过对前面的学习列出一些常见的问题和解答供读者参考。

问：在Photoshop CS6中如何快速设置前景色和背景色呢？

答：按下D键可以复位前景色和背景色，按下X键可以交换前景色和背景。

问：在平面设计中，色彩的运用有多重要呢？

答：在平面设计中，色彩一直是设计师们最为重要的设计要素。搭配和运用正确的色彩则为作品赋予了良好的视觉效果，同时也大大地添加了作品的吸引力。

问：在设计一幅平面广告作品时，要将画面制作到怎样的地步才算是设计完成了呢？

答：平面设计没有完成的概念，设计需要精益求精，不断的完善，需要挑战自我，向自己宣战。设计的关键之处在于发现，只有不断通过深入的感受和体验才能做到，打动别人对与广告广告设计师来说是一种挑战。

问：当完成图像制作后，要存储为怎样的格式呢？

答：在完成作品的制作后，用户应根据输出需要将图像存储为相应的格式。若用于观看的图像，可将其存储为JPG格式；若用于印刷的图像，则要将其存储为TIF格式。

第15章　数码照片处理

本章导读

　　本章将学习数码照片的各种处理方法，主要包括照片的色彩校正、人物照片的处理，以及照片艺术效果的制作。其中照片的色彩校正和人物照片处理等实例都安排了现实生活中常遇到的问题，有针对性的对图像进行操作，而照片艺术效果则制作了几种有特殊效果的图像，提高读者对数码照片处理的能力。

　　本章主要内容如下：

- ● 照片色彩校正
- ● 人物照片处理
- ● 照片艺术效果

15.1　照片色彩校正

用户可以通过常见的照片调整技术，快速处理照片中的常见问题。下面将介绍调整照片色调、制作景深效果和更换照片背景等技巧。

15.1.1　调整色彩暗淡的图像

本实例将对如图15-1(a)所示的图像进行色调处理，得到如图15-1(b)所示的图像效果。

实例文件：	实例文件\第15章\调整色彩暗淡的图像.psd	
素材文件：	素材文件\第15章\风景.jpg	
视频教程：	视频文件\第15章\调整色彩暗淡的图像.avi	

(a) 原图

(b) 调整后的图像

图15-1　实例效果

01　选择"文件→打开"命令，打开素材文件"风景.jpg"，可以看到图像颜色灰暗，并且画面很暗，如图15-2所示。

02　选择"图像→调整→色阶"命令，打开"色阶"对话框，选择"输入色阶"下面最右侧的三角形滑块，向左拖动，此时照片中的高光、中间色、暗部和对比度等颜色都会一起调整，如图15-3所示。

图15-2　打开图像

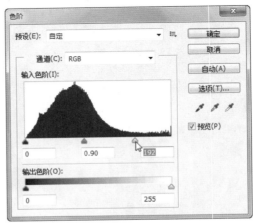

图15-3　调整色阶

03　单击"确定"按钮，得到调整亮度后的图像效果，如图15-4所示。

04 选择"图像→调整→色相/饱和度"命令，打开"色相/饱和度"对话框，设置"色相"为-10、"饱和度"为37，如图15-5所示。

图15-4 图像效果   图15-5 设置参数

05 单击"确定"按钮，得到的图像效果如图15-6所示，完成本实例的操作。

图15-6 图像效果

15.1.2 调整灰蒙蒙的照片

本实例将调整灰蒙蒙的照片，原图效果如图15-7(a)所示，校正后将得到如图15-7(b)所示的图像效果。

实例文件：	实例文件\第15章\调整灰蒙蒙的照片.psd
素材文件：	素材文件\第15章\海边.jpg
视频教程：	视频文件\第15章\调整灰蒙蒙的照片.avi

(a) 原图   (b) 调整后的图像

图15-7 实例效果

01 选择"文件→打开"命令，打开素材文件"海边.jpg"，图像整体呈现灰蒙蒙的感觉，如图15-8所示。

02 选择"图像→调整→曲线"命令，打开"曲线"对话框，调整曲线如图15-9所示。

图15-8 打开图像

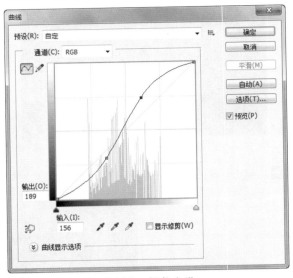

图15-9 调整曲线

03 单击"确定"按钮，得到的图像效果如图15-10所示。选择"图像→调整→亮度/对比度"命令，打开"亮度/对比度"对话框，设置参数如图15-11所示。

图15-10 图像效果

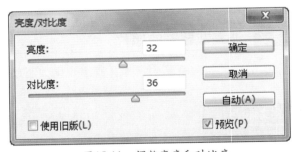

图15-11 调整亮度和对比度

04 单击"确定"按钮，得到的图像效果如图15-12所示，完成本实例的操作。

图15-12 完成效果

15.1.3　校正偏色的照片

本实例将校正偏色的照片，原图效果如图15-13(a)所示，校正后的图像如图15-13(b)所示。

实例文件：	实例文件\第15章\校正偏色的照片.psd
素材文件：	素材文件\第15章\雪山.jpg
视频教程：	视频文件\第15章\校正偏色的照片.avi

(a) 原图

(b) 调整后的图像

图15-13　实例效果

01　选择"文件→打开"命令，打开素材文件"雪山.jpg"，可以看到图像整体色调都偏红，和实际颜色有很大差别，如图15-14所示。

02　选择"图像→调整→变化"命令，打开"变化"对话框，分别单击一次"加深青色"和"加深绿色"，如图15-15所示。

图15-14　打开素材图像

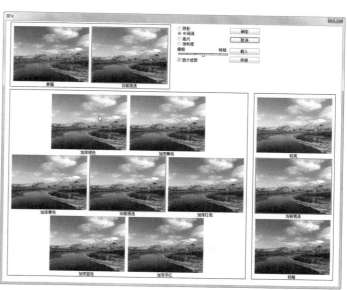
图15-15　选择颜色

03　单击"确定"按钮，得到校正后的图像效果，如图15-16所示。

04　为了让色调更加漂亮，选择"图像→调整→色彩平衡"命令，打开"色彩平衡"对话框，设置色阶参数为-33、0、5，如图15-17所示。

图15-16　图像效果

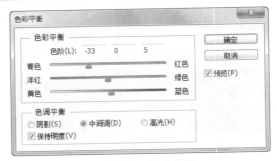

图15-17　设置参数

05 单击"确定"按钮,得到的图像效果如图15-18所示,完成图像颜色的校正。

图15-18　完成效果

15.1.4 调整曝光不足的照片

本实例将对如图15-19(a)所示的图像进行校正,得到如图15-19(b)所示的图像效果。

实例文件:	实例文件\第15章\调整曝光不足的照片.psd
素材文件:	素材文件\第15章\悠闲生活.jpg
视频教程:	视频文件\第15章\调整曝光不足的照片.avi

(a) 原图

(b) 调整后的图像

图15-19　实例效果

01 选择"文件→打开"命令,打开素材文件"悠闲生活.jpg",可以看到照片有严重的曝光不足的现象,如图15-20所示。

02 选择"图像→调整→曝光度"命令,打开"曝光度"对话框,拖动"灰度系数校正"选项下方的三角形滑块,如图15-21所示。

图15-20 打开素材图像

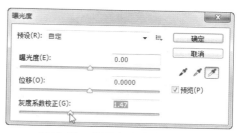

图15-21 调整灰度系数校正参数

03 单击"确定"按钮，得到的图像效果如图15-22所示。选择"图像→调整→曲线"命令，打开"曲线"对话框，调整曲线如图15-23所示。

图15-22 图像效果

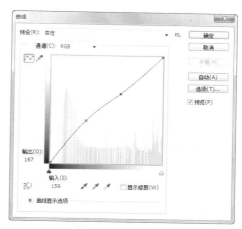

图15-23 调整曲线

04 单击"确定"按钮，得到的图像效果如图15-24所示，完成操作。

图15-24 图像效果

15.1.5 调整照片亮度

本实例将对如图15-25(a)所示的图像亮度进行校正，得到如图15-25(b)所示的图像效果。

实例文件：	实例文件\第15章\调整照片亮度.psd
素材文件：	素材文件\第15章\船.jpg
视频教程：	视频文件\第15章\调整照片亮度.avi

(a) 原图

(b) 调整后的图像

图15-25 实例效果

01 选择"文件→打开"命令，打开素材文件"船.jpg"，可以看到照片整体偏暗，如图15-26所示。

02 选择"图像→调整→亮度/对比度"命令，打开"亮度/对比度"对话框，调整"亮度"为109、"对比度"为-50，如图15-27所示。

图15-26 打开素材图像

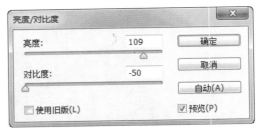

图15-27 调整亮度和对比度

03 单击"确定"按钮，得到调整后的图像效果，如图15-28所示。

04 选择"图像→调整→色阶"命令，打开"色阶"对话框，调整"输入色阶"下面的三角形画框，如图15-29所示。

图15-28 图像效果

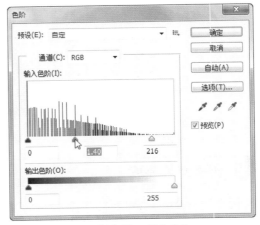

图15-29 调整色阶

05 单击"确定"按钮，得到调整色阶后的图像效果，如图15-30所示。

06 选择"图像→自动颜色"命令，自动调整颜色，如图15-31所示，完成图像的调整。

图15-30　图像效果

图15-31　完成效果

15.2　人物照片处理

在日常生活中拍摄的照片，用户在导入到电脑中后，可以对人物面部图像进行美容处理，包括肤色美白、添加眼影、腮红，以及改变眼睛颜色等。

15.2.1　肤色美白

本实例将调整如图15-32(a)所示的人物图像肤色，对其进行美白处理，得到如图15-32(b)所示的图像效果。

实例文件：	实例文件\第15章\肤色美白.psd
素材文件：	素材文件\第15章\模特.jpg
视频教程：	视频文件\第15章\肤色美白.avi

(a)原图

(b)调整后的图像

图15-32　实例效果

01 选择"文件→打开"命令，打开素材文件"模特.jpg"，如图15-33所示，我们将对人物肌肤进行美白处理。

02 按下Ctrl+J组合键复制一次背景图层，得到图层1，如图15-34所示。

03 单击工具箱底部的"以快速蒙版模式编辑"按钮 进入快速蒙版模式，选择画笔工具对人物面部肌肤、手臂和颈部肌肤进行涂抹，被涂抹的区域以透明红色显示，如图15-35所示。

04 单击工具箱底部的"以标准模式编辑"按钮 ，将绘制的图像转换为选区，然后按下Ctrl+Shift+I组合键反选选区，如图15-36所示。

05 选择"图像→调整→曲线"命令，打开"曲线"对话框，调整曲线如图15-37所示。

06 单击"确定"按钮，得到的图像效果如图15-38所示，人物肌肤得到了明显的美白效果。

图15-33　打开素材图像

图15-34　复制图层

图15-35　涂抹图像

图15-36　获取选区

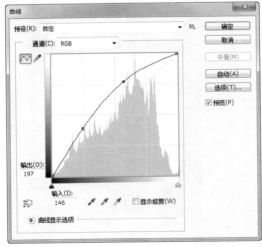

图15-37　调整曲线

图15-38　图像效果

07 选择"滤镜→模糊→高斯模糊"命令，打开"高斯模糊"对话框，设置"半径"参数为1.5像素，如图15-39所示。

08 单击"确定"按钮得到图像的模糊效果，按下Ctrl+D组合键取消选区，得到的图像效果如图15-40所示。

09 由于使用"高斯模糊"命令后人物的面部五官图像都被一起模糊了，所以选择橡皮擦工具，对人物的五官图像进行擦除，最终得到的图像效果如图15-41所示。

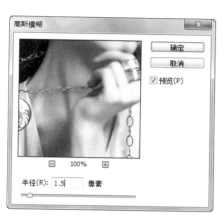

图15-39 设置模糊参数　　　图15-40 图像效果　　　图15-41 最终效果

15.2.2 美白人物牙齿

本实例将调整如图15-42(a)所示的人物牙齿颜色，对其进行美白处理，得到如图15-42(b)所示的图像效果。

实例文件：	实例文件\第15章\美白人物牙齿.psd
素材文件：	素材文件\第15章\微笑.jpg
视频教程：	视频文件\第15章\美白人物牙齿.avi

(a) 原图　　　(b) 调整后的图像

图15-42 实例效果

01 选择"文件→打开"命令，打开素材文件"微笑.jpg"，如图15-43所示，可以看到人物的牙齿偏黄。

02 选择钢笔工具，在属性栏中选择"路径"选项，然后在牙齿图像周围绘制路径，选中出的图像如图15-44所示。

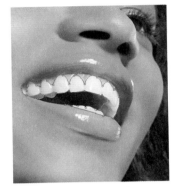

图15-43 打开素材图像　　　　图15-44 绘制路径

03 按下Ctrl+Enter组合键将路径转换为选区，选择"选择→修改→羽化"命令，打开"羽化选区"对话框，设置"羽化半径"为2像素，如图15-45所示。

04 单击"确定"按钮，选择"图像→调整→去色"命令，去掉选区内图像颜色，如图15-46所示。

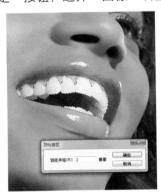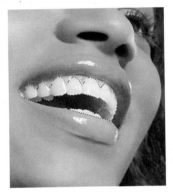

图15-45 羽化选区　　　　图15-46 去掉颜色

05 选择"图像→调整→色阶"命令，打开"色阶"对话框，在对话框中设置参数如图15-47所示。

06 单击"确定"按钮，得到调整后的图像效果如图15-48所示。

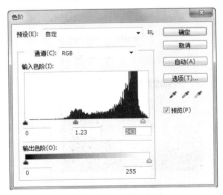

图15-47 调整色阶　　　　图15-48 调整后的图像效果

07　选择〝图像→调整→色彩平衡〞命令，打开〝色彩平衡〞对话框，在对话框中调整〝红色〞为33，如图15-49所示。

08　按下Ctrl+D组合键取消选区，得到美白牙齿效果，如图15-50所示。

图15-49　添加红色

图15-50　图像效果

技巧提示

这里为人物牙齿添加红色，是为了让调整后的牙齿更好地与周围的肌肤颜色融合，也就是添加环境色，使其达到和谐的画面效果。

15.2.3　添加眼影和腮红

本实例将为如图15-51(a)所示的人物添加眼影盒腮红，得到如图15-51(b)所示的图像效果。

实例文件：	实例文件\第15章\添加眼影和腮红.psd
素材文件：	素材文件\第15章\素净面容.jpg
视频教程：	视频文件\第15章\添加眼影和腮红.avi

(a) 原图

(b) 调整后的图像

图15-51　实例效果

01 选择"文件→打开"命令,打开素材文件"素净面容.jpg",如图15-52所示,下面将对人物面部添加眼影和腮红效果。

02 新建图层1,选择画笔工具,在属性栏中设置画笔样式为柔边、大小为35,如图15-53所示。

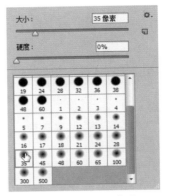

图15-52 打开素材图像   图15-53 图像效果

03 设置前景色为紫色(R188,G135,B238),然后使用画笔工具在人物眼部上方进行涂抹,如图15-54所示。

04 在"图层"面板中设置该图层的图层混合模式为"叠加",如图15-55所示。

图15-54 绘制图像   图15-55 设置图层混合模式

05 这时将得到人物的眼影效果,使用橡皮擦工具对溢出眼部的图像进行擦除,得到的图像效果如图15-56所示。

06 选择背景图层,选择椭圆选框工具,按住Shift键在人物两腮绘制椭圆形选区,如图15-57所示。

07 选择"选择→修改→羽化"命令,打开"羽化选区"命令,设置"羽化半径"为10像素,然后单击"确定"按钮,如图15-58所示。

图15-56 眼影效果   图15-57 绘制椭圆选区

图15-58 设置羽化参数

08 选择"图像→调整→色彩平衡"命令，如图15-59所示，单击"确定"按钮，得到添加腮红后的图像效果，如图15-60所示。

图15-59 调整颜色

图15-60 图像效果

15.2.4 改变眼睛颜色

本实例将调整如图15-61(a)所示的人物眼睛颜色，得到如图15-61(b)所示的图像效果。

实例文件：	实例文件\第15章\改变眼睛颜色..psd
素材文件：	素材文件\第15章\美女.jpg
视频教程：	视频文件\第15章\改变眼睛颜色..avi

(a) 原图

(b) 调整后的图像

图15-61 实例效果

[01] 选择"文件→打开"命令，打开素材文件"美女.jpg"，选择椭圆选框工具，单击属性栏中的"添加到选区"按钮▣，然后在两个眼球中绘制出选区，如图15-62所示。

[02] 按下Shift+F6组合键，打开"羽化选区"对话框，设置"羽化半径"参数为2像素，如图15-63所示。

图15-62　绘制选区

图15-63　设置羽化值

[03] 选择"图像→调整→色相/饱和度"命令，打开"色相/饱和度"对话框，调整参数如图15-64所示，然后单击"确定"按钮，得到改变眼睛颜色后的效果，如图15-65所示。

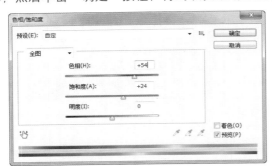

图15-64　设置参数

图15-65　完成效果

15.3　照片艺术效果

使用Photoshop可以为一张普通的照片添加艺术效果。本节中将介绍一些实用的艺术效果制作方法，包括为图像添加扫描线效果、制作朦胧柔焦图像，以及素描和水彩图像效果灯。

15.3.1　晨曦生活

本实例将对如图15-66(a)所示的图像添加阳光效果，并调整颜色，得到如图15-66(b)所示的图像效果。

实例文件：	实例文件\第15章\晨曦生活.psd
素材文件：	素材文件\第15章\慵懒.jpg
视频教程：	视频文件\第15章\晨曦生活.avi

(a) 原图

(b) 调整后的图像

图15-66　实例效果

01　选择"文件→打开"命令，打开素材文件"慵懒.jpg"，如图15-67所示，下面将改变图像色调，并添加光照效果。

02　新建图层1，设置前景色为淡黄色(R255,G245,B180)，按下Alt+Delete组合键填充图像，如图15-68所示。

图15-67　打开图像

图15-68　新建图层

03　设置图层1的图层混合模式为"柔光"、不透明度为50%，得到的图像效果如图15-69所示。

04　选择"图层→新建调整图层→照片滤镜"命令，打开"属性"面板，在其中设置"滤镜"为"黄"、"浓度"为25%，如图15-70所示。

图15-69　图像效果

图15-70　设置照片滤镜

05 选择"图层→新建调整图层→色彩平衡"命令,在"属性"面板中选择"色调"为"中间值",再分别设置参数如图15-71所示。

06 继续设置色彩平衡参数,选择"色调"为"高光",设置参数如图15-72所示。

图15-71 调整中间调参数

图15-72 调整高光参数

07 调整色彩平衡后,得到的图像效果如图15-73所示,这时,"图层"面板中将自动增加调整图层,如图15-74所示。

图15-73 图像效果

图15-74 "图层"面板

08 下面为人物肌肤增添一些红色,选择"图层→新建调整图层→可选颜色"命令,在"属性"面板中选择"红色",设置参数如图15-75所示,得到的图像效果如图15-76所示。

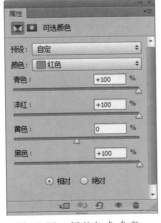
图15-75 调整红色参数

图15-76 图像效果

09 选择背景图层，选择"滤镜→渲染→镜头光晕"命令，打开"镜头光晕"对话框，选择镜头类型为"35毫米聚焦"，然后设置光照点和参数，如图15-77所示。

10 单击"确定"按钮，得到的图像效果如图15-78所示，完成本实例的操作。

图15-77 设置光照效果

图15-78 完成效果

15.3.2 梦幻柔焦效果

本实例将使用如图15-79(a)所示的图像制作成梦幻柔焦效果，得到如图15-79(b)所示的图像效果。

实例文件：	实例文件\第15章\梦幻柔焦效果.psd
素材文件：	素材文件\第15章\野花.jpg
视频教程：	视频文件\第15章\梦幻柔焦效果.avi

(a) 原图

(b) 调整后的图像

图15-79 实例效果

01 选择"文件→打开"命令，打开素材文件"野花.jpg"，如图15-80所示，按下Ctrl+J组合键复制图层，得到图层1，如图15-81所示。

图15-80　打开图像

图15-81　复制图层

02　选择"滤镜→模糊→高斯模糊"命令，打开"高斯模糊"对话框，设置"半径"为4像素，如图15-82所示，单击"确定"按钮，得到的图像效果如图15-83所示。

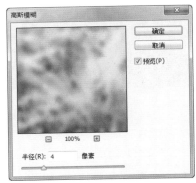

图15-82　设置模糊参数

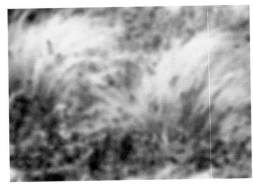

图15-83　模糊效果

03　在"图层"面板中设置图层1的混合模式为"变亮"，得到的图像效果如图15-84所示。

04　选择"图像→调整→曲线"命令，打开"曲线"对话框，调整曲线如图15-85所示。

图15-84　图像效果

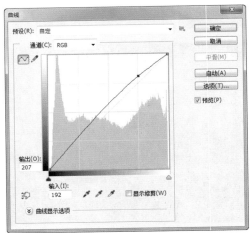

图15-85　调整曲线

05　单击"确定"按钮，得到调整后的图像，如图15-86所示。

06　选择"图像→调整→色相/饱和度"命令，打开"色相/饱和度"对话框，调整参数如图15-87所示。

图15-86　图像效果

图15-87　调整曲线

07 单击"确定"按钮，得到的图像效果如图15-88所示，在"图层"面板中设置图层1的不透明度为70%，得到的图像如图15-89所示。

图15-88　调整后的图像

图15-89　完成效果

15.3.3　扫描线效果

本实例将使用如图15-90(a)所示的图像制作成扫描线效果，得到如图15-90(b)所示的图像。

实例文件：	实例文件\第15章\扫描线效果.psd
素材文件：	素材文件\第15章\美丽花朵.jpg
视频教程：	视频文件\第15章\扫描线效果.avi

(a) 原图

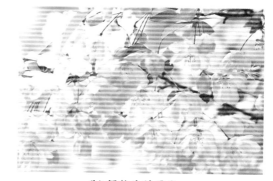

(b) 调整后的图像

图15-90　实例效果

01 选择"文件→打开"命令，打开素材文件"美丽花朵.jpg"，如图15-91所示，按下Ctrl+J组合键复制图层，得到图层1。

02 选择"图像→调整→色阶"命令，打开"色阶"对话框，调整"输入色阶"下面的滑块，如图15-92所示。

图15-91 打开图像

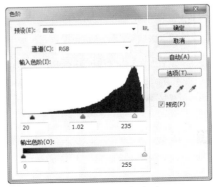

图15-92 调整色阶

03 单击"确定"按钮，得到的图像效果如图15-93所示，然后在"图层"面板中新建一个图层，并将其填充为白色，如图15-94所示。

图15-93 图像效果

图15-94 新建图层并填充

04 选择"滤镜→滤镜库"，在打开的对话框中选择"素描→半调图案"命令，设置"图案类型"为"直线"、"大小"为2、"对比度"为5，如图15-95所示。

05 单击"确定"按钮，得到的图像效果如图15-96所示。

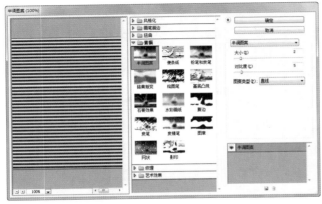

图15-95 设置参数

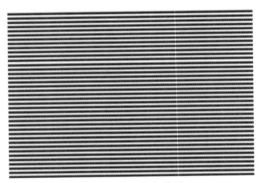

图15-96 图案效果

06 设置图层混合模式为"叠加"，不透明度为50%，如图15-97所示，得到的图像效果如图15-98所示，完成操作。

图15-97　设置图层混合模式

图15-98　图像效果

15.3.4 素描效果

本实例将使用如图15-99(a)所示的图像制作成素描效果，得到如图15-99(b)所示的图像。

实例文件：	实例文件\第15章\素描效果.psd
素材文件：	素材文件\第15章\水果.jpg
视频教程：	视频文件\第15章\素描效果.avi

(a) 原图

(b) 调整后的图像

图15-99　实例效果

01 按下Ctrl+O组合键，打开"水果.jpg"素材文件，如图15-100所示，下面将用这张照片制作素描效果。

02 按下Ctrl＋J组合键，复制一次背景图层，得到图层1，如图15-101所示。

图15-100　打开图像

图15-101　复制图层

03 选择"图像→调整→去色"命令，将图像变成黑白色调，如图15-102所示。然后再次按下Ctrl＋J组合键复制图层1，得到图层1副本，如图15-103所示。

图15-102　去色效果

图15-103　复制图层

04 选择"图像→调整→反相"命令，将图像反相处理，得到的图像效果如图15-104所示。

05 改变图层1副本的图层混合模式为"颜色减淡"，这时得到的图像只有一些黑色颗粒，如图15-105所示。

图15-104　反相效果

图15-105　设置图层混合模式

06 选择"滤镜→模糊→高斯模糊"命令，打开"高斯模糊"对话框，设置"半径"为28像素，如图15-106所示。单击"确定"按钮，得到的图像效果如图15-107所示。

图15-106　设置高斯模糊

图15-107　图像效果

07 按下Ctrl+E组合键向下合并一次图层，得到图层1，如图15-108所示。

08 选择"图像→调整→亮度/对比度"命令，打开"亮度/对比度"对话框，适当调整图像的亮度和对比度，得到的图像效果如图15-109所示。

图15-108 合并图层

图15-109 调整图像亮度和对比度

09 选择"滤镜→滤镜库"命令，在打开的对话框中选择"艺术效果→粗糙蜡笔"命令，打开"粗糙蜡笔"对话框，参照如图15-110所示的方式设置参数。单击"确定"按钮，得到的图像效果如图15-111所示。

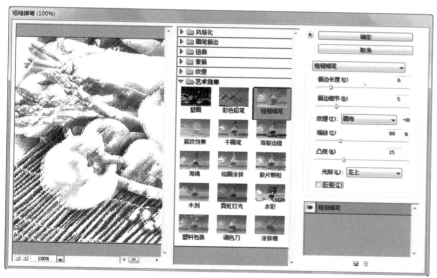

图15-110 设置滤镜参数

图15-111 图像效果

10 设置前景色为土黄色(R244,G226,B156)，然后新建图层2，按下Alt+Delete组合键填充颜色，并设置图层2不透明度为14%，如图15-112所示，效果如图15-113所示。

图15-112 填充颜色

图15-113 图像效果

11 选择图层1，选择"选择→色彩范围"命令，打开"色彩范围"对话框，设置"颜色容差"为140，然后选择较深的颜色，如图15-114所示，单击"确定"按钮后得到图像选区，如图15-115所示。

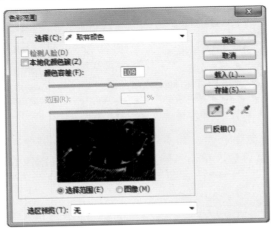

图15-114 设置色彩范围

图15-115 获取选区

12 按下Ctrl＋C组合键，复制选区图像。然后新建图层3，按下Ctrl＋V组合键，粘贴图像到图层3中，如图15-118所示，得到的图像效果如图15-117所示。

图15-116 复制图像

图15-117 完成效果

15.3.5 水彩效果

本实例将使用如图15-118(a)所示的图像制作成水彩效果，得到如图15-118(b)所示的图像。

实例文件：	实例文件\第15章\水彩效果.psd
素材文件：	素材文件\第15章\葡萄美酒.jpg
视频教程：	视频文件\第15章\水彩效果.avi

(a) 原图　　　　　　　　　　　　　(b) 调整后的图像

图15-118　实例效果

01　选择"文件→打开"命令，打开素材文件"葡萄美酒.jpg"，如图15-119所示，下面将为图像制作水彩效果。

02　按下Ctrl+J组合键复制背景图层，得到图层1，如图15-120所示。

图15-119　素材图像　　　　　　　　　图15-120　复制图层

03　选择"滤镜→模糊→特殊模糊"命令，打开"特殊模糊"对话框，设置各项参数，如图15-121所示，单击"确定"按钮，得到如图15-122所示的效果。

图15-121　设置特殊模糊　　　　　　　　图15-122　模糊效果

04 复制一次图层1，得到图层1副本，选择"滤镜→风格化→查找边缘"命令，得到的图像效果如图15-123所示。

05 得到线条图像后，选择"滤镜→模糊→高斯模糊"命令，在打开的"高斯模糊"对话框中设置模糊参数为3.5像素，如图15-124所示。

图15-123　线条效果

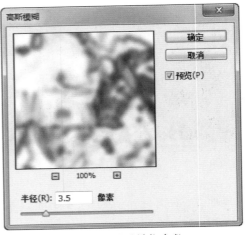

图15-124　设置模糊参数

06 单击"高斯模糊"对话框中的"确定"按钮，得到模糊的图像，制作出水彩渲染效果，如图15-125所示。

图15-125　图像模糊效果

07 切换到"图层"面板中，设置图层1副本的图层混合模式为"叠加"，图层不透明度为20%，如图15-126所示，得到的图像效果如图15-127所示。

08 现在已经能感觉到一些水彩画的效果，但是效果还不够。再次复制背景图层得到背景副本图层，然后将背景图层置于图层的最上方，如图15-128所示。

图15-126　设置图层属性

图15-127　图像效果

图15-128　调整图层顺序

09　选择"滤镜→滤镜库"命令，在打开的对话框中选择"艺术效果→水彩"命令，设置"画笔细节"为11、"阴影强度"为2、"纹理"为2，如图15-129所示。

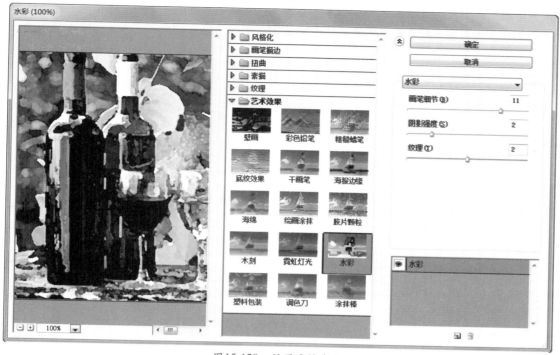

图15-129　设置滤镜参数

10　单击"水彩"对话框中的"确定"按钮，得到的水彩图像效果如图15-130所示。

11　切换到"图层"面板中，将"背景副本"图层混合模式设置为"强光"，不透明度为60%，得到的图像效果如图15-131所示，完成实例的制作。

图15-130　水彩效果

图15-131　完成效果

15.4　疑难解答

在本章的学习中，主要讲解了Photoshop CS6在数码照片处理中的应用，下面通过对前面的学习列出一些常见的问题和解答供读者参考。

问：在Photoshop CS6中查看图像时，Lab颜色模式有什么特点？

答：只有Lab颜色模式的图像才具有"明度"通道，通过该通道进行锐化处理，只是使图像中的明暗关系更明显，但不会改变像素的颜色值。

问：当用户拍好照片后，怎样将数码照片传入电脑中呢？

答：将相机中的照片输入电脑中需要使用数据线，每一部数码相机都有配套的数据线，利用数据线可以将电脑于数码相机连接到一起，然后根据步骤提示将打开数码相机中的照片将其拷贝到电脑中。

问：在拍摄照片时，使用怎样的拍摄角度较好，一般有多少种拍摄角度呢？

答：拍摄对象大致分为平拍、仰拍、俯拍3种角度。用不同的角度拍摄的画面所传达的信息也不同。同一种事物，因为观看的角度不同就会产生不同的心理感受。

第16章 商业广告设计

本章导读

　　广告，顾名思义，有"广而告之"、"普遍昭告"的意思。在了解的设计相关知识后，还应该将理论和操作相结合，制作出广告设计作品。本章将学习制作一个戒指广告和一个房地产广告，带领读者将软件技能熟练应用于实际的设计中。

　　本章主要内容如下：

- 广告设计概述
- 戒指广告
- 房地产广告

16.1 广告设计概述

广告的发展有着悠久的历史，而现在的广告设计日趋成熟，商业广告设计尤为突出。无论是什么设计，首先是它必须能够引起别人的注意，也意味着它必须有某种视觉冲击力，否则没有人会有耐性看下去。

一个好的商业广告设计主要有如下3种目的。

- ◉ 引起别人的注意。
- ◉ 给人留下深刻的视觉印象。
- ◉ 进行信息沟通，要达到前面两种目的，最好的办法就是视觉冲击力。

16.1.1 印刷类广告设计

印刷类广告是应用最为广泛的广告，包括海报广告、DM单设计、杂志广告、报纸广告等。下面分别介绍这几种广告类型的应用方式。

- ◉ 海报广告。海报又名"招贴"或"宣传画"，分布在各街道、影剧院、展览会、商业闹区、车站、码头、公园等公共场所。海报是信息传播中十分常用的方式，应用的领域非常广泛，画面的表现方法也很丰富。在广告设计中，海报常常最为一种快速传播信息的工具，如图16-1所示。
- ◉ 报纸广告。报纸是受众最为广泛的大众媒体，常用于刊登消费群较大或时效性较高的广告，是商品广告策略中不可忽视的一个领域。报纸具有广泛性和快速性的特点，因此广告要针对具体的情况利用时间、不同类型的报纸和结合不同的报纸内容，将信息传递出去。对于专业性强的信息，也应选择有关专业性的报纸，减少不必要的浪费。
- ◉ 杂志广告。杂志广告的行业针对性很强。企业通常会根据消费者对不同杂志的购买情况进行分类，再将广告投放到相应的杂志上，达到最有效的信息传播，如图16-2所示。
- ◉ DM单广告。DM单是区别于传统的广告刊载媒体：报纸、电视、广播、互联网等的新型广告发布载体。DM单能将广告信息直接传达给目标消费者，是信息传达最有效的广告形式。

图16-1 海报广告

图16-2 杂志广告

16.1.2 POP广告设计

凡是在商业空间、购买场所、零售商店的周围、内部以及在商品陈设的地方所设置的广告物，都属于POP广告，利用POP广告强烈的色彩、美丽的图案、突出的造型、幽默的动作、准确而生动的广告语言，可以创造强烈的销售气氛，吸引消费者的视线，促成其购买冲动。

POP广告具有以下几种功能。

1．新产品告知的功能

几乎大部分的POP广告，都属于新产品的告知广告。当新产品出售之时，配合其他大众宣传媒体，在销售场所使用POP广告进行促销活动，可以吸引消费者视线，刺激其购买欲望。

2．唤起消费者潜在购买意识的功能

尽管各厂商已经利用各种大众传播媒体，对于本企业或本产品进行了广泛地宣传，但是有时当消费者步入商店时，已经将其他的大众传播媒体的广告内容所遗忘，此刻利用POP广告在现场展示，可以唤起消费者的潜在意识，重新忆起商品，促成购买行动。

3．取代售货员的功能

POP广告经常使用的环境是超市，而超市中是自选购买方式，在超市中，当消费者面对诸多商品而无从下手时，摆放在商品周围的一则杰出的POP广告，忠实地、不断地向消费者提供商品信息，可以起到吸引消费者促成其购买决心的作用。

4．创造销售气氛的功能

利用POP广告强烈的色彩、美丽的图案、突出的造型、幽默的动作、准确而生动的广告语言，可以创造强烈的销售气氛，吸引消费者的视线，促成其购买冲动。

5．提升企业形象的功能

现在，国内的一些企业，不仅注意提高产品的知名度，同时也很注重企业的形象的宣传。POP广告同其他广告一样，在销售环境中可以起到树立和提升企业形象，进而保持与消费者的良好关系的作用。

16.1.3 户外广告设计

户外是一种开放式的信息载体。它作为与影视、平面、广播并列的媒体，有其鲜明的特性。相比其他媒体，它在"时间"上拥有绝对优势——发布持续、稳定，不像电视、广播一闪即逝；但它在"空间"上处于劣势——受区域视觉限制大，视觉范围窄，不过，候车亭、公交车等网络化分布的媒体已经将这种缺憾做了相当大的弥补。

户外广告最主要的功能是树立品牌形象，其次才是发布产品信息，它的用途总结如下。

- ◉ 强化企业形象和在同类产品中的领导地位。
- ◉ 提高企业极其旗下产品的公众认知度。
- ◉ 加强企业品牌与旗下产品的联系。

16.2 戒指广告

广告设计是平面设计的主要应用领域，用户可以通过广告设计，将产品主题准确而唯美地表现在大众面前。

16.2.1　实例说明

本实例将制作一个戒指广告，首先使用画笔工具在背景图像中绘制多种颜色的图像，然后再通过钢笔工具绘制出曲线图像，最后添加素材图像，并输入文字。本实例的效果如图16-3所示。

实例文件：	实例文件\第16章\戒指广告.psd	
素材文件：	素材文件\第16章\戒指.psd、标志.psd	
视频教程：	视频文件\第16章\戒指广告.avi	

图16-3　实例效果

16.2.2　操作思路

本实例制作的是一款戒指广告，根据商品的需求，特意将画面背景制作成了的富有浪漫气息的暖色调——橘红色系，然后在戒指素材图像周围使用画笔工具绘制出了许多星光图像，隐藏一种低调的神秘感。而在文字的制作中也是用了"渐变叠加"图层样式，使文字和画面更好地融为一体。

16.2.3　操作步骤

01 选择"文件→新建"命令，打开"新建"对话框，设置文件名称为"戒指广告"，宽度和高度为20×15cm，分辨率为120像素/英寸，如图16-4所示。

图16-4　新建图像

02　设置前景色为红色(R200,G5,B0)，按下Alt+Delete组合键填充背景颜色，效果如图16-5所示。

03　设置前景色为淡黄色(R239,G196,B140)，选择画笔工具，在属性栏中选择画笔样式为柔边，再调整画笔大小为260像素，在图像右侧拖动绘制图像，如图16-6所示。

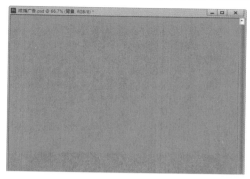

图16-5　填充背景

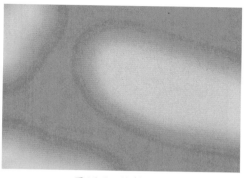

图16-6　绘制图像

04　分别设置前景色为绿色、黑色和深红色，在图像中绘制出如图16-7所示的效果。

05　新建一个图层，选择钢笔工具，在属性栏中选择"路径"命令，然后在图像中绘制曲线路径，如图16-8所示。

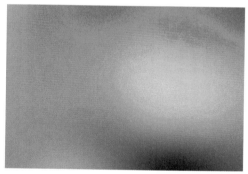

图16-7　绘制其他颜色

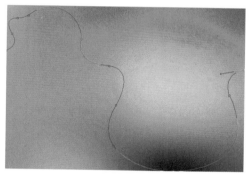

图16-8　绘制路径

06　选择铅笔工具，在属性栏中设置画笔大小为2像素，然后设置前景色为深红色(R77,G9,B2)，切换到"路径"面板中，单击"用画笔描边路径"按钮，如图16-9所示，得到的描边效果如图16-10所示。

图16-9　"路径"面板

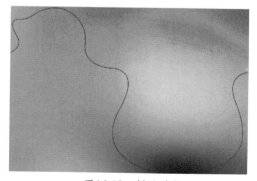

图16-10　描边路径

07　在"图层"面板中设置该图层的不透明度为50%，如图16-11所示，得到的图像线条效果如图16-12所示。

图16-11　设置图层不透明度

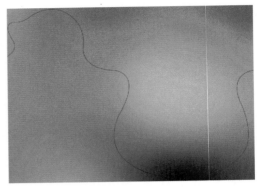

图16-12　图像效果

08　在"路径"面板中选择工作路径，再选择钢笔工具单击路径右侧尾部端点，沿着画面边缘绘制直线，直至左侧路径端点处，得到闭合的路径，如图16-13所示。

09　新建一个图层，并将其放到图层1的下方，按下Ctrl+Enter组合键将路径转换为选区，如图16-14所示。

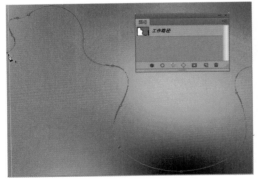

图16-13　绘制闭合路径

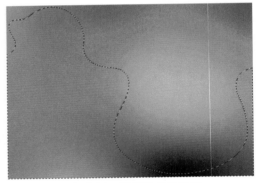

图16-14　转换路径为选区

10　新建一个图层，设置前景色为白色，选择画笔工具，在属性栏中设置画笔样式为柔边，大小为50像素，在选区中的曲线图像内侧进行沿边缘绘制图像，如图16-15所示。

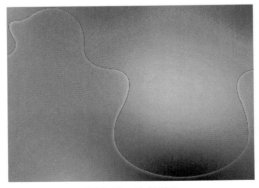

图16-15　绘制图像

11　按下Ctrl+J组合键复制该图层2，得到图层2副本，并设置图层不透明度为40%，如图16-16所示，图像将增强边缘白光效果，如图16-17所示。

图16-16　复制图层

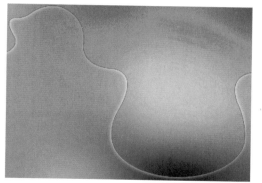

图16-17　图像效果

⓬　选择画笔工具，单击属性栏中的"切换画笔面板"按钮，打开"画笔"面板，设置画笔样式为"柔角13"，然后设置间距为450%，如图16-18所示。

⓭　分别选择"形状动态"和"散布"选项，设置各项参数如图16-19和图16-20所示。

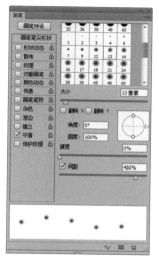

图16-18　设置画笔样式

图16-19　设置形状动态选项

图16-20　设置散布选项

⓮　新建一个图层，设置前景色为白色，使用设置好的画笔工具在图像右侧绘制出星光图像，如图16-21所示。

⓯　设置该图层的图层混合模式为"叠加"，得到的图像效果如图16-22所示。

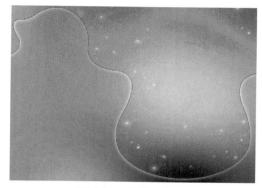

图16-21　绘制星光图像

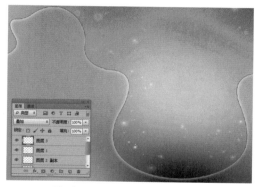

图16-22　设置图层混合模式

16 新建一个图层，选择选择铅笔工具，打开"画笔"面板，选择画笔样式为"尖角24"，然后再设置间距为168%，如图16-23所示。

17 设置前景色为白色，按住Shift键在图像中绘制出多行白色圆点，如图16-24所示。

18 设置该图层的不透明度为50%，再选择橡皮擦工具，在属性栏中设置橡皮擦的不透明度为60%，对白色圆形下方进行擦除，得到的图像效果如图16-25所示。

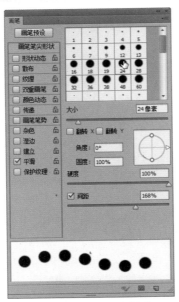

图16-23 设置画笔样式

图16-24 绘制白色圆点

19 打开素材文件"戒指.psd"，使用移动工具将其移动到当前编辑的图像中，放到画面右侧，适当调整大小，如图16-26所示。

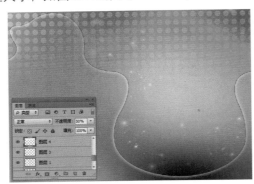

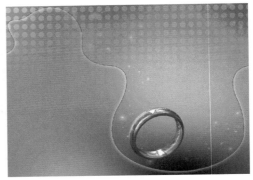

图16-25 擦除圆点图像

图16-26 添加戒指图像

20 在选择移动工具后，按住Alt键移动复制戒指图像，再按下Ctrl+T组合键缩小图像，并放到如图16-27所示的位置。

21 选择钢笔工具在戒指图像上方绘制两条曲线路径，如图16-28所示。

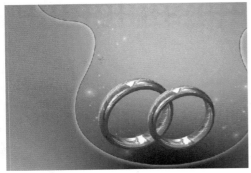

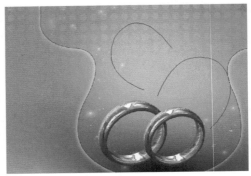

图16-27 复制图像

图16-28 绘制曲线

22 新建一个图层，选择画笔工具，打开"画笔"面板，设置画笔样式为"柔角9"，"间距"为196%，如图16-29所示，再分别设置"形状动态"和"散布"选项，如图16-30和图16-31所示。

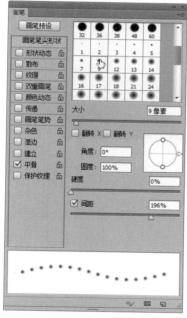

图16-29 设置画笔样式

图16-30 设置形状动态选项

图16-31 设置散布选项

23 切换到"路径"面板中，单击面板底部的"用画笔描边路径"按钮 ，得到描边的路径图像，如图16-32所示。

24 选择"图层→图层样式→外发光"命令，打开"图层样式"对话框，设置外发光颜色为淡黄色(R255,G231,B203)，混合模式为"叠加"，再设置其他参数如图16-33所示。

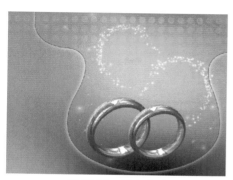

图16-32 描边效果

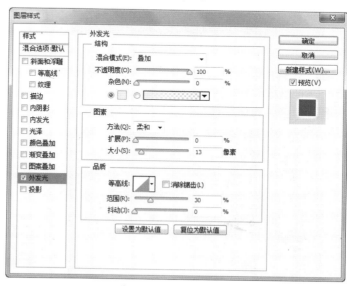

图16-33 设置外发光参数

25 单击"确定"按钮，得到的图像效果如图16-34所示。再使用画笔工具在戒指底部绘制出一串星光图像，如图16-35所示。

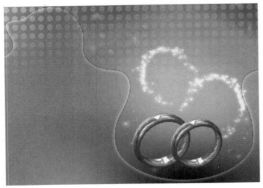

图16-34 图像效果

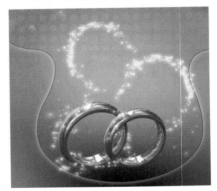

图16-35 绘制图像

26 选择横排文字工具 T，在图像左下方输入文字，并在属性栏中设置相应的字体，填充为白色，如图16-36所示。

27 选择"图层→图层样式→描边"命令，打开"图层样式"对话框，设置描边颜色为淡蓝色(R236,G246,B255)，其他参数设置如图16-37所示。

图16-36 输入文字

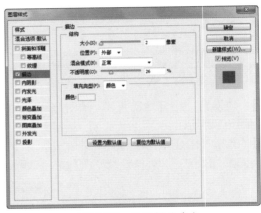

图16-37 设置描边参数

28 选择"渐变叠加"选项，打开"图层样式"对话框，设置渐变颜色从土黄色(R180,G72,B0)到白色，其他参数设置如图16-38所示。

29 选择"投影"选项，设置投影颜色为黑色，其他参数设置如图16-39所示。

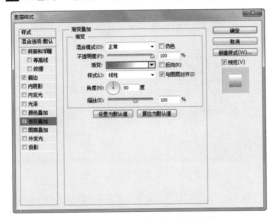

图16-38 设置渐变叠加参数

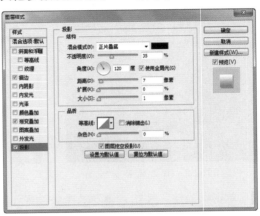

图16-39 设置投影参数

30 单击"确定"按钮，得到的文字效果如图16-40所示。在图像左下方再输入公司名称地址和电话等文字信息，如图16-41所示。

31 打开素材文件"标志.psd"，使用移动工具将图像移动到当前编辑的图像中，得到的图像效果如图16-42所示。

图16-40 文字效果

图16-41 输入文字

图16-42 完成效果

16.3 房地产广告

现代广告涉及的领域越来越多，许多产品都依靠广告让消费者对其加印象，所以广告画面设计也显得尤为重要。

16.3.1 实例说明

本实例将制作一个房地产广告，制作过程很简单，主要通过几种素材图像的巧妙排列，使画面充满雅致的感觉，实例效果如图16-43所示。

实例文件：	实例文件\第16章\房地产广告.psd
素材文件：	素材文件\第16章\海螺.psd楼房.psd、翅膀.psd、花纹.psd
视频教程：	视频文件\第16章\房地产广告.avi

图16-43 实例效果

16.3.2　操作思路

　　本实例制作的是一款房地产广告，此楼盘为高尚居住小区，购房对象为年轻人居多，所以在设计时需要针对这一消费群体，体现出文艺、小清新但又大气的感觉。在制作过程中，主要运用了几个素材图像，通过改变图层混合模式、添加图层蒙版的操作，使图像更富有变化。而文字的排列更起到画龙点睛的作用，很好地传达了广告内容。

16.3.3　操作步骤

　　01　选择"文件→新建"命令，打开"新建"对话框，设置文件名称为"房地产广告"，宽度和高度为20×27cm，分辨率为150像素/英寸，如图16-44所示。

　　02　设置前景色为淡黄色(R255,G252,B212)，按下Alt+Delete组合键填充背景颜色，效果如图16-45所示。

图16-44　新建图像

图16-45　填充背景

　　03　选择椭圆选框工具绘制一个圆形选区，在选区中右击，在弹出的菜单中选择"羽化"命令，打开"羽化选区"对话框，设置"羽化半径"为15像素，如图16-46所示。

　　04　单击"确定"按钮后，填充选区为白色，图像效果如图16-47所示。

　　05　打开素材文件"海螺.jpg"，使用移动工具将其移动到当前编辑的图像中，按下Ctrl+T组合键旋转图像，得到的效果如图16-48所示。

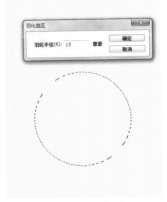

图16-46　绘制选区

图16-47　填充羽化选区

图16-48　添加素材图像

06　在"图层"面板中设置图层混合模式为"正片叠底"，图像效果如图16-49所示。

07　按下Ctrl+J组合键复制一次图层1，得到图层1副本，再设置图层混合模式为"颜色加深"，不透明度为50%，如图16-50所示。

08　新建图层2，选择钢笔工具在海螺图像周围绘制路径，如图16-51所示。然后按下Ctrl+Enter组合键将路径转换为选区，填充为白色，如图16-52所示。

09　在"图层"面板中将图层混合模式设置为"正片叠底"，然后选择"图层→图层样式→外发光"命令，打开"图层样式"对话框，设置外发光颜色为白色，其他参数设置如图16-53所示，单击"确定"按钮后，得到的图像效果如图16-54所示。

图16-49　图像效果

图16-50　设置图层属性

图16-51　绘制路径

图16-52　填充图像颜色

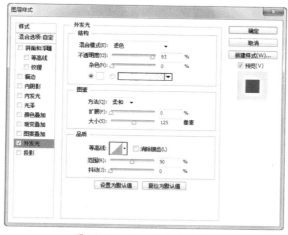

图16-53　设置外发光参数

图16-54　图像效果

10　打开素材文件"楼房.psd"，使用移动工具将其移动到当前编辑的图像中，放到如图16-55所示的位置，这时"图层"面板将自动生成图层3。

11　单击"图层"面板底部的"添加图层蒙版"按钮，然后确认前景色为黑色，使用画笔工具在楼房图像下方进行涂抹，隐藏部分图像，使其更好地与海螺图像融合，如图16-56所示。

图16-55　添加素材图像　　　　　　　　　图16-56　图像效果

12 新建图层4，将其放到图层3的下方，如图16-57所示。设置前景色为白色，选择画笔工具，在属性栏中设置画笔样式为柔边，大小为200像素，然后在楼房图像周围绘制出白色图像，如图16-58所示。

13 打开素材文件"彩色.psd"，使用移动工具将其拖动到当前编辑的图像中，放到画面顶部，如图16-59所示。

图16-57　新建图层　　　　图16-58　图像效果　　　　图16-59　添加彩色素材图像

14 打开素材文件"翅膀.psd"，使用移动工具将其移动到当前编辑的图像中，放在如图16-60所示的位置。

15 将翅膀图像所在图层的不透明度设置为50%，然后按下Ctrl+J组合键复制一次对象，选择"编辑→变换→水平翻转"命令，放在如图16-61所示的位置。

16 选择横排文字工具在翅膀图像之间输入文字，并在属性栏中设置合适的字体，填充为黑色，如图16-62所示。

图16-60　添加翅膀图像　　　　图16-61　复制对象　　　　图16-62　输入文字

17 在文字下方再输入一行文字，并填充为红色(R119,G23,B27)，如图16-63所示。

18 选择"图层→图层样式→描边"命令，打开"图层样式"对话框，设置描边颜色为白色，其他参数如图16-64所示。

图16-63 输入文字

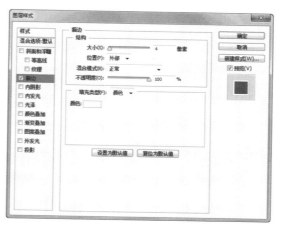

图16-64 设置描边参数

19 选择"外发光"选项，设置外发光颜色为深绿色(R72,G77,B36)，其他参数如图16-65所示。单击"确定"按钮，得到文字样式如图16-66所示。

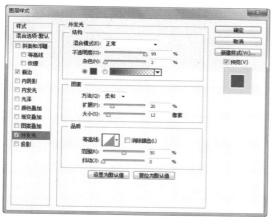

图16-65 设置外发光参数

图16-66 文字样式

20 选择横排文字工具输入电话号码、楼盘信息等文字内容，并参照如图16-67所示的样式进行排列。

21 打开素材文件"花纹.psd"，使用移动工具将其拖动过来，放到画面左下方，如图16-68所示。

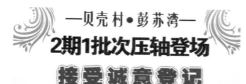

图16-67 输入文字

图16-68 添加花纹图像

22 按下Ctrl+J组合键复制一次花纹图像，然后选择"编辑→变换→水平翻转"命令，将翻转后的图像放到画面右下方，如图16-69所示，完成本实例的制作。

图16-69　完成效果

16.4　疑难解答

在本章的学习中，主要讲解了Photoshop CS6在商业广告中的应用，下面通过对前面的学习列出一些常见的问题和解答供读者参考。

问：什么是设计？

答：设计是设计者个人或设计团体有目的进行有别于艺术的一种基于商业环境的艺术性的创造活动。设计就是一种工作或职业，是一种具有美感、使用与纪念功能的造型活动。设计是建立在商业和大众基础之上的，是为他们而服务，从而产生商业价值和艺术价值，有别于艺术的个人或部分群体性欣赏范围。

问：一个优秀的广告设计需要具备哪些要素呢？

答：广告设计除了在视觉上给人一种美的享受外，更重要的是向广大的消费者转达一种信息，一种理念，因此在平面设计中，不单单注重表面视觉上的美观，而应该考虑信息的传达。现在广告设计主要是有创意、构图、色彩这几个基本要素构成的。

问：要成为一个优秀的设计师需要具备哪些素质？

答：成功的设计师应具备以下几点：(1) 较强的市场洞察力和把握能力　(2) 对产品和项目的诉求点的挖掘能力　(3) 对作品的市场匹配性的准确判断能力　(4) 较强的客户沟通能力　(5) 掌握设计语言的各种表现形式，包括草图构思、数字化实现等。

第17章　产品包装设计

包装是品牌理念、产品特性、消费心理的综合反映，它直接影响到消费者的购买欲。而包装是建立产品与消费者亲和力的有力手段，它作为实现商品价值和使用价值的手段，在生产、流通、销售和消费领域中，发挥着极其重要的作用，是企业界、设计者不得不关注的重要课题。包装的功能是保护商品、传达商品信息、方便使用、方便运输、促进销售、提高产品附加值。包装作为一门综合性学科，具有商品和艺术相结合的双重性。

本章主要内容如下：
● 包装构成要素
● 咖啡奶茶包装平面设计
● 咖啡奶茶包装立体设计

17.1　构成包装的要素

　　构图是将商品包装展示面的商标、图形、文字和组合排列在一起的一个完整的画面。这几方面的组合构成了包装装潢的整体效果。商品设计构图要素商标、图形、文字和色彩的运用得正确、适当、美观，就可称为优秀的设计作品。

17.1.1　商标设计

　　商标是一种符号，是企业、机构、商品和各项设施的象征。商标是一项工艺美术，它涉及到政治、经济法制以及艺术等各个领域。商标的特点是由它的功能、形式决定的。它要将丰富的传达内容以更简洁、更概括的形式，在相对较小的空间里表现出来，同时需要观察者在较短的时间内理解其内在的含义。商标一般可分为文字商标、图形商标以及文字图形相结合的商标3种形式。成功的商标设计，应该是创意表现有机结合的产物。如图17-1所示的是国外一组茶叶包装的设计。

　　创意是根据设计要求，对某种理念进行综合、分析、归纳、概括，通过哲理的思考，化抽象为形象，将设计概念由抽象的评议表现逐步转化为具体的形象设计。

图17-1　茶叶包装

17.1.2　图形设计

　　包装装潢的图形主要指产品的形象和其他辅助装饰形象等。图形作为设计的语言，就是要把形象的内在、外在的构成因素表现出来，以视觉形象的形式把信息传达给消费者。要达到此目的，图形设计的准确定位是非常关键的。定位的过程即是熟悉产品全部内容的过程，其中包括商品的性质、商标、品名的含义及同类产品的现状等诸多因素都要加以熟悉和研究。图形就其表现形式可分为实物图形和装饰图形。

1．实物图形

　　实物图形采用绘画手法、摄影写真等来表现。绘画是包装装潢设计的主要表现形式，根据包装整体构思的需要绘制画面，为商品服务。与摄影写真相比，它具有取舍、提炼和概括自由的特点。绘画手法直观性强，欣赏趣味浓，是宣传、美化、推销商品的一种手段。然而，商品包装的商业性决定了设计应突出表现商品的真实形象，要给消费者直观的形象，所以用设计作品表现真实、直观的视觉形象是包装装潢设计的最佳表现手法。

2．装饰图形

分为具象和抽象两种表现手法。具象的人物、风景、动物或植物的纹样作为包装的象征性图形可用来表现包装的内容物及属性。抽象的手法多用于写意，采用抽象的点、线、面的几何形纹样、色块或肌理效果构成画面，简练、醒目，具有形式感，也是包装装潢的主要表现手法。通常，具象形态与抽象表现手法在包装装潢设计中并非孤立的，而是相互结合的。

17.1.3 色彩设计

色彩设计在包装设计中占据重要的位置。色彩是美化和突出产品的重要因素。包装色彩的运用是整个画面设计的构思、构图紧密联系着的。包装色彩要求平面化、匀整化，这是以色彩的过滤、提炼的高度概括。它以人们的联想和色彩的习惯为依据，进行高度的夸张和变色是包装艺术的一种手段。同时，包装的色彩还必须受到工艺、材料、用途和销售地区等的制度限制。

包装装潢设计中的色彩要求醒目，对比强烈，有较强的吸引力和竞争力，以唤起消费者的购买欲望，促进销售。例如，食品类和鲜明丰富的色调，以暖色为主，突出食品的新鲜、营养和味觉；医药类和单纯的冷暖色调；化妆品类常用柔和的中间色调；小五金、机械工具类常用蓝、黑及其他沉着的色块，以表示坚实、精密和耐用的特点；儿童玩具类常用鲜艳夺目的纯色和冷暖对比强烈的各种色块，以符合儿童的心理和爱好；体育用品类多采用鲜明响亮色块，以增加活跃、运动的感觉……不同的商品有不同的特点与属性。如图17-2所示中的灌装外包装就具有色彩丰富的特点。

设计者要研究消费者的习惯和爱好以及国际、国内流行色的变化趋势，以不断增强色彩的社会学和消费者心理学意识。

图17-2　彩色包装

17.2　咖啡奶茶包装平面设计

包装分为平面展开图设计和立体效果图设计，本实例首先制作平面展开图设计，在制作时完整地绘制了包装袋正反两个面的所有图像。

17.2.1 实例说明

本实例将制作一个咖啡奶茶包装平面设计图，首先使用钢笔工具绘制出包装袋的基本外形，然后再添加素材图像和文字。

实例文件：	实例文件\第17章\咖啡奶茶包装平面设计.psd
素材文件：	素材文件\第17章\咖啡奶茶.psd、咖啡豆.psd、咖啡杯.psd
视频教程：	视频文件\第17章\咖啡奶茶包装平面设计.avi

图17-3　实例效果

17.2.2　操作思路

本实例制作的是一款饮料包装平面设计，由于包装的产品是咖啡奶茶，所以在包装颜色上采用了与产品接近的咖啡色，并在添加抽象的咖啡豆图像作为底纹，再添加奶茶图像，让人在视觉上似乎享受到了奶茶的香味，最后在文字上还进行了一些造型，使设计更加漂亮。

17.2.3　操作步骤

01　选择"文件→新建"命令，打开"新建"对话框，设置文件名称为"咖啡奶茶包装"，宽度和高度为20×17cm，分辨率为300像素/英寸，如图17-4所示。

02　选择渐变工具，单击属性栏中的渐变色条，打开"渐变编辑器"对话框，设置颜色从土黄色(R118,G70,B38)到深红色(R71,G49,B34)到黑色，效果如图17-5所示。

03　单击属性栏中的"径向渐变"按钮，在图像中左上方向外拖动，得到的填充效果如图17-6所示。

图17-4　新建图像

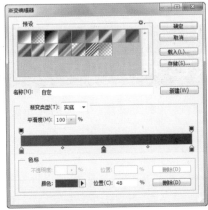

图17-5　填充背景

图17-6　绘制图像

04 新建图层1，选择钢笔工具绘制咖啡奶茶包装外形，如图17-7所示。按下Ctrl+T组合键将路径转换为选区，填充为深红色(R36,G29,B24)，得到的图像效果如图17-8所示。

05 新建图层2，选择钢笔工具绘制咖啡豆外形，按下Ctrl+T组合键将路径转换为选区，填充为灰色(R76,G70,B66)，如图17-9所示。

图17-7　绘制路径

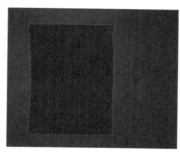
图17-8　填充选区

图17-9　绘制咖啡豆

06 选择移动工具，按住Ctrl键移动复制多个相同的咖啡豆图像，再适当调整图像方向，如图17-10所示。

07 新建图层3，选择钢笔工具在包装袋下方绘制一个不规则图形，如图17-11所示，按下Ctrl+T组合键将路径转换为选区，填充为土黄色(R91,G76,B62)，如图17-12所示。

图17-10　复制图像

图17-11　绘制不规则图形

图17-12　填充选区

08 选择多边形套索工具，按住Alt键通过减选绘制选区，如图17-13所示，得到减选后的选区效果如图17-14所示。

图17-13　减选选区

图17-14　选区效果

09 选择加深工具，在属性栏中设置画笔大小为240像素，然后在选区中拖动加深图像颜色，如图17-15所示。

10 按住Ctrl键单击图层1，载入包装外形选区，使用多边形套索工具通过减选获取选区，如图17-16所示。

图17-15　加深图像

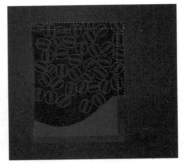

图17-16　获取选区

11 选择加深工具对选区图像进行涂抹，加深图像颜色，然后再载入咖啡豆图像选区，加深图像，效果如图17-17所示。

12 打开素材文件"咖啡奶茶.psd"，使用移动工具将文字移动到包装袋中，放到如图17-18所示的位置。

图17-17　图像效果

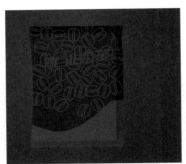

图17-18　添加文字

13 选择"图层→图层样式→外发光"命令，打开"图层样式"对话框，设置外发光颜色为橘黄色(R249,G211,B164)，其他参数设置如图17-19所示。

14 选择"描边"选项，设置描边颜色为白色，其他参数设置如图17-20所示。

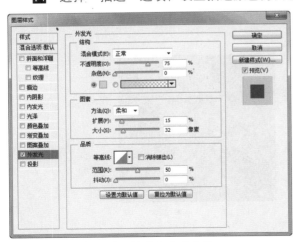

图17-19　设置外发光参数

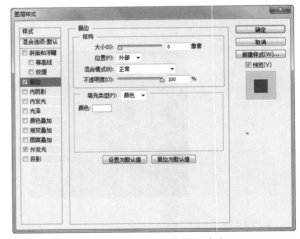

图17-20　设置描边参数

15 单击"确定"按钮，得到的图像的外发光和描边效果，如图17-21所示。

16 新建一个图层，选择钢笔工具在包装袋中绘制一个曲线路径，如图17-22所示。

[17] 按下Ctrl+Enter组合键将路径转换为选区，使用渐变工具为其应用线性渐变填充，设置颜色从黄色(R255,G251,B177)到白色，如图17-23所示。

图17-21 图像效果

图17-22 绘制曲线路径

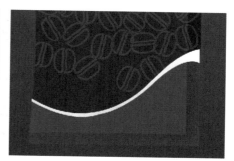

图17-23 填充渐变颜色

[18] 再使用钢笔工具绘制出另外两条曲线路径，转换为选区后，将第二条填充渐变颜色，设置与第一条一样，第三条填充为深红色(R31,G26,B23)，如图17-24所示。

[19] 打开素材文件"咖啡.psd"，使用移动工具将其拖动到包装袋图像中，放到如图17-25所示的位置。

[20] 选择橡皮擦工具在咖啡杯底部进行涂抹，擦除部分图像，效果如图17-26所示。

图17-24 绘制其他曲线图像

图17-25 添加素材图像

图17-26 擦除图像

[21] 选择横排文字工具在"咖啡奶茶"右下方输入文字，并在属性栏中设置字体为姚体简体，颜色为红色(R230,G0,B18)，如图17-27所示。

[22] 选择"图层→图层样式→描边"命令，打开"图层样式"对话框，设置描边颜色为黄色(R255,G249,B168)，其他参数设置如图17-28所示。

图17-27 输入文字

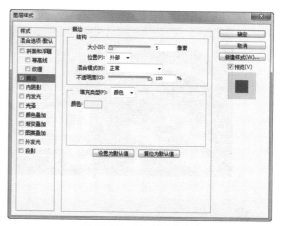

图17-28 设置描边参数

23 单击"确定"按钮，得到的文字描边效果如图17-29所示。

24 在包装袋右下方输入文字"净含量：30克"，设置字体为黑体，颜色为白色，如图17-30所示。

图17-29 文字效果

图17-30 输入文字

25 下面绘制包装袋的背面图像复制包装袋正面图像中的基本图像，将其放到画面右侧，如图17-31所示。

26 新建一个图层，选择钢笔工具绘制一个曲线路径，按下Ctrl+Enter组合键将路径转换为选区，填充为黄色到白色的渐变效果，如图17-32所示。

图17-31 复制图像

图17-32 绘制曲线图像

27 打开素材文件"条形码.psd"和"咖啡豆.psd"，使用移动工具将其拖动到包装袋背面图像中，如图17-33所示。

28 选择横排文字工具在包装袋背面图像上方输入文字，在属性栏中设置字体为黑体，颜色为白色，如图17-34所示。

图17-33 添加素材图像

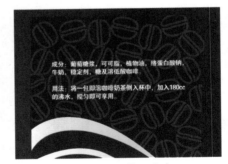

图17-34 输入文字

29 选择"图层→图层样式→渐变叠加"命令，打开"图层样式"对话框，设置渐变叠加颜色从白色到黄色到白色，其他参数如图17-35所示。

30 单击"确定"按钮，得到文字效果，双击工具箱底部的抓手工具，显示全部图像，如图17-36所示，完成咖啡奶茶包装平面设计的制作。

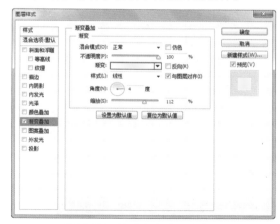

图17-35 设置渐变叠加参数

图17-36 完成效果

17.3 咖啡奶茶包装立体设计

绘制了咖啡奶茶包装平面图后，下面根据透视原理来绘制包装袋立体效果，并添加投影，使图像更具有真实性。

17.3.1 实例说明

本实例将制作一个咖啡奶茶包装立体设计，制作过程很简单，主要在平面设计图中添加高光和阴影图像，使其具有立体效果，如图17-37所示。

实例文件：	实例文件\第17章\咖啡奶茶包装立体设计.psd
素材文件：	素材文件\第17章\侧边.psd
视频教程：	视频文件\第17章\咖啡奶茶包装立体设计.avi

图17-37 实例效果

17.3.2　操作思路

本实例制作的是一款咖啡奶茶包装立体设计，沿用了17.2节中的平面效果图，主要是通过套索工具创建选区，然后对选区进行羽化，填充颜色，得到图像的高光和阴影图像。使包装袋具有很强的立体视觉效果，最后制作出投影，让立体感觉更加完整。

17.3.3　操作步骤

01　打开前面实例中的"咖啡奶茶包装平面设计.psd"文件，新建一个图层，选择套索工具，在属性栏中设置羽化参数为10像素，在包装袋正面图像中绘制一个自由选区，如图17-38所示。

02　将选区填充为白色，并在"图层"面板中设置其不透明度为84%，图层不透明度为"柔光"，得到的图像效果如图17-39所示。

图17-38　绘制选区

图17-39　填充图像效果

03　新建一个图层，选择套索工具，按住Shift键在包装袋上下两侧绘制选区，如图17-40所示，羽化后填充为白色，设置该图层混合模式为"叠加"，不透明度为77%，得到图像的高光效果，如图17-41所示。

图17-40　绘制选区

图17-41　填充选区

04　新建一个图层，选择套索工具在包装袋右侧绘制一个选区，填充为黑色，如图17-42所示。然后再设置图层不透明度为50%，得到透明图像效果，如图17-43所示。

图17-42　填充选区　　　　　　　　图17-43　设置图层不透明度

05　打开素材文件"侧边.psd"，选择移动工具将其拖动过来，放到包装袋边缘，效果如图17-44所示。

06　使用同样的方法，使用套索工具在包装袋背面图像中绘制选区，填充为白色，绘制得到高光图像，如图17-45所示。

图17-44　添加素材图像　　　　　　图17-45　绘制高光图像

07　在"图层"面板中选择包装袋正面图像所在图层，按下Ctrl+E组合键合并图层，再合并包装袋背面图像所在图层，分别复制这两个图层，放到下方，如图17-46所示。

08　选择"编辑→变换→垂直翻转"命令，得到翻转后的图像效果，如图17-47所示。

图17-46　复制图层　　　　　　　　图17-47　垂直翻转图像

09 选择橡皮擦工具在两个翻转图像底部进行涂抹，再分别设置该图层不透明度为50%，得到图像投影效果，如图17-48所示，完成实例的制作。

图17-48 实例效果

17.4 疑难解答

在本章的学习中，主要讲解了Photoshop CS6在产品包装中的应用，下面通过对前面的学习列出一些常见的问题和解答供读者参考。

问：在包装设计中，色彩的运用有什么价值呢？

答：在包装设计中色彩的运用也相当重要，通过外在的包装色彩能够揭示或者映照内在的包装物品，使人一看外包装就能够基本上感知或者联想到内在的包装为何物。

问：一个产品包装设计的定位该怎样掌握？

答：包装的设计要突出品牌，将色彩，文字和图形巧妙的组合，形成有一定冲击力的视觉形象，将产品的信息传递给消费者。还要充分考虑消费者的定位，针对不同的消费者阶层和消费群体进行设计，才能有的放矢，从而达到促进商品销售的。

问：怎样巧妙地安排包装设计中的文字？

答：设计字体的目的，是要使文字既具有充分传达信息的功能，又与产品形式、产品功能；消费者的审美观念达到和谐统一。设计文字需要掌握几个原则：(1) 要符合包装装潢总体设计要求，(2) 选用字体种类不能过多，(3) 字体应具有时代感，(4) 要结合产品特点。